本著作部分内容为2022年度湖南省哲学社会科学基金项目“农村环境治理与碳减排协同发展机制与路径研究”（22YBA120），2022年度“强省会”战略课题“长沙加强‘双碳’示范城市研究”（2022csskkt205），2021年度长沙市自然科学基金项目“长沙市碳减排多情景模拟比较及路径选择研究”（kq2202296）和“学习贯彻党的二十大精神”专项课题“坚持‘绿水青山就是金山银山’的长沙发展模式研究”（2022csskesdkt09）的研究成果。

迈向“双碳”目标的生态环境政策工具研究

傅晓华　刘军武　王　赫　傅泽鼎○著

湖南科学技术出版社 ·长沙·

序

进入工业社会以来，大量温室气体排放所导致的气候问题已逐渐显现，全球气候变暖，极端气候频现，气温轮替节奏加快等已经危及人类的生存与发展。联合国政府间气候变化专门委员会（Intergovernmental Panel on Climate Change，IPCC）发布的《IPCC 全球升温 1.5℃特别报告》预计，2030—2052 年全球将升温超过 1.5℃，从 2021 年起的未来十年可能是人类避免灾难性影响的最后时机。

一、迈向"双碳"目标

"双碳"目标中的碳达峰（Peak Carbon Dioxide Emissions）是指碳排放进入平台期后平稳下降阶段，标志着经济发展由高能耗、高排放向清洁低能耗模式的转变；碳中和（Carbon Neutrality）是指在一定时间内人类活动所产生的碳排放量与大自然所吸收的二氧化碳量相等，从而达到碳排放总量为零的状态。碳达峰与碳中和相辅相成，为实现碳中和愿景，必须在政策工具方面制订和实施相应的"双碳"方案，扭转碳排放增长的趋势。

"双碳"目标既是国家（区域）行动，也是全球的行动，相互促进。2019 年 6 月，法国将碳净零排放目标立法；2019 年 12 月，德国计划在 2050 年前实现碳中和，欧盟提出 2050 年碳净零排放目标；2020 年 6 月，美国发布的《气候危机行动计划》设定 2050 年完成碳净零排放目标，《清洁能源革命和环境正义计划》将加大对低碳交通与可再生能源发电等研究的投入；2020 年 10 月，日本宣布将在 2050 年完全实现碳中和，并提出包括海上风力发电、新能源汽车、绿色建筑等 14 个重点领域的深度减排路线图；2020 年 10 月，韩国表示在 2050 年前实现碳中和，将用可再生能源替代化石燃料，2060 年前关停国内的核电站。截至 2022 年，全球已有一百多个国家承诺 2050 年实现碳中和。其中大部分发达国家已经过了碳达峰平台期，碳排放量逐年下降。而发展中国家的能源消耗和经济发展还未脱钩，难以判定“双碳”目标的实现期限。在这一背景下，中国提出“双碳”目标，为全球各国应对气候变化打下“强心针”。

中国已建成了世界上最为完整的工业体系，尤其是制造业体系。目前，我国是全世界唯一拥有联合国产业分类中所列全部工业门类的国家。作为世界第二大经济体和第一制造业大国，中国庄严承诺“双碳”目标，这必定是一场广泛而深刻的经济社会系统性变革。据气候行动追踪组织（Climate Action Tracker，CAT）分析，如果中国在 2060 年前实现碳中和目标，全球变暖将比预期降低 0.2℃~0.3℃左右。可见，中国通过合理路径实现经济社会发展的绿色转型至关重要。

二、规避操之过急

气候变化是当今人类面临的重大全球性挑战，继中国在 2020 年 9 月宣布“双碳”目标积极响应《巴黎协定》后，2021 年 4 月在中法德领导人视频峰会上，中国宣布接受《〈蒙特利尔议定书〉基加利修正案》。体现了中国积极应对气候变化的决心，彰显大国责任和担当，对于加速中国经济和能源转型也具有重要的战略意义。中国迈向“双碳”目标的过程是复杂的系统工程，也是一个科学的转型过程，政策性导向功能显著。“双碳”目标意味着对中国能源资源禀赋的再认识，需要摆脱产业偏重、能源偏煤、效率偏低和对高碳发展路径依赖惯性大等困境，构建以非化石能源为主体的能源体系，显著提升能源利用效率和产业集聚低碳化发展。通过低碳转型保障中国能源的供需安全和生态环境安全，不能操之过急，一蹴而就。

碳达峰不是攀高峰，更不是冲高峰，而是高质量经济发展同时的碳达峰，是产业结构优化和技术进步导致碳强度逐步降低的碳达峰，是瞄准碳中和与必然要给碳中和留出充分时间的碳达峰。鼓励 CCUS 等技术的普及与推广，通过“碳汇+移除技术”助推碳中和的实现。中国生态系统碳汇能力约为每年 12 亿吨二氧化碳，除了发展森林碳汇，将碳交易、气候投融资、能源转型基金和相关法律法规等，作为引导碳中和实现的生态环境政策工具，要引导开创一条兼具成本效益、经济效益和社会效益的路径。在实现目标的过程中，需从电力、工业、交通等方面准确厘定“抓手”，稳步推进。

电力行业以大力发展非化石能源电力为抓手，特别是发展可再生能源，如光伏发电、风电、水电、天然气、生物质能等可以掌控的更经济安全的非化石能源。重视核电的安全评估与能源新贡献，在安全前提下积极有序发展。在此过程中，还要重视中东部“身边取”和“远方来”相结合，集中式与分布式相结合，由此做到中东部高比例自给，减少“西电东送”和“北煤南运”压力。

工业制造业以调整产业结构、抑制高耗能产业的发展为抓手。推动钢铁行业、制造环节的脱碳减排，大力发展氢能，以绿氢实现钢铁生产零碳化，并以零碳工业园区为先导，以点带面构建低碳循环的工业体系，实现工业制造业领域的零碳发展。

交通运输业以化石能源替代为主要抓手，推广电代油，以氢代油、使用生物航空燃油，并实施道路运输车辆达标车型制度，优化公交和轨道交通，倡导自行车绿色出行，将交通设施与可再生能源结合助力脱碳减排。

建筑业在建筑的设计规划阶段、施工建造阶段、运营管理阶段和拆除回收阶段中，推动脱碳减排。在供暖、制冷、照明等环节推行电气化，电力来自可再生能源和工业余热，在建筑运营阶段应用数字化、智能化，普及智能家居、智能家用电器，加速建筑行业脱碳。

农业碳排放贯穿于种养业生产到能源和投入品使用，以及废弃物处理全过程中，因此，需要降低全活动中的碳排放，包括降低养殖活动碳排放、改进牧群管理和动物健康干预措施、回收和再利用粪便中的甲烷、科学高效地使用肥料。

陆地生态系统是重要的碳汇，其中森林生态系统是陆地生态系统最大的碳库，碳库包括碳源和碳汇功能，碳源和碳汇是碳中和的两个相对概念。碳源为释放二氧化碳的过程、活动或机制；碳汇是吸收和清除二氧化碳的过程、活动或机制。《联合国气候变化框架公约》（United Nations Framework Convention on Climate Change，FCCC）认为森林生态系统在减少温室气体排放和缓解气候变化方面至关重要，通过森林、草原、湿地等保护修复措施增加对温室气体的吸收，减少空气中的碳浓度以减缓气候变化。为保护林草资源安全，需要提升生态系统的稳定性，增强沙尘暴灾害的应对与处理能力，降低因沙尘暴灾害损毁森林树种资源所造成的碳损失。做好森林树种害虫防治工作与预测预警，全力控制森林树种外来害虫的蔓延传播趋势，降低因病虫害损毁森林树种资源所导致的碳排放。加强生态修复技术和植被选择对碳中和的作用研究，以及竹林培育与竹制品开发的碳中和评估。

三、 乘风破浪会有时

国际社会逐渐对通过减排减碳应对全球气候变化达成共识，并在联合国框架下开展相关制度安排和行动计划的谈判。从 1992 年达成《联合国气候变化框架公约》到 1997 年通过《京都议定书》再到 2016 年正式签署《巴黎协定》，共同构建了全球应对气候变化的政治和法律基础。基于此共识，世界各国纷纷基于国情制定碳减排措施，将生态环境政策工具作为实现碳中和的关键手段。

《中庸》有言："致中和，天地位焉，万物育焉。"中国作为负责任的大国，必须采取更积极有效的生态环境政策工具推进"双碳"目标。碳排放量的变化有其自身演变过程和规律，在尊重规律的前提下制定生态环境政策工具引导碳中和的实现，能够达到事半功倍的效果。现有生态环境政策工具实践还处于不断完善的阶段，其实施效果与工具种类、组合方式、实施地点与时间等因素的影响程度尚不明晰，配套扶持政策的制定不尽完善，导致在“双碳”目标的实现过程中难以发挥其应有的作用。无论是为响应政府监管，还是从自身长远发展出发，都有必要对生态环境政策工具进行理论梳理与探索，对其进行更精细化、针对性更强的改善。政策工具既能助推“双碳”目标，又坚持国家自主贡献目标，不被欧美等发达国家“牵着鼻子走”，既能顺应绿色转型的国际大趋势，又能走好中国式现代化道路。

“双碳”目标是应对温室效应和气候变暖等一系列具有生态环境问题的国际行动的一部分，是保护生态环境的有效举措和必由之路。基于“双碳”目标深入开展生态环境政策工具的优化与组合效应研究，有利于加深政策制定者、企业主体和社会大众对其作用机理、使用场景和应用效果的理解。在应对生态环境污染带来的挑战和影响时，能够合理选择不同类型的生态环境政策工具，以推动降碳减排和生态文明建设。同时也将倒逼经济转型，推动经济结构调整和战略性新兴产业、高技术产业、现代服务业进步，为中国高质量发展提供经济增长的新动能。

基于“双碳”目标的历史背景、重大战略意义、历史任务、“双碳”技术、中国“双碳”目标的挑战和机遇，对生态环境政策工具进行总结和比较，进一步丰富生态环境政策工具实施效果的相关研究，为中国碳减排政策工具的设计和开发提供参考，也为社会各界开展相关研究提供参考。

“乘风破浪会有时”。我们完全有理由相信，有着五千多年文明史的中国，必将成为全球生态环境保护的中流砥柱。

中国工程院院士

中南林业科技大学校长

吴义强

2023 年 7 月 19 日

CONTENTS 目录

第一章　“双碳”目标的大国担当与历史任务

马克思主义关于人与自然关系和谐发展理论认为，人类善待大自然，自然就会馈赠人类。人类在同大自然的交往中生产、生活与发展，同大自然和谐相处的关系史就是人类的劳动史、奋斗史、发展史。“双碳”目标的庄严提出，表明中国作为负责任的大国非常积极主动地融入全球降碳减排的大潮中。

第一节　人类对“碳”的共识

有了碳，才有了人类。碳是构成地球生物细胞的核心，人类就属于碳基生物，没有碳就没有生命。但从利用碳到认识碳，再到将碳排放引起的温室效应成为全球共识，却经历了十分漫长的过程。“最初，没有人在意这场灾难，这不过是一场山火，一次旱灾，一个物种的灭绝，一座城市的消失。直到这场灾难和每个人息息相关。”（摘自《流浪地球》）

一、 人类社会发展中对“碳”的认知

18 世纪末 19 世纪初，以蒸汽机的发明和使用为代表的第一次技术革命大大提升了社会生产力，人类迈进了工业社会。但工业革命带来了诸如环境污染等生态环境问题，其中温室效应就是最典型的一个方面。在地球生物起源进化的过程中，地球大气层及其温室效应发挥了重要作用，它的存在为地球生物提供了适宜的温度、水分等条件，是地球生态系统的重要组成部分。1859 年，“气象科学之父”廷德尔发现大气中二氧化碳浓度的变化会影响地球温度的变化。19 世纪末，瑞典科学家阿伦纽斯通过建立气候模型得出，二氧化碳浓度与地球气温呈正相关关系。

20 世纪以来，由于在大气、海洋、地理等各个领域的科学研究都取得了长足的进步，因此人类对气候变化的了解也更加深入和广泛。20 世纪 30 年代，卡伦德发现从 1880 年开始，由于超临界二氧化碳含量的上升致使地

球气温以0.005℃/年的速率上升，但直到1972年，在斯德哥尔摩举行联合国人类环境会议之后，该现象才随着世界气候变暖问题逐渐在国际上步入大众视线，并在1979年在瑞士日内瓦召开的第一届世界气候大会上，形成了地球大气环境中二氧化碳含量上升，将引起地球气候变暖的广泛共识。联合国科学家组成的政府间气候变化专门委员会（IPCC）指出，对化石燃料的利用已经显著提高了地球大气环境中温室气体的含量，而一旦这个势头延续下去，预计到2100年全球气温将上升3.8℃，大气中二氧化碳浓度将达到790 ppmv，将损害人们所赖以生存的地球生态系统（图1-1)。《新牛津美语词典》将“碳中和”一词评选为2006年的年度词汇。碳中和是指在一定时间内人类活动所产生的碳排放量与大自然所吸收的二氧化碳量相等，从而达到碳排放总量为零的状态。

荷兰环境评估署数据显示，2010—2019年温室气体中二氧化碳平均占比为72.6%，是典型的温室气体，二氧化碳通过吸收地表辐射造成全球气温的升高①。人类对气候变化的认识不断提高，开始面对气候变化这一残酷现实，走向对“碳”的共识。

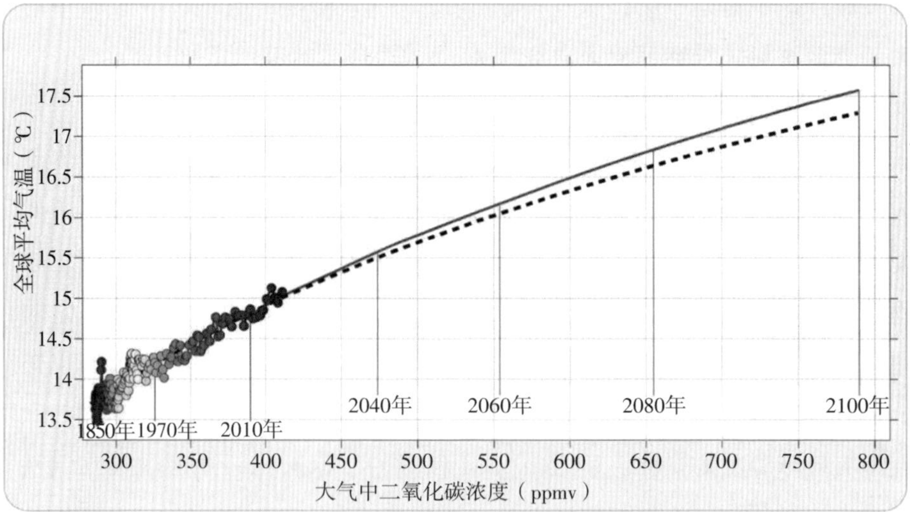

图1-1　温度变化与二氧化碳浓度的关系

---

① 数据来源：TRENDS IN GLOBAL CO_2 AND TOTAL GREENHOUSE GAS EMISSIONS。

二、 人类能源结构进程与碳排放

当今人类社会中使用的煤炭、石油等化石燃料，都含有碳元素。中国早在汉代就开始利用煤炭，“豫章郡出石，可燃为薪。”① 人类对能源的利用过程，从柴薪发展到煤炭，从煤炭发展到石油，如今发展到多元化的各种能源。

18 世纪工业革命以化石能源为动力，彻底改变了人们的生活和生产方式，大大提升了生产力水平。但工业革命推进更大程度上依赖于能源革命，正是对煤炭、原油、天然气等传统能源的利用使人类从农业文明走向了工业文明。现行能源体系支撑多极化的世界格局，石油出口国凭借丰富能源储量获得经济地位进而巩固其国际地位和影响力。根据世界资源研究所的估计，1990 年到 2018 年间，温室气体的排放中化石能源的燃烧量始终维持在 75%左右，是温室气体排放的主体（图 1－2），其中生产和制造活动碳排放为 31%，发电和电能碳排放占比 27%，两者占比接近六成，是主要的碳排放来源（表 1－1）。随着各国设立的碳中和目标的临近，石化能源将会被清洁能源逐渐替代，清洁能源将在国际能源贸易中占据主导地位。

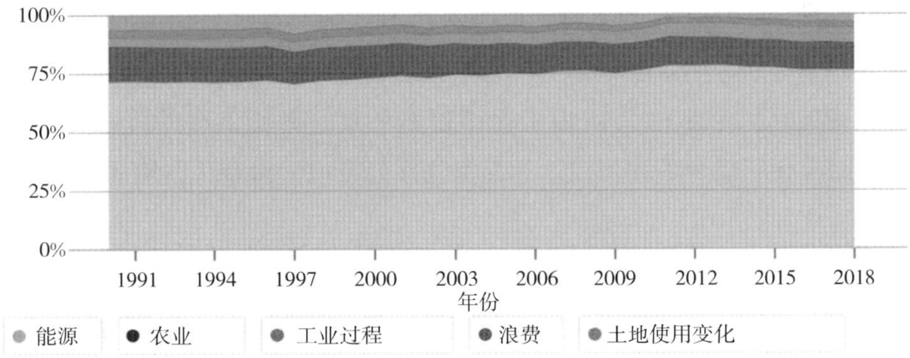

资料来源：4 Charts Explain Greenhouse Gas Emissions by Countries and Sectors, World Resources Institute.

图 1－2　全球温室气体排放总量中各部门占比（1990—2018 年）

① 《汉书·地理志》。

表 1－1　2020 年人类各种活动所产生的温室气体占比

人类活动领域	温室气体占比
生产和制造活动（水泥、钢、塑料）	31%
发电和电能（电力）	27%
种植和养殖（动植物）	9%
交通和运输（飞机、卡车、货船）	16%
制冷和取暖（供暖、冷却和制冷系统）	7%

比尔·盖茨在其著作《气候经济与人类未来》中认为，2020 年虽然疫情阻碍了全球经济发展，并显著降低了人类活动强度（百万人口的死亡、出行频率的锐减、生产活动的暂停与削弱），但温室气体的排放降幅只有 5%，达到了 51Gt[①]。

气候变化是人类面临的全球性问题。由于大气中二氧化碳浓度的增加，全球温室效应愈演愈烈——热浪、水灾和火灾等极端天气频繁发生，气候风险越来越高。其根源正是因为人类活动突破了生态环境承载力，打破了生态系统的平衡。因为"人直接地是自然存在物"[②]，是自然界中的一部分，"人本身是自然界的产物，是在他们的环境中并且和这个环境一起发展起来的"[③]。为了保护自然环境，为了人类的可持续发展，必须减少化石能源的使用强度和温室气体的排放，推动化石能源的消费结构清洁化和低碳化。

当今人类社会正经历以新能源取代化石燃料的第三次全球能源变革。2020 年，一次能源消费比重中，原油占比 31.2%，原煤占比 27.2%，天然气占比 24.7%，可再生能源占比 12.6%，核电占比 4.3%[④]。能源结构的转

① 比尔·盖茨. 气候经济与人类未来［M］. 陈召强，译. 北京：中信出版集团，2021.

② 中共中央马克思　恩格斯　列宁　斯大林著作编译局. 马克思恩格斯全集：第 42 卷［M］. 北京：人民出版社，1979：167.

③ 中共中央马克思　恩格斯　列宁　斯大林著作编译局. 马克思恩格斯全集：第 3 卷［M］. 北京：人民出版社，1979：74.

④ 数据来源：《BP 世界能源统计年鉴 2021》（中文版）。

变反映的是现代人类文明的发展与进步，新能源发电具备了清洁化、低碳化的新特征与趋势，而第三次能源转变由洁净能源取代了化石燃料，必将促进现代人类文明碳中和时代的来临。

三、温室效应失控是对人类的毁灭性打击

20 世纪中叶，石油、天然气的开采和利用，使得世界各国的能源结构纷纷从以煤炭为主转向以石油为主，能源效率的提高也使得生产力飞速发展，人类的生活条件得到了极大的改善。但需要看到的是，人口的增长及经济的发展，使得人类的需求和活动逐渐超过了生态系统的承载能力，人类已经开始走向危险的道路。到 20 世纪末，传统能源的大量消耗，造成大气污染、生物多样性的消失、飓风增强、水体污染、土壤沙化、资源枯竭和臭氧层的耗损等一系列的生态环境问题层出不穷，严重影响了未来人类文明的存续。

2021 年 1 月，我国中东部区域遭受强烈寒潮，4 月郑州特大洪水。2 月的美国也迎来了极端严寒气候，超过 550 万户家庭停电，6—7 月美国加利福尼亚州、加拿大不列颠哥伦比亚省、西伯利亚、南美洲亚马逊热带雨林等地区，由于罕见高温和旱灾而大范围受到山火的持续肆虐。与此同时，欧洲中西部也遭受了强烈暴雨洪涝，气候变迁所造成的直接危害难以估量，哪怕是次生因素也会造成灾难性后果。这些都严重增加了地球生态系统的脆弱性，直接危及人类获取洁净空气、安全自来水、营养食品供给以及安全居住的机会。

二氧化碳同二氧化硫、氮氧化物、烟尘等的大规模排放导致的雾霾、酸雨和重金属污染正在强有力地影响人类健康；越发频繁的酸雨不仅危害人体的健康，还对建筑物和淡水资源造成了损伤；氯氟烃等气体逃逸到大气还会造成臭氧层黑洞……

相关数据显示，2016—2020 年的全球气温远远超过 1850 年以来的所有年份（图 1－3），中国虽然没有全球升温幅度大，也是在波动上升的（图 1－4）。其中，2020 年的全球平均气温较 1850—1900 年的平均水平高出 1. 27℃。如果全球变暖趋势没有得到缓解，长此以往，必将严重破坏人类的生存环境。

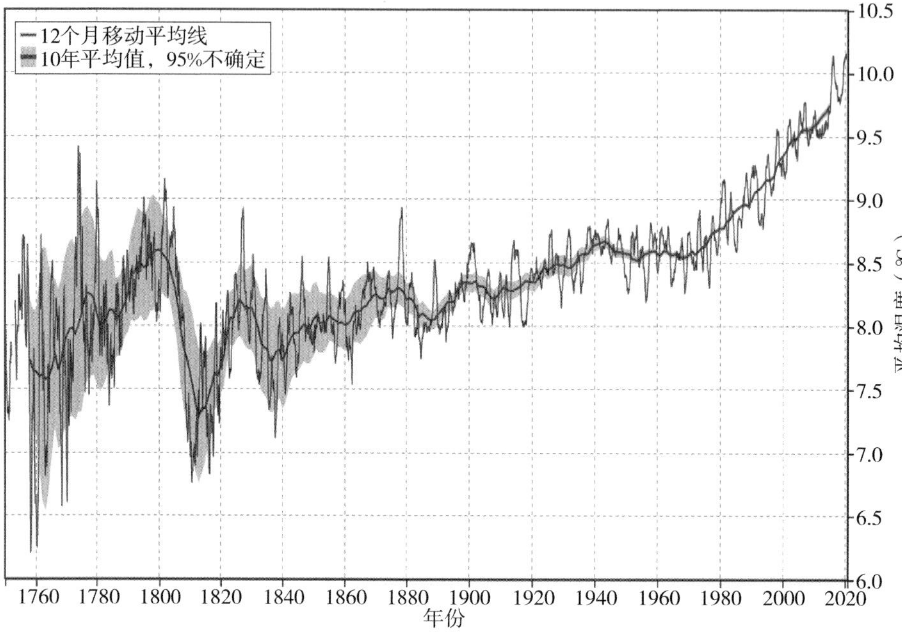

数据来源：Regional Climate Change：Global Land.

图 1－3　全球平均气温变化（1850—2020 年）

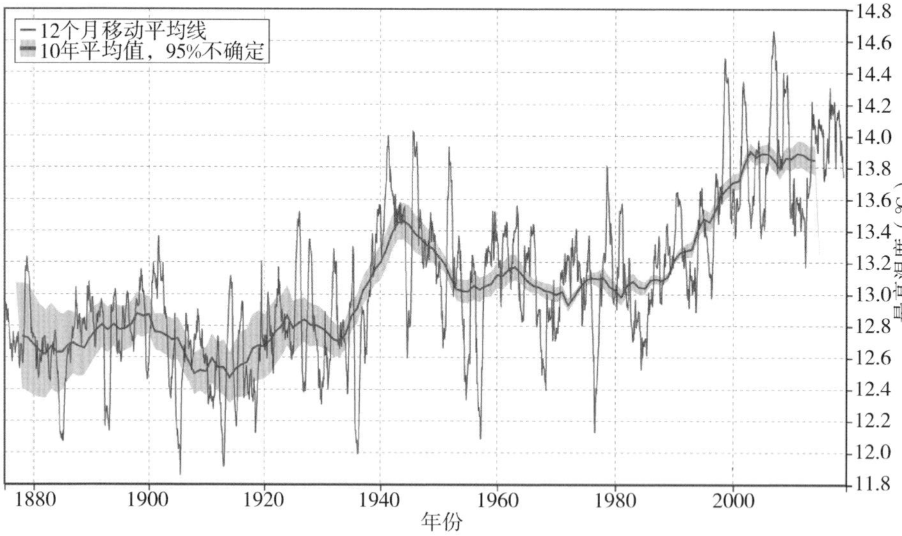

数据来源：Regional Climate Change：China，Berkeley Earth.

图 1－4　中国平均气温变化（1880—2020 年）

四、 国际组织和各国政府对“双碳”形成共识

为更好地治理大气和水体土壤等污染、恢复生物多样性、缓解资源枯竭等生态环境问题，有效保护生态环境和人类赖以生存的家园，世界各国不得不对治理气候变化、合理控制碳排放形成国际共识，以便更好地控制全球温度上升的速度。

气候变化领域的碳减排问题已不仅仅是一个专业性问题，而是事关人类未来发展的共同社会问题和政治问题。1992 年，参会各国签订了《联合国气候变化框架公约》，约定将根据各自发展历史、发展水平和能力的大小，担负起保护气候环境的责任。1997 年，在日本召开的 COP4 上，参会各国达成《京都议定书》，规定了到 2020 年的减排目标。随后的“巴厘路线图”、《哥本哈根协议》《巴黎协定》等明确了未来全球应对气候变化的具体安排。其中，2015 年达成的《巴黎协定》提出了到 21 世纪末，要将地球升温控制在 2℃，并为 1.5℃而努力的宏伟目标。对于广大发展中国家，可通过清洁发展机制和自愿减排机制进行碳减排。随后，发布碳中和目标的经济体也在快速增加。其中，包括中国、美国和欧盟等都承诺将于 21 世纪中叶前后实现碳中和，这意味着全球范围的零碳竞赛已经开始。照此情景看，碳中和成为经济发展的新引擎已经是大势所趋，也是各国政府都相继采取碳税和碳排放权交易等一系列生态环境政策工具，助推产业体系重构的原因所在。

目前，脱碳减排已经成为世界各国应对温室效应的共同手段。从 1990 年到 2021 年，IPCC 共发布了六次关于全球温室气体的评估报告。前五次的报告显示，从 1990 年到 2013 年，大气中的温室气体浓度不断上升，气候平均温度升幅也不断增加，人类活动对气候变化影响的显著性和气候变化带来的危害性也不断凸显。为更好地保护地球生态环境及推动人类社会可持续发展。2021 年 8 月 9 日，IPCC 发布第六次评估报告，这份报告由超过 200 名科学家完成，认为气候系统正经历快速而广泛的变化，全球变暖情况比以前更加迅速和严重，《巴黎协定》所制定的 1.5℃升温或在 2030 年被突破，需要更加强有力的减排措施阻止这一趋势。联合国秘书长古特雷斯总结道：“这是重要的一步，但还不够……我们正在进行一场攸关人类命运的

重要战斗，这场战斗必须取得胜利。”从 1972 年在斯德哥尔摩举行联合国人类环境会议到 2021 年召开《联合国气候变化框架公约》第 26 次缔约方大会的四十多年间，随着科学技术的发展和研究的不断深入，人类对气候变化和温室效应的认识也在不断深化，并为实现可持续发展达成了合作关系。

2021 年召开的《联合国气候变化框架公约》第 26 次缔约方大会，各国对《巴黎协定》关于气候的一系列核心问题达成共识。其中就包括中美发布联合宣言，将在政策框架、重点气体（甲烷及二氧化碳）排放监测及管控、强化国际责任承担等方面展开合作。同年 11 月，国家主席习近平同美国总统拜登举行视频会晤，期间多次提及两国在应对气候变化方面开展合作的可能性，并明确指出“气候变化完全可以成为中美新的合作亮点”。作为世界最大的两个经济体，中美宣言的达成将对全球气候变化合作产生重要而深远的影响。发达国家依靠其自身的技术支撑和经济基础，大部分都已经过了碳达峰阶段，正走向碳中和目标。而发展中国家的能源消耗和经济发展还未脱钩，难以判定“双碳”目标的实现期限。

第二节　大国担当与发展战略转型

根据世界气象组织数据，2020 年是有记录以来最暖的三个年份之一，2022 年的官方数据还没公布，毋庸置疑 2022 年比 2020 年更暖。虽然新型冠状病毒肺炎疫情严重冲击了人类活动和世界经济的发展进程，但并没有扭转碳排放的增加。面对肆虐全球的温室效应，需要世界各国齐心协力、携手应对。中国始终是应对气候变暖的重要倡导者、贡献者和积极践行者。从 1992 年起，中国就积极推动《联合国气候变化框架公约》和《京都议定书》的执行。

一、　彰显全球气候治理的大国担当

中国 2009 年制定 2020 年温室气体排放的控制目标，2020 年向国际社会宣布中国“双碳”目标。

美国政府在特朗普执政期间宣布退出《巴黎协定》之后，中国在第一时间宣布将继续全面履行《巴黎协定》。中国“双碳”目标的提出，意味着国内对已有产业与技术进行的升级换代，正确面对降碳减排的挑战与责任，为全球减排吃下“定心丸”，有力助推了《巴黎协定》的达成和执行。中国

降碳减排无疑会对全球升温水平产生十分积极的作用，对解决全球气候问题贡献显著，充分展现了大国的担当。“双碳”目标将会有力促进中国发展战略的转型，推进绿色低碳循环发展经济体的建设，重构社会经济系统。中国作为“地球村”的重要一员，将借助庞大的经济体量和广阔的低碳市场，带动世界经济新一轮的绿色增长，在新型电力系统、零碳工业、零碳交通、零碳建筑、负碳技术等方面爆发革命性突破。

为应对日益严峻的气候危机，碳中和已成为国际社会治理气候变化和温室效应的重要方式，意味着碳中和不只是单纯的生态环境问题，更处在大国博弈的利益格局里，势必深刻影响全球的政治、经济和外交格局。从国际视野看，随着欧盟身份从应对气候变化领导者向国际事务调节者转换，其对国际应对气候变化的领导力与日俱减；美国政府对《巴黎协定》的态度反复无常，气候相关政策的连续性不足，无法做出大国应有的碳减排表率，放弃了对气候变化的减排引领地位。中国作为负责任的大国并没有因此而退缩，而是积极响应国际社会减排举措，提出“双碳”目标，为全球各国应对气候变化打下“强心针”，成为全球低碳转型中的重要组成部分，充分展现中国的大国担当。

习近平总书记强调，应对气候变化不是别人要我们做，而是我们自己要做。中国早在1994年就提出可持续发展，发布《中国21世纪议程》白皮书。2012年，党的十八大把生态文明建设纳入中国特色社会主义事业“五位一体”总体布局，并首次提出“美丽中国”的概念。“十二五”时期，中国开始成体系地开展应对气候变化工作。“十三五”时期，我国逐步加强了应对气候变迁工作的目标与行动。2017年，中共中央总书记、国家主席习近平在中国共产党与世界政党高层对话会开幕式上发表题为《携手建设更加美好的世界》的主旨讲话，赢得世界赞誉。2020年9月22日，习近平主席在第七十五届联合国大会一般性辩论中提出：“中国将提高国家自主贡献力度，采取更加有力的政策和措施，二氧化碳排放力争于2030年前达到峰值，努力争取2060年前实现碳中和。”随后，中国政府又在不同的会议、政策中对“双碳”目标进行强调（表1－2）。这意味着中国已经将“双碳”目标视作生态文明建设的重点和检验生态文明建设成效的试金石。

表1－2　中国针对“双碳”目标的会议

日期	政策/会议名称	政策要点
2020年9月22日	第七十五届联合国大会一般性辩论	中国政府将提高国家自主贡献力度，采取更加有力的政策和措施，进一步确立了创新、协调、绿色、开放、共享的新发展理念，积极把握科技革命和产业变革的历史性机遇，推动疫情后世界经济“绿色复苏”
2020年9月30日	联合国生物多样性峰会	中国将秉持人类命运共同体理念，继续作出艰苦卓绝努力，提高国家自主贡献力度，采取更加有力的政策和措施，为实现应对气候变化《巴黎协定》作出更大努力和贡献
2020年12月12日	气候雄心峰会	中国未来将提高国家自主贡献力度，到2030年，中国单位国内生产总值二氧化碳排放将比2005年下降65%以上，非化石能源占一次能源消费比重将达到25%左右，森林蓄积量将比2005年增加60亿立方米，风电、太阳能发电总装机容量将达到12亿千瓦以上
2021年1月11日	关于统筹和加强应对气候变化与生态环境保护相关工作的指导意见	鼓励能源、工业、交通、建筑等重点领域制定碳达峰专项方案，推动钢铁、建材、有色、化工、石化、电力、煤炭等实现碳达峰
2021年4月30日	中共中央政治局第二十九次集体学习	要实现“双碳”目标，必须拿出抓铁有痕、踏石留印的劲头，明确时间表、路线图、施工图，推动经济社会发展建立在资源高效利用和绿色低碳发展的基础之上
2021年7月6日	中国共产党与世界政党领导人峰会	中国将为履行碳达峰、碳中和目标承诺付出极其艰巨的努力，为全球应对气候变化作出更大贡献
2021年11月14日	格拉斯哥气候公约	会议聚焦“减轻、适应、金融、合作”四项议题，最终达成多项共识，完成了对《巴黎协定》实施细则的修改，中国作为发展中国家，积极推动全球气候治理进程，参与了关于森林与土地利用、农业生产、氢能发展，以及汽车零排放等方面的承诺

在生态环境压力日益增大的背景下，从“双碳”视角探讨生态环境政策工具的改进与优化组合具有重要的实践意义。既有助于提升中国的“碳话语权”外交优势，加强开展气候外交与寻求合作共赢，又有助于对没有制定碳中和目标的碳排放国家施加影响，从而减少在贸易中被碳税惩罚的潜在风险，还可为其他国家碳中和的实践提供借鉴。中国把生态环境治理与生态文明建设写入党的二十大报告，以促进并引导全球社会加快适应气候变化的行动，从而进一步提升了中国在世界气候环境治理中的主动权与影响力，进而从总体上推动并实现世界生态文明建设，也有助于21世纪末世界环境净零碳排放目标的达成。

二、 推动能源转型和能源结构优化

人类文明发展的每一个里程碑都与能源革命密切相关。能源领域是碳减排的主要抓手，能源的使用方式直接反映出一个国家或区域的生产力水平。2020年，新型冠状病毒肺炎疫情对能源市场产生巨大影响，一次能源消费量下降4.5%，碳排放量减少21亿吨，降幅为6.3%，是1945年以来的最大降幅。但降幅背后是全球疫情和战后历史上最严重的经济衰退，是不健康的表现。

2020年，中国能源消费约为50亿吨标准煤，能源强度约为世界平均水平的1.5倍，能源消费结构的主体是原煤，占比为56.8%；2021年，中国能源消费总量为52.4亿吨标准煤，比上年增长5.2%[①]。随着技术的发展，能源消费结构近年来不断得到改善，清洁能源占比不断提升，已经达到能耗总量的24.3%，比2012年提高8.9个百分点，对碳排放强度下降至关重要[②]。长期来看，大力发展非化石能源是实现碳中和的最终路径。但风能和太阳能等非化石燃料替代品还处于相对早期阶段，技术发展不成熟，供应不稳定，成本较高。天然气作为最清洁的化石能源，相比于非化石能源，在供应稳定性和获取成本方面具有较大的优势，因此，若要在中短期内减缓碳排放乃至碳达峰，在发展非化石能源的同时，也必须大力推动天然气的使用。但国内油气资源不足，所消耗的原油和天然气大部分来自国外进

① 数据来源：《中华人民共和国2021年国民经济和社会发展统计公报》。

② 数据来源：《新时代的中国能源发展》白皮书。

口，一旦和能源输出国发生贸易战，就很有可能面临油气供给受制于人的困境，可以说，油气资源是最大的能源安全短板。如果延续当前依靠油气的能源发展模式，那么预计到2050年，中国石油和天然气需求量将超过8亿吨和7 000亿立方米，对外依存度超过75%、65%，能源安全处境极为危险。

习近平总书记指出，中国作为制造业大国，要发展实体经济，能源的饭碗必须端在自己手里。面对国际局势的动荡和新型冠状病毒肺炎疫情对世界格局造成的冲击，中国应该摒弃过度依靠油气资源进口的能源结构，将国内高碳的能源结构进行清洁替代，这对于重塑安全的能源体系、提升国家能源独立性具有重要意义。“双碳”目标倒逼能源系统的低碳转型，推动能源消费的变革。根据中国碳达峰路线图，在“十四五”结束前，实现化石能源使用的“达峰”甚至“过峰”，为能源结构的低碳转型打下基础，并且推动化石能源与新能源的协调互补。首先要对化石能源消费总量进行约束，严格控制和减少煤炭消费总量，加快清洁能源替代，从根本上打破对化石能源的过度依赖，真正改善中国能源供应安全性，为经济社会发展保驾护航。值得庆幸的是电力供应能力持续增强，可再生能源开发利用规模快速扩大，水电、风电、光伏发电累计装机容量均居世界首位[①]。目前中国正处在化石能源和非化石能源转型阶段，这是“三型社会”[②] 建设的契机。未来，中国可通过逐步开发风能、光伏发电等可再生能源，大幅度降低对进口和不可再生能源资源的依赖程度，对改善能源安全水平具有重大的战略意义。在迈向“双碳”目标的过程中，对一次化石能源消耗将逐步降低（图1－5）。这一过程的实现不仅需要能源供给侧部门的积极配合与响应，而且需要工业、建筑和交通等消费侧配合，最终实现“高碳-低碳-零碳”的转变和整体经济活动的源汇相抵，既可以有效应对温室气体的减排问题，治理生态破坏和环境污染，又可以推动能源低碳转型，助推中国产业升级和绿色转型。

① 数据来源：《新时代的中国能源发展》白皮书。

② 环境友好型、生态文明型、可持续发展型。

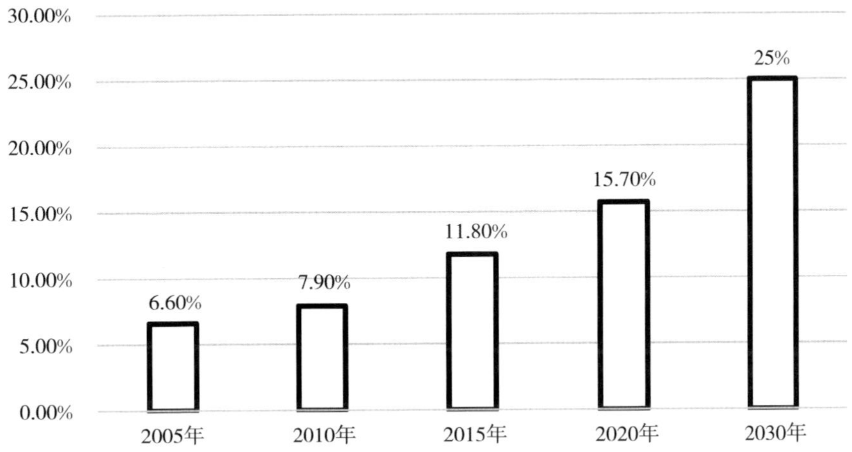

资料来源：《BP 世界能源统计年鉴》。

图 1－5　中国清洁能源占一次能源消费比重变化

三、 生态环境政策工具的绿色转型

生态环境政策工具是一个国家或地区能源使用导向的指南针，在引导太阳能、氢能、风能等清洁能源相关的研发方面具有明显作用。生态环境政策工具的绿色转型有助于中国抢占新一轮技术革命的先机，大幅提升能源利用效率。各国的发展经验都证明，仅仅依靠市场的自主调节，无法实现低碳转型进程。政府必须引入生态环境政策工具来变革经济社会、转型能源系统，大力发展非化石能源，进而推动低碳转型和经济高质量发展。在光伏发电方面，提高光伏组件转换效率，提高系统对极端环境的适应性；在风电方面，需提高大型风机的研发与制造能力，提升风机单机容量和低风速适应能力，提高海上风电开发能力，加强风机抗寒保温技术，实现高纬度、极寒地区风电开发。以零碳和负碳技术为基础，打造低碳绿色产业链，作为如期实现碳中和目标的托底保障。

世界各国经济发展情况各异，不同生态环境政策工具对生态环境和经济发展的影响有所差异。中国碳中和承诺只剩下不到 40 年时间，究竟哪种生态环境政策更适合中国体制、如何结合中国实际采用合理的生态环境政策工具以实现经济发展和碳减排之间的平衡等问题尚有争议。因此需要研究生态环境政策工具、探明生态环境政策对碳中和的影响机理，探讨符合国情的生态环境政策工具的影响因素和运行机制，为碳减排生态环境政策工具的设计、实施和完善提供新的思路，指导政府制定切实可行的环境规则政策，并针对特定生态环境问题，找到切实有效的生态环境治理工具，这正是本著作的现实意义和所响应的时代召唤。

一是以“双碳”目标为抓手，探索完善生态环境政策工具的优化组合。多年来，学者们以技术进步、绿色产业等为切入点对生态环境政策工具进行研究，关注污染避难所效应、技术创新等方面，对碳中和的综合研究较少。本著作对碳中和进行深入全面系统分析，阐述生态环境政策工具如何通过对碳中和的能源结构、利用效率、产业结构等综合影响，通过综合作用转化为对碳中和影响的机制，进而得出生态环境政策工具优化组合的结论。

二是比较研究了不同生态环境政策工具对碳排放的作用机理，并从产业绿色发展、低碳技术和实施成本等方面，因地制宜地优化生态环境政策工具，适用性强，同时结合“双碳”目标分析生态环境政策工具的改革问题，具有针对性和时效性，也具有说服力。

三是关于政策工具对减排效果的研究，大多研究重理论分析，利用人为设定的变量参数等进行预测，缺乏客观数据样本的定量分析，往往导致研究结论与事实不符。对此，本著作率先将生态环境政策工具对碳中和影响进行计量分析，并在此基础上，研究生态环境政策工具的最优选择，具有较强的客观性，为政府制定下一步的减排政策提供了参考。

第三节 “双碳”目标的历史任务

整个社会生活在本质上是实践的。马克思主义哲学认为生产方式和生活方式是一对孪生姊妹，人类依靠“自然资源”，但“依靠”并不意味着滥用，更不是不用，而是要提升化石能源利用的效率，达到减碳增效的目的。化石能源的燃烧在产生温室气体的同时还产生颗粒物、挥发性有机物、重金属、酚和氨氮等常规污染物。全球气候变暖问题已经由“黑天鹅”[①] 式风

① 不可预测的重大稀有事件。

险演变成为“灰犀牛”[①] 式风险，对此，碳中和不但意味着温室气体排放量的减少，而且还是生态环境保护的行动计划。正所谓不破不立，新一轮科技革命和产业革命正在动荡不安中孕育成长，等待着契机蓬勃发展。中国正顺应绿色发展的世界潮流不断寻求可持续发展的经济增长方式。在未来几十年中，将对重点领域进行节能减排的改革，引领世界经济走向“绿色复苏”。

一、 加强生产方式与生态环境的协同发展

中国共产党的发展史，也是对生态环境认识变化的发展史。早在 20 世纪 30 年代，中国共产党就深刻认识到，要从根本上改变西北大陆性的气候、温度、雨量，含蓄水源以及防止山洪泛滥，必须大量培植国家森林资源；1947 年，毛泽东发出了“没有黄河，就没有我们这个民族”的感慨，激励和感召着一代又一代中国共产党人投入到生产方式与生态环境的协同发展上来。从提出“对自然不能只讲索取不讲投入、只讲利用不讲建设”到“人与自然和谐相处”；从“科学发展观”到“立足新发展阶段、贯彻新发展理念、构建新发展格局”；从党的十七大首次将“生态文明”写入党代会报告，到党的十八大把生态文明建设纳入中国特色社会主义事业“五位一体”总体布局；从党的十九大将美丽中国作为建设社会主义现代化强国的重要目标和党的十九届五中全会提出“经济社会发展全面绿色转型”到党的二十大唱响的“协同推进降碳、减污、扩绿、增长，推进生态优先、节约集约、绿色低碳发展”。这一系列表达转变和论述深化，无不表明中国共产党带领全国各族人民对生态环境的重视。目前，在城市发展、工业发展、农业与乡村发展以及生态环境等方面推进生产方式与生态环境协同发展，是最现实的途径。

以建设低碳、零碳城市为目标，加快推进城市绿色发展。中国建筑节能协会认为，建筑业碳排放预计 2039 年实现碳达峰，晚于全国其他行业，为保障建筑业如期达峰，需要加速推行节能减排技术，构建低碳智慧楼宇系统，合理规划基础设施和重大工程布局，打造智慧交通体系，并通过碳

① 大概率且影响巨大的潜在危机。

普惠等机制，在全社会转变发展观念，激励市民的节能减碳行为，倡导低碳的生产生活方式。

在产业方面加快工业清洁生产的转型。工业碳排放浓度高，治理难度大，全面开展产业清洁生产势在必行。以产业转型升级为手段，鼓励低碳产业和绿色循环体系的发展，以技术密集型企业和现代服务业逐步淘汰高耗能产业，建立健全绿色技术创新体系，实现绿色低碳转型。“十四五”规划中明确表明，中国要“深入实施智能制造和绿色制造工程，发展服务型制造新模式，推动制造业高端化、智能化、绿色化”。当前工业要从园区、供应链等层面，加强与智能制造和生态环境的融合，实现从传统制造向零碳工业园区的转变。

在乡村生产层面加强乡村振兴进程中的低碳转型。国内高消耗、高污染、低质量的农业生产方式阻碍了农业农村健康发展。急需借助现代绿色农业技术，降低农业生产过程的温室气体排放量。在与生态环境的结合过程中，从“一把抓”变为注重差异化发展、重视地区差异、各区域根据实际情况、因地制宜地探索符合自身特色的低碳发展模式，以“绿水青山就是金山银山”理念为指导，在提升碳汇能力的同时，发展生态产品，实现乡村振兴。

生态兴则文明兴，生态衰则文明衰。在生态治理与恢复层面，提升森林、海洋和湿地生态系统碳汇能力，包括植树造林、加强林地和植被恢复建设，实施生态修复工程，构建生态安全格局，提升自然生态系统的整体功能和稳定性，实现水、气、土壤环境共治。同时，将数字技术应用在生态治理和跨区域污染物防治中，提升生态治理与生态恢复的数字化水平。对于具有生态旅游资源的地区，还可以因地制宜，在保护环境的同时发展生态经济。

总之，加强生产方式与生态环境的协同发展是一项全局性、战略性的工作，有赖于城市建设、产业布局、乡村振兴、生态恢复等方面统筹规划、协同实施，在2030年前尽快实现碳达峰，以减少2030年后面临的碳中和负担，才能达到事半功倍的效果。

二、 依据中国道路理论制定“双碳”目标政策

“双碳”目标的实现，有赖于政府出台产业、能源转型的相关政策。根

据国情，充分发挥引导、调动和约束作用。当前的政策着眼点从“要不要”“能不能”已经转变为“如何做”上来。中国已经根据实际情况，发布多个区域和部门“双碳”目标的实施方案和措施——“1+N”政策体系①。从减少、控制碳排放和增加、促进碳吸收两方面入手（表1－3）。当前发布的《2030年前碳达峰行动方案》部署了“十四五”期间的具体工作，包括优化产业结构和能源结构，重点行业能源利用效率大幅提升，完善了绿色低碳循环发展政策体系。《关于完整准确全面贯彻新发展理念做好碳达峰碳中和工作的意见》对“双碳”工作进行了系统谋划和总体部署，提出了实现“双碳”目标的五项原则，制定了“三步走”路线图，提出了十项具体举措②。对于完成难度较大的指标，如单位GDP能耗的下降、森林积蓄量的提升等需要制定变革中国生产方式的政策，给予更大力度的支持。在投资政策方面，严控高碳投资、支持低碳投资；在绿色金融方面，推广低碳金融产品和绿色金融标准；在财税价格方面，增加碳减排税收，健全价格机制；在市场化机制方面，健全碳排放权交易。制定调整高碳能源体系的政策。能源与生产息息相关，因此除了改革生产方式，还必须推动能源技术变革，制定推动创新发展的关键性政策。电力、工业、建筑和交通运输业的排放是中国碳排放的主要来源，需结合各部门发展情况，提高能源利用效率。

中国需要扩大气候政策和减排范围，从生产方式、能源方式、创新方式和生态碳汇入手。不仅需要意识到中国当前的实际发展水平，切合实际地调整政策和机制，还需要因地制宜调整产业结构、能源结构、发展新能源，消除实现“双碳”目标的各种阻力、障碍。短期来看，“双碳”目标的推进会给经济发展进程带来阵痛，但长期来看，适宜的“双碳”目标政策将显著提高产业发展效率，是在美丽中国下实现能源革命战略目标思想的

① 出台一个实现碳达峰目标与碳中和愿景的指导性文件，并根据不同的领域，制定一系列指导性的政策和方案。

② 推进经济社会发展全面绿色转型；深度调整产业结构；加快构建清洁低碳安全高效能源体系；加快推进低碳交通运输体系建设；提升城乡建设绿色低碳发展质量；加强绿色低碳重大科技攻关和推广应用；持续巩固提升碳汇能力；提高对外开放绿色低碳发展水平；健全法律法规标准和统计监测体系；完善政策机制。

更进一步，在相当程度上可以抵消能源结构调整带来的附加成本和岗位流失，最终使得中国经济受益。

表 1－3　中国“双碳”目标相关政策

政策文件	政策内容
《新时代的中国能源发展》	加快发展氢能产业，包括绿氢制取、储运和应用等氢能产业链技术装备，促进氢能产业链的发展
《关于推进电力源网荷储一体化和多能互补发展的指导意见》	源网荷储一体化、多能互补有望成为中国能源电力行业的发展趋势，是提升可再生能源开发消纳水平和非化石能源消纳比重的抓手
《关于加快推动新型储能的发展的指导意见》	到 2025 年，实现新型储能从商业化初期向规模化发展转变，到 2030 年，实现新型储能全面市场化发展
《新能源汽车产业发展规划（2021—2035 年）》	对中国新能源汽车发展方向进行多维度的指引

三、寻求中国“双碳”目标的最优路线与技术

当前中国能源减排的难点不仅在于其体量巨大，更在于中国仍处于经济快速发展阶段，人均 GDP 和发达国家相比还有较大差距。而经济的发展尚未与化石能源的消费完全脱钩，因此在相当长的一段时间内化石能源的消费需求旺盛。《中华人民共和国气候变化第二次两年更新报告（2018 年）》显示，2014 年中国温室气体排放总量为 123 亿吨二氧化碳当量（表 1－4）。2021 年，中国近 90% 的温室气体排放源自能源体系①。在此情况下，碳减排依赖于生态环境政策工具的有力支持，借助生态环境政策工具明确各领域碳减排任务的分配与协调，实施用能领域清洁替代，优化能源结构，是中国迈向“双碳”目标、实现高质量发展的关键。

“十四五”规划纲要对实现“双碳”目标与应对气候变化路线进行了全面部署，提出了深化能源结构转型、逐步提高清洁能源比重、大幅度提高能源利用效率的根本性要求。2021 年 10 月，国务院发布《2030 年前碳达峰行动方案》对能源消耗做出了具体的阶段安排（表 1－5）。减排的路线可大

① IEA 旗舰报告《中国能源体系碳中和路线图》。

致分为控制高排放（构建新型电力系统、工业、交通、建筑）和发展绿色低碳技术（碳汇、负碳技术）两条。

表 1-4　2014 年中国温室气体排放总量（亿吨二氧化碳当量）

	二氧化碳	甲烷	氧化亚氮	氢氟碳化物	全氟化碳	六氟化硫	合计
能源活动	89.25	5.20	1.14				95.59
工业生产过程	13.30	0.00	0.96	2.14	0.16	0.61	17.18
农业活动		4.67	3.63				8.30
废弃物处理	0.20	1.38	0.37				1.95
土地利用、土地利用变化和林业	-11.51	0.36	0.00				-11.15
总量（不包括 LULUCF）	102.75	11.25	6.10	2.14	0.16	0.61	123.01
总量（包括 LULUCF）	91.24	11.61	6.10	2.14	0.16	0.61	111.86

注：（1）阴影部分不需填写；
（2）0.00 表示计算的结果小于 0.005 亿吨二氧化碳当量；
（3）由于四舍五入的原因，各分项之和与总计或有微小出入。

表 1-5　碳达峰碳中和工作目标

年份	目标
2025 年	单位国内生产总值能耗比 2020 年下降 13.5% 单位国内生产总值碳排放比 2020 年下降 18% 非化石能源消费比重达到 20%左右
2030 年	单位国内生产总值碳排放比 2005 年下降 65%左右 非化石能源消费比重达到 25%左右
2060 年	非化石能源消费比重达到 80%以上

新型电力系统是“双碳”目标实现的必经之路。2018 年，中国电力碳排放量 49 亿吨，约占能源碳排放的 51%①。因此，需要制定并实施电力行业零排放路线，构建新型电力系统。新型电力系统是以风电、光伏发电等

① 数据来源：IEA，*World Energy Outlook* 2019。

新能源为主体的电力系统，具备承载高比例的新能源发电、消纳和存储能力，同时能够保证电力的稳定供应，全面支撑电力部门“双碳”目标的实现。为加快风电、光伏发电的发展，需要保证新增装机量的增加和旧机的迭代更新，其中，海上风电具有资源丰富、发电效率高、大规模开发难度低等优势，因此海上风电技术是未来的重点发展方向。新型电力系统也将催生储能技术（电化学储能技术、抽水蓄能技术）与特高压建设技术的需求。对于无法减排的部分二氧化碳，需要结合核能技术、氢能技术、CCUS技术和BECCS技术等实现负排放。

工业部门是实现碳中和目标的重点领域，2010年到2018年间工业排放减少了7%，约占能源碳排放的28%。为实现“双碳”目标，工业部门需制定各部门低碳战略路线，设定明确的脱碳目标，通过优化升级产业结构、遏制高碳项目盲目发展、依靠工业生产节能、减少工业产品需求量、提升产品利用率和发展绿色产业等方式减少化石能源的消耗。

建筑部门的碳排放量约占中国能源碳排放量的6%，2010年到2018年间，建筑部门碳排放量增长了25%。“双碳”目标的路线包括推进城乡建设和管理模式低碳转型，发展节能低碳建筑和优化建筑用能结构（在城市和农村普及煤改气，降低化石能源消费比重，通过天然气和热泵等低碳技术替代），在实现清洁取暖的同时，降低建筑能耗。在建筑施工和运营阶段，积极布局建筑电气化、光伏发电与建筑一体化等低碳技术。

交通部门碳减排潜力大、难度高。主要原因是汽车保有量的激增和公路货运量的迅猛增长，使得在2010年到2018年间，交通部门碳排放量增长了61%，约占能源碳排放的10%。由于中国城镇化进程尚未停止，机动车保有量会随着经济的发展而不断增加，交通运输业对油气产品的用量持续增加，未来的减排压力较大。因此，提高交通效率、优化交通运输结构是交通运输业“双碳”目标实现的主要途径。发展公共交通、优化运输结构、提高能源利用效率和新能源汽车的渗透率等是交通部门实现“双碳”目标的主要技术手段，将车辆消费市场从传统内燃机车辆转向电动低碳车，制定并实施重型道路运输车辆的全面脱碳战略，同时，在全国范围内普及和应用智慧交通技术，以提高交通通行效率，降低交通运输业碳排放。

第四节　实现“双碳”目标的挑战和机遇并存

习近平主席在第七十五届联合国大会一般性辩论上强调：“人类需要一场自我革命，加快形成绿色发展方式和生活方式，建设生态文明和美丽地球。人类不能再忽视大自然一次又一次的警告，沿着只讲索取不讲投入、只讲发展不讲保护、只讲利用不讲修复的老路走下去。”虽然新型冠状病毒肺炎疫情对经济社会秩序产生巨大冲击，但危中有机。短期来看，为了及时有效地抗击疫情，降低了世界各国碳减排的紧迫性和积极性，但中长期来看，绿色低碳发展仍然是未来发展的战略方向之一。当前，疫情导致国际政治经济格局面临高度不确定性，很多传统产业正面临危机。虽然经济下行导致能源消费增长速度放缓，但这也为能源的加速转型提供了契机，例如对于后疫情时代新增的能源需求，可以更多地由可再生能源满足。中国应当抓住当前经济能源系统重置的机会，引领创造一个更加绿色且更具韧性的碳中和世界。

一、“双碳”目标面临的挑战

中国当前碳排放总量居高不下。自从改革开放以来，能源消耗支撑了中国的发展，并且由于尚未走完工业化进程，所以短时间内经济增长仍然依赖于能源的消耗。经济发展依赖于工业的程度高，高耗能的重工业也占较高比例，尚未与能源需求完全脱钩，能源需求总量还存在持续上升的趋势。在未来一段时间内，中国产业的发展对于钢铁、水泥、汽车等碳排放较大的工业产品需求还很旺盛。可以说，碳减排的本质是对于发展权的竞争。在国际层面，2020 年中国碳排放量也还在比较高的区间范围内（表 1－6）。在国内层面，根据 IEA 数据，2019 年，就能源结构而言，煤炭产生的二氧化碳占全国碳排放的 80%；就行业而言，电力和热力部门产生的二氧化碳占全国碳排放的 53%。虽然在“双碳”目标的约束下，化石能源总量预计在 2028 年左右达峰，但需要注意的是，水电、风电、光伏发电电站均具有较强的季节性，而极端气候变化也加重了对能源的需求，因此在能源结构调整的过程中，尚依赖传统能源在调峰与保障能源安全方面发挥作用。此外，中国的用电结构尤为特殊，工业用电占比达到 67%，工业、商业、居民用电分布并不均衡，可见，中国减排脱碳需要从技术到产业链更为深层的变革。随着全球经济复苏、各国解除封锁，因疫情而暂时减少的碳排放量逐渐恢复。如何在不严重干扰中国正常发展的前提下，实现持续的、有相当规模的碳减排，也是不得不面对的问题。

表 1-6　中国碳排放量占全球总量的比重

年份	2017	2018	2019	2020
中国排放量（亿吨）	105.00	100.00	102.00	98.99
全球排放量（亿吨）	410.00	331.43	364.00	340.00
占比（%）	26	30	28	29

实现“双碳”目标的时间紧迫。纵观世界各国的碳达峰实现时间，欧美国家陆续实现了碳达峰。2002 年，英国建立了世界上首个零碳社区——伦敦贝丁顿，成为碳中和地方示范的开创者；2006 年，欧盟实现能耗和碳排放双达峰，2007 年，美国实现能耗和碳排放双达峰。相比而言，2019 年，中国碳排放比 2006 年上涨 47.2%，仍处在上升阶段，尚未实现碳达峰。中国从碳达峰到碳中和的过渡期只有 30 年，对比美国和欧盟通过 50~70 年时间之久，时间上并不充裕（表 1-7），平台期和缓冲时间较短，意味着迈向碳中和的路径并非坦途。考虑到中国 14 亿人口、中高速的经济增长速度、巨额的碳中和投资和分布不均的资源禀赋，2030 年后每年减排量要比上年平均降低约 8%~10%，难度可想而知。

表 1-7　各国承诺从碳达峰到碳中和的过渡期对比

国家	实际碳达峰年份	承诺碳中和年份	过渡期（年）
英国	1973	2050	77
韩国	2018	2050	32
德国	1979	2050	71
法国	1979	2050	71
日本	2013	2050	37
中国	2030	2060	30

注：中国尚未碳达峰，表中为中国承诺的“双碳”时间。

能源利用效率粗犷，能源结构急需优化。中国富煤贫油少气的能源禀赋决定了能源消费结构中煤炭占据主导地位。粗放的增长方式（产能过剩、能效偏低、产业集群度不高、能耗高污染重）使生态环境问题日益严重，与人民群众追求的美好生活和对“三生”① 的向往仍有较大差距。在 2009 年到 2018 年的 10 年间，中国与发达国家能源结构差距甚远，与世界平均水平也有较大的距离（表 1－8）。能源结构面临高碳能源积累总量大、转型困难等挑战。低效的能源利用一直困扰着中国节能减排进程。20 世纪 80 年代以来，虽然中国能源利用率不断提高（表 1－9），但同世界先进水平还有差异，尤其是一次性能源，单位能值比差距在 4 倍左右，与印度相比，单位产值能源比也有 2 倍（图 1－6）。2020 年中国经济总量占全世界经济比重的 17% 左右，是世界上最大的能源消费国。虽然传统的煤电发电将会被以太阳能、风能、水能等清洁能源发电方式逐渐取代，但是要实现碳中和目标依然任重道远，一是因为水电、风电和光伏发电等清洁能源对于天气气候的要求较高，容易出现能源供给短缺或过剩等情况，而目前储能产业的发展并不完善，还需要火电进行调峰削谷；二是因为目前中国对火力发电的依赖度较高，强行关闭煤电厂有极大可能冲击部分地区的就业和经济；三是因为可再生能源成本仍高于化石能源，而企业具有逐利心理。

表 1－8　中国一次能源消费结构对比（%）

国别	原油	天然气	原煤	核能	水力发电	再生能源
中国	17.5	5.6	66.5	1.0	8.1	1.8
英国	36.9	31.9	15.7	7.7	0.7	7.0
德国	35.9	20.5	24.9	7.1	1.5	10.2
美国	36.4	30.2	19.7	8.3	2.6	2.8
日本	43.1	22.2	27.7	—	4.3	2.5
世界平均	32.6	23.7	30.0	4.4	6.8	2.5

注：原始数据来源于历年统计年鉴和文献资料。本表数据为 2009—2018 年数据平均值。

① “三生”即生产、生活、生态。生产是物质需求，生活是消费需求，生态是美丽环境需求。

表 1-9　中国单位 GDP 能耗（吨标准煤/万元）

年份	1980	2000	2014	2018
单位 GDP 能耗	2.6	1.47	0.80	0.59

根据估算，“双碳”任务下，行业和企业都将面临一系列调整，既有行政干预式的被动调整，也有拥抱低碳经济的主动调整，需要能源系统新增投资 100~138 万亿元，政府预算是无法全部满足的，面临严峻的资金缺口，加之能源基础设施存在使用周期，低碳转型越慢，锁定效应就越强，将来的资产搁浅也会越严重。而新型冠状病毒的不断变异致使全球经济复苏进度大幅放缓①，打击了清洁能源的恢复和发展速度……一旦碳中和相关政策变化，硬约束减弱，那么这些因素都将显著阻碍“双碳”目标的实现。

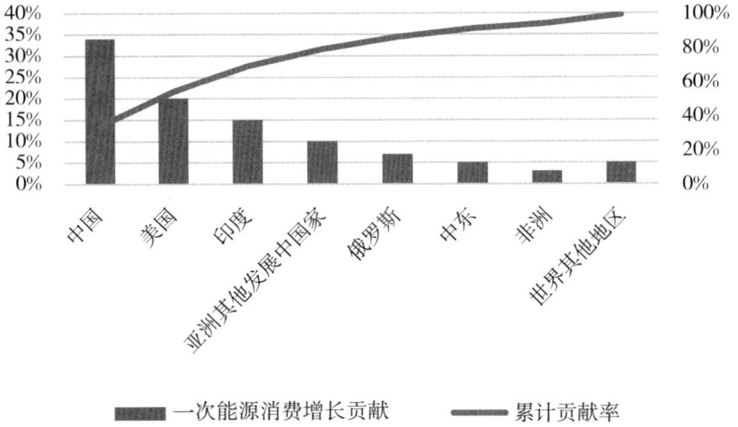

注：由于进位，上图各区域贡献和值不为 100%。

图 1-6　世界各区域对一次性能源消费增长的贡献（2018 年）

区域间、行业间发展水平存在差距。从区域角度看，不同区域之间的碳排放和经济发展情况存在差异，如东部沿海地区经济发展水平较高，现

① 截至 2022 年 1 月，新型冠状病毒的变种包括德尔塔（Delta）变异株、奥密克戎（Omicron）变异株、德尔密克戎（Delmicron）变异株等。

代服务业的经济贡献已经不容小觑，人民的生活水平也较高，已接近碳达峰，而全国三分之二人口所生活的中东部地区以农业、工业为主，现代服务业薄弱，碳排放仍在持续增长。同时，从生态环境政策视角看，区域间碳市场交易量价差距较大，因此“双碳”目标的实现有赖于东西部资源禀赋的深度融合。从行业角度来看，因为部门之间存在差异，如果不能及时有效地在各部门推广普及低碳、零碳技术，那么随着国外技术成本的降低，必将冲击中国所有碳排放密集型行业产品的发展，降低其竞争力，进而带来严重的失业问题和资产损失。总的来说，产业结构面临传统增长模式受限、节能改造困难等挑战。可以确定的是，绿色溢价①对不同的行业和技术有所不同，并且随着技术和政策而不断变化。虽然长期来看，CCUS 技术可以极大缓解工业部门的碳减排压力，但就目前而言，其绿色溢价较为高昂，缺少价格优势，难以在短时间内普及，如果政府强制企业使用，会给企业发展带来竞争劣势。如何统筹低碳转型的成本收益和经济发展不平衡问题，避免“运动式”减排，以及合理应对不同行业、地区的影响，是“双碳”目标实现过程中不能绕开与回避的话题。

二、 实现“双碳”目标的历史机遇

中国“双碳”目标的实现矢志不渝。对于“双碳”目标看到机遇的同时需要把握好自身的节奏、统筹好和发展之间的关系、综合平衡长期战略目标在短期内的推进方式和速度。早在 2006 年，中国“十一五”规划纲要中就提出了“节能减排计划”，淘汰落后且高污染高能耗的产业，到“十二五”结束，单位 GDP 能耗已经实现了 30% 左右的降幅。目前中国相继出台了《企业温室气体排放报告核查指南（试行）》《绿色产业指导目录》《钢铁行业产能置换实施办法》《国家高新区绿色发展专项行动实施方案》等（表 1 - 10）。

① 绿色溢价是指当使用者使用清洁能源时，所产生成本比使用化石能源的成本超出部分。

表 1-10　中国各部委“双碳”目标行动举措

部委	行动纲要	具体举措
生态环境部	制定实施碳达峰行动方案，强化降碳刚性举措	严格控制高耗能、高排放项目，遏制高碳高排放旧动能；发展绿色金融，培育绿色低碳技术和产业，激发绿色低碳的新动能；加强顶层设计规划，推进风电新能源开发布局，建设以新能源为主体的新型电力系统
工业和信息化部	加快工业领域碳达峰行动	推动产业结构高端化转型、加快能源消耗低碳转型、促进资源利用循环化转型、推动生产过程清洁化转型、引导产品供给绿色化转型、完善绿色制造支撑体系
国有资产监督管理委员会	推动央企在“双碳”目标中发挥作用	推进产业结构的绿色低碳转型，发展绿色低碳产业，稳步推进能源结构优化，强化节能管理和目标责任考核，稳步推进绿色低碳技术的应用，加大低碳、负碳技术的投入
交通运输部	推动低碳变革和全面节能减排	严格实施能源消费总量和强度双控制度，提升交通运输综合效能。通过技术力量助力降碳，研发新型动力系统、高效清洁载运装备、新能源安全储运装备、船舶和码头油气回收和安全检测成套设备
住房和城乡建设部	加强县城绿色低碳建设，促进房地产行业减碳降碳	印发《关于加强县城绿色低碳建设的意见》，从 10 个方面明确县城绿色低碳建设的有关要求。明确发展绿色建筑为房地产业“双碳”目标重要抓手，强化房地产业用能结构改革

从经济体发展阶段角度分析，中国历史累积碳排放总量和发达国家相比是少了很多的；从人均碳排放角度分析，中国基本从 2012 年、2013 年就开始进入了碳排放的“平台期”。虽然碳排放目前处于高位，但需要看到的是，人均碳排放量和发达国家相比，处于较低水平（如 LBID 数据显示，2018 年，中国人均化石燃料排放量为 7 吨，远低于美国的 16 吨，日本为 9 吨）。中央层面和国家层面改革的决心和信心十分坚定，主动放缓经济步伐以稳步改革，为“双碳”目标的实现提供较为清晰的路径，也为各行业、各地区进一步出台减排政策打下基础。

生态环境政策工具为深度减排提供有力保障。脱碳减排并非与经济增长背道而驰，而是对其有正向刺激作用。“双碳”目标的设立为应对气候变化释放出强烈的积极信号。但是，碳排放仅靠市场机制往往无法主动实现，必须依赖政府的强势介入。中国在抗击新型冠状病毒肺炎疫情中体现出的制度优势将在“双碳”目标的实现方面发挥重要作用。通过政策工具和市场手段，释放明确稳定的长期政策和价格信号，形成全社会崇尚绿色低碳生产生活方式的潮流。实现碳中和不仅意味着传统意义上的能源结构变化、生态环境改善，更是整个经济、生产生活方式的重构，促进经济社会的高质量发展。此外，从 2005 年起，中国就加入了国际碳市场。2021 年，中国开始运行全球最大的碳交易市场，将电力行业纳入市场①，当前交易产品主要以现货交易为主，开市首月成交量约 600 万吨，成交额约 3 亿元，取得了“开门红”。当前中国年均碳排放量虽然最多，但同时在关键清洁能源技术方面也提供了最大的助力。未来，中国将利用碳市场生态环境政策工具，积极有效地控制和减少温室气体排放，推动行业和区域绿色低碳发展，这对“双碳”目标的实现意义重大。总之，中国将依托制度优势、庞大市场、利益相关方积极参与，为碳中和目标的实现提供强有力的支持和保障。

中国产业规模持续扩张，工业、建筑、交通部门蓄势待发。虽然中国碳排放量和能源消费量超过其他国家，但人均能源消费远低于发达国家，和世界平均水平相比也低不少。在“双碳”目标下，高碳产业的更新换代是大势所趋。中国工业增加值从 2012 年的 20.9 万亿元增长到 2021 年的 37.3 万亿元，其中制造业增加值由 16.98 万亿元增长到 31.4 万亿元。工业规模持续扩大，进入工业结构调整期，无疑为工业的发展指明了发展方向，带来了巨大的投资机会。对于碳排放大户电力部门来说，构建新型电力系统，保证清洁发电能源的调度优先，促进风电、光伏发电的发电设备、氢能及燃料电池、储能、能源传输、能源大数据、CCUS 等有助于碳减排领域的技术研发，是中国碳减排的重要路径。2020 年，中国常住人口城镇化率达 63.9%，进入城镇化中后期②。未来，中国的城镇化将从增量的城市扩张

① 纳入碳市场的发电企业为 2013—2018 年中任何一年的碳排放量超过 2.6 万吨的企业。

② 数据来源：第七次全国人口普查。

建设转为存量结构调整，在建筑的建设阶段和装备式建筑等方面，低碳排放将有极大的发展空间，尤其是混凝土预制件（PC 构件）的使用有效降低了碳排放。在建筑的运营阶段，可与清洁能源结合，提升可再生能源比例，降低化石能源的使用。

三、“双碳”目标的庄严承诺必定实现

中国实现从“高速、高碳”发展向“高质量、零碳”的发展转型是一个长期的过程，工业化、城镇化仍在推进之中，技术更新、设备迭代、储能发展等都需要承受一定的代价。尤其是基础研发能力仍显不足，关键低碳技术面临竞争，科技成果转化面临众多体制机制障碍，创新要素依旧不能实现高效配置，创新人才数量和质量有待提升等问题尚未解决。但必须看到的是，中国当前国民经济正由高速度发展转变为向高质量发展，实现“双碳”目标的优越性已经不言而喻。中国人口红利（人才红利）并存，具有较完善的工业产业链，在各个区域间也具有不同的工业优势和人才资源优势；中国西部区域内丰富的风、光、地热资源，有助于零碳电力的达成；光伏发电、风能、氢能、核能、5G、互联网、自动驾驶、装配式建筑和高铁等绿色低碳科技，在全国均具备了先发优势；光伏发电系统新增装机已持续七年排名世界第一、累计装机已持续五年排名世界第一。根据预测，2050 年中国清洁能源全球占比为 90%，而目前风能、太阳能占比仅为 10% 左右[①]。因此，随着经济快速增长，用电量也随之迅速上升，光伏发电市场潜力巨大，而中国光伏发电产业成本的下降和产品迭代速度不断加快，国产化程度较高，凭借技术优势、规模优势，无疑将在整个资本开支链条中承担重要角色，并给国内相关制造业带来巨大增量。虽然当前清洁能源的技术尚未完全成熟，但中国给予了相当充分的投资，一旦技术成熟并且绿色溢价下降到一定程度，社会资金就会主动跟进。

目前全球超过 80% 的工业温室气体排放都来自于重点排放企业。因此，企业的绿色转型对于气候行动具有重大意义，企业一旦掌握了更先进的低碳减排手段，就可以借助绿色制造和智能制造的推进，形成新的能力代差，

① 资料来源：IEA 和《2050 年净零排放：全球能源行业路线图》。

通过迅速实现低碳化，来形成强大的碳金竞争力①。目前，已经有不少企业宣布配合达成国家目标的相关承诺或规划，随着其碳减排目标的不断完成，未来必将在市场上占据主动，树立起更大的行业影响力、更广泛的国际竞争力，同时也彰显了更强的技术实力。最终推动行业乃至国家经济发展与碳排放的脱钩。

“双碳”目标的实现需要扬长避短，以带动新产业、新增长点、新投资的发展。以“十四五”规划中绿色低碳发展与经济转型的有机统一为指导，为构建绿色低碳的生产生活方式、推动尽早碳达峰，以及碳达峰后稳中有降地实现碳中和奠定了重要基础；积极发展已有先发优势的绿色技术，从根本上解决传统产业结构和能源结构所带来的环境污染和生态破坏问题；“绿色化”和“数字化”进一步提高资源能源使用效率、促进可再生能源开发利用、提高全社会效率和减少化石能源消费需求；独特的制度优势和庞大的市场优势将会为“双碳”目标的实现提供强有力的支持和保障。

① 在既定时间内应对碳减排过程中所形成的相对优势能力。

第二章　节能减排状况与“双碳”目标推进现状

中国“双碳”目标的设立与节能减排是一脉相承的。“十一五”期间，中国就对单位 GDP 能耗进行了规定，并且在随后的每个五年规划中，都将节能减排纳入了规划范围。根据中国温室气体清单的划分，人为碳排放包括能源活动、工业生产过程、农业活动、废弃物处理、土地利用变化五种情形。本章从能源领域、电力行业、工业与制造业、交通运输业、建筑业和农业六大领域入题，来探寻节能减排和“双碳”目标实现路径。在能源领域，实现煤炭减产、严控新增、效率提升和能源替代（天然气、生物质能的利用，可再生能源）；对于电力行业和工业领域，宏观上延伸产业链条，微观上提高企业能效（技术节能、流程优化、提高数字化水平等）；在建筑业实现公共建筑节能和可再生能源应用；在交通运输业推广绿色出行，公交、公务和景区用车尽可能绿色化；提高生态系统碳汇能力并发展和推广 CCUS 技术。总的来说，中国节能减排与“双碳”目标推进既要兼顾“稳增长”与碳减排，又要避免运动式减碳，保证“双碳”目标稳妥有序地推进。

第一节　能源升级与替代

化石能源大量消耗产生的二氧化碳是全球温室效应愈演愈烈的最主要成因，能源转型是实现“双碳”目标的必然选择，能源转型的实质是化石能源体系向非化石能源的变革。纵览全球能源史，人类先后经历了“生物燃料—煤炭—石油—天然气—可再生能源”的转型，目前正处于第三次能源革命初期[①]，经济发展没能和煤炭、石油、天然气等传统能源脱钩。《BP 世界能源统计年鉴》显示，化石能源仍然占据世界各国能源消费的主体（表 2－1）。中国要实现“双碳”目标，就必须积极推动经济发展与传统化

① 第一次能源革命以木材为主要能源，第二次能源革命以煤炭、石油、天然气为主要能源。

石能源的脱钩。在“双碳”目标和“四个革命、一个合作”① 指引下，能源结构的调整正在深刻影响着交通运输业、电力行业、建筑业、制造业等各行各业。能源结构调整与转型不是一朝一夕可以轻易实现的，需在结合能源禀赋和保障能源安全的前提下合理有序地推进。随着能源结构的调整，当前中国对于能源需求正逐步降温，预计从2030年的40亿吨标准煤下降到2060年的25亿吨标准煤以下，能源利用效率的提升是关键，预计2050年单位GDP能耗将达到世界先进水平。未来非化石能源占一次能源消费比重，2040年、2060年将分别超过50%、80%②。

表2-1 全球一次能源消费占比（2020年）

能源种类	煤炭	石油	天然气	核能	水电	可再生能源
占比（%）	27.2	31.2	24.7	4.3	6.9	5.7

资料来源：国网能源研究院有限公司发布的《中国能源电力发展展望2020》。

一、推进煤炭消费替代和低碳转型

改革开放以来，中国经济快速发展带动了能源消费的增长，使得中国GDP与能源消费量长期存在较强的正相关关系。如果在短时间内过度限制化石能源的使用，势必要对经济的稳定增长造成冲击。

中国是世界煤炭生产和消费大国（图2-1）。2020年煤炭消费量占能源消费总量的56.8%；天然气、水电、核电、风电等清洁能源消费量占能源消费总量的24.3%，一次能源消费总量同比增长2.2%③。预计到2030年，非化石能源发电量占全部发电量的比重将达到50%④。以煤炭为主体的传统能源结构保障了经济社会的平稳和高效发展，但也排放了大量的二氧

① 能源消费革命、能源供给革命、能源技术革命、能源体制革命，全方位加强国际合作。

② 国网能源研究院有限公司. 中国能源电力发展展望2021［M］. 北京：中国电力出版社，2021.

③ 国家能源局石油天然气司，国务院发展研究中心资源与环境政策研究所，自然资源部油气资源战略研究中心. 中国天然气发展报告（2021）［M］. 北京：石油工业出版社，2021：5-6.

④ 国家能源局石油天然气司，国务院发展研究中心资源与环境政策研究所，自然资源部油气资源战略研究中心. 中国天然气发展报告（2021）［M］. 北京：石油工业出版社，2021：5-6.

化碳。为降低碳排放和保护环境以及提高能源安全，必须促使煤矿产能逐步转向资源丰富区域集中高效开采，只面向国家重要的用煤产业，其他行业逐步进行减煤限煤，多举措提高煤电的清洁利用。

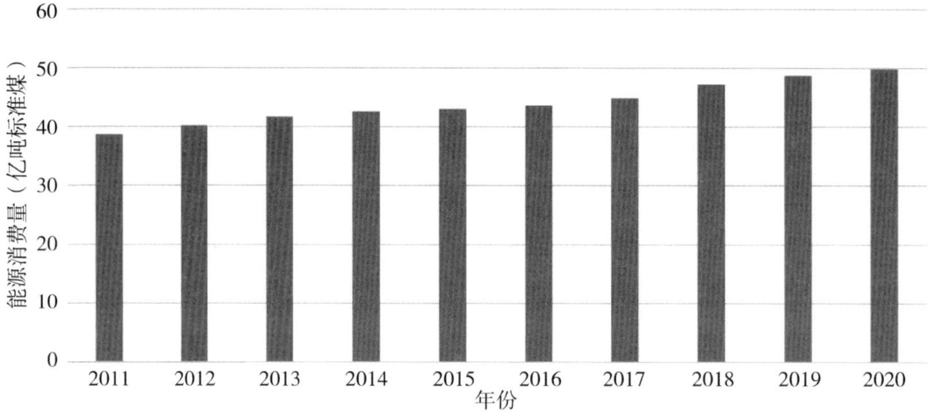

资料来源：国家统计局《中国统计年鉴 2021》

图 2－1　中国能源消费总量（2011—2020 年）

2030 年前，煤电调峰仍是电力消纳的主力军，推进煤电清洁、高效、低碳、智能化的灵活性改造是实现碳达峰的必经之路。为此，需要对煤电机组进行改造升级。煤电灵活性改造与抽水蓄能、储能等调节手段相比，具有成本较低的优点，可以充分挖掘煤电机组调峰潜力，提高对零碳电力的消纳能力。煤电作为过去电力供应的基荷能源应该转变其功能定位，承担更多新型电力系统中的调峰工作。

“十一五”至“十三五”期间，电力行业已经实施了煤电节能减排升级改造，火电供电煤耗持续下降，有效减少了煤炭的消耗（表 2－2）。预计“十四五”期间完成煤电机组灵活性改造 2 亿千瓦，增加系统调节能力 3 000~4 000 万千瓦，实现煤电机组灵活制造规模 1. 5 亿千瓦。到 2025 年全国火电平均供电煤耗降至 300 克标准煤/（千瓦·时）以下，并重点优化高于此标准的煤电机组[①]。同时，限制煤电的新增，实现新建机组煤耗标准达到国际先进水平。

① 国家发展改革委，国家能源局. 全国煤电机组改造升级实施方案［R］.（2021-10-29）：4.

表 2-2　全国 6 000kW 及以上火电厂供电煤耗

年份	2005	2010	2015	2020
煤耗［克标准煤/（千瓦·时）］	370.0	333.0	315.4	305.5

资料来源：国网能源研究院有限公司发布的《中国能源电力发展展望（2021）》。

具体到全国各区域的煤电转型，要根据实际情况，在科学分析各省市煤电发展现状的基础上选择优化路径，避免煤电节能提效改造的“一刀切”。充分考虑机组服役年限、电力需求情况、污染物排放水平、经济效益、各省煤电装机和结构等因素进行建设规划。对容量小、能耗高、服务年限长的机组采取直接退役、有序淘汰、封存备用和灵活改造等方式实现省际之间的公平。对于存在冬季供暖需求的广大北方地区，通过对纯凝机组进行改造，在增加供热能力的同时，促进可再生能源消纳，避免盲目增加煤电造成的投资浪费。对于东部省份，要打破省间壁垒，提升输电能力，优化发展跨区域输电，以推动煤电退出。

针对煤电企业，应引导企业继续挖掘节能潜力，通过节能改造、供热改造、综合利用等方式降低发电的能源消耗和碳排放。推动煤电灵活性改造，增强系统灵活性，促进可再生能源消纳。

二、 加快天然气开发利用

当前，中国城市天然气主要由甲烷组成，燃烧后不产生有毒有害气体，基本没有污染，是比较理想的、清洁低碳的化石燃料。和煤炭相比，天然气单位热值碳排放约为煤炭的 61%，原油的 77%，天然气勘探开采技术的进步显著提高了产量，可以满足经济社会发展对天然气的增量需求，是实现低碳能源的重要一环和保障能源安全的“压舱石”。

2020 年中国天然气产量 1 925.00 亿立方米，同比增加 9.27%。天然气消费 3 305.8 亿立方米，同比增加 7.89%。全国范围内已探明可开采储量 8.40 万亿立方米，探明新增地质储量 1.29 万亿立方米，资源储备充沛①。

① 国家能源局石油天然气司，国务院发展研究中心资源与环境政策研究所，自然资源部油气资源战略研究中心. 中国天然气发展报告（2021）［M］. 北京：石油工业出版社，2021：3-4.

天然气产量预计于 2025 年达到 2 300 亿立方米以上，随后稳步增长，2040 年稳定在 3 000 亿立方米以上；消费规模达到 4 300 亿~4 500 亿立方米，2030 年达到 5 500 亿~6 000 亿立方米，其后天然气消费稳步可持续增长，2040 年前后进入发展平台期①。届时，天然气将主要用作提供电力系统灵活性的发电燃料、水泥生产中煤炭的替代燃料，以及制氢的燃料和原料，并配合 CCUS 技术使用以达到碳减排的目的。

为筑牢天然气行业基础，需要构建安全可靠的天然气“产供储销”体系。其中，落实储气责任是天然气供应安全保障的重要举措。立足“全国一张网”加快完善管网布局和储气能力建设，增强天然气互联互通和保供能力，提高天然气管输能力和覆盖水平等，实现行业高质量发展。以大盆地如塔里木盆地、四川盆地等为重点，建设大型天然气生产基地并加强储气和输送能力。

三、 生物质能技术研发与开发应用

生物质能是指自然界中有生命的植物提供的能量，这些植物以生物质作为媒介储存太阳能，具有绿色、低碳、清洁等特点。由于其来源广泛，因此也是人类历史上最早使用的能源。根据来源不同，生物质能可以分为农业生物质资源（农作物秸秆、农产品初加工剩余物、畜禽养殖剩余物和适合种植能源作物的土地资源）、林业生物质资源、城市固体废物、废弃食用油脂等。生物质能可以通过人工种植，是对能源获取方式的补充和扩展，在能源发展史上具有里程碑式的意义。生物质能还可与 BECCS 技术相结合达到负排放，安装在生物加工行业或生物燃料的发电厂，是促进电力脱碳和降低大气中二氧化碳浓度的关键技术。

生物质能不但可杜绝生物质废弃物填埋处置和残留物产生的温室气体排放，还可通过发电、供热、供气等方式，应用于工业、农业、交通、生活等多个领域。目前，生物质能正在成为工业生产用能最佳替代角色。IPCC 指出，当前大部分生物质能源系统（包括生物质液体燃料）可减少温

① 国家能源局石油天然气司，国务院发展研究中心资源与环境政策研究所，自然资源部油气资源战略研究中心. 中国天然气发展报告（2021）［M］. 北京：石油工业出版社，2021：19.

室气体的排放，而且利用新工艺生产的生物燃料减排潜力巨大。

中国就是农业大国，生物质能十分丰富（表2－3），但受到多方因素限制，实际使用的并不多。例如对于农业生物质资源来说，农业生产以小农户为主，户均种植面积小，秸秆分布分散，农业生产季节性强，收集困难且成本高。对于林业生物质资源来说，林业资源主要分布在东北、西南几大林区，尚未形成规模化、规范化、集约化的专用能源林基地；林业资源密度低、单位面积产出低、林区交通条件差等都阻碍了生物质能的大规模使用。

表2－3　中国生物质资源状况①

来源	资源种类	产生量（$\times10^8$t）	可能源化利用量（$\times10^4$tce）
农业	农作物秸秆	8.05	7 250
	农产品初加工剩余物	1.24	3 100
	畜禽养殖剩余物	26.10	9 301
林业	林业生物质资源	1.95	9 754
城市	城市固体废物	2.42	2 764
	废弃油脂	0.034	415
合计			32 584

未来40年，中国生物质资源能源化利用量约4.61亿吨，预计实现碳减排2.18亿吨左右。每年可收集用作生物能源的废弃物和剩余物（玉米秸秆、稻草、小麦秸秆、森林剩余物和动物粪便）生物质资源相当于2020年中国一次能源需求总量的6%～12%。生物质资源产量持续增加，预计2030年生物质将达到37.95亿吨，2060年将达到53.46亿吨②。中国的生物质能大部分来自胡焕庸线以东，包括粪便等资源可用于生产沼气，注入天然气管网中。

近年来，生物质能的使用呈现多元化利用态势，包括规模化沼气工程、

① 田宜水，单明，孔庚，等. 我国生物质经济发展战略研究［J］. 中国工程科学，2021，23（1）：133-140.

② 中国产业发展促进会生物质能产业分会，德国国际合作机构（GIZ），生态环境部环境工程评估中心，等. 3060零碳生物质能发展潜力蓝皮书［R］.（2021-09-14）：2.

生物质清洁供热、生物质发电、生物天然气和生物质燃料等。其中，生物质发电以直燃发电为主，技术起步较晚但发展非常迅速，分为农林生物质发电、垃圾焚烧发电和沼气发电。作为可调度的发电能源，生物质能有助于电力系统对波动性可再生能源的消纳。

生物质能的资源化利用是“双碳”目标和“美丽中国”的必然选择，可从政策、技术、行业等层面入手进行引导。在政策层面，提升各地区对生物质能零碳属性的了解，逐步形成对畜禽粪污、餐厨垃圾以及其他有机废弃物处理收费的机制，建立安全高效的原料收集体系。在技术层面，针对生物质利用不同工艺路线，确定建立各类废弃物处理的边界条件和基准线，研究基准排放、泄漏减排量的计算方法；推动生物质资源信息大数据建设，提升生物质资源的数字化、信息化水平，开展生物质能资源的勘察，分区域分类别对各类生物质资源进行统计。在行业层面，开展生物质清洁供热各项标准建设，包括燃料标准、锅炉标准、工程建设标准等，从源头规范行业发展，生物质能可以替代高温工艺过程使用的化石燃料，在水泥行业，生物质能将提供该行业终端能源的四分之一，在钢铁行业，生物质能可以作为煤炭的替代品。未来，生物质能要走出一条“农业—环境—能源—农业”的闭合零碳之路。

BECCS 是将生物质燃烧或者转移过程中产生的二氧化碳进行捕集、利用和封存的过程，可以有效减少大气中的二氧化碳浓度。目前我国已经有了相关的示范项目，但受限于成本过高并未在全国范围内铺开。相关数据显示，预计到 2030 年，BECCS 的碳减排约为 0.01 亿吨，2050 年 2 亿~5 亿吨，2060 年 3 亿~6 亿吨①。

四、 大力发展氢能

氢能是指一种来源广泛、清洁无碳、灵活高效、应用场景丰富的二次能源，是推动传统化石能源清洁高效利用和支撑可再生能源大规模发展的理想互联媒介。按照制取过程中碳排放的强度，氢气可以分为灰氢、蓝氢

① 中国产业发展促进会生物质能产业分会，德国国际合作机构（GIZ），生态环境部环境工程评估中心，等. 3060 零碳生物质能发展潜力蓝皮书［R］.（2021-09-14）：26.

和绿氢[①]。与传统化石能源相比，氢气燃烧后产生的是水，不产生温室气体且颗粒物排放少。氢能源密度高，远超汽油、煤、天然气等燃料，可直接使用现有的天然气基础设施，利用方式多样且可循环，有助于保障国家能源安全，减少对化石燃料的进口依赖，构建清洁低碳安全高效能源体系（表 2－4）。同时，氢能源产业链较长，上游为制氢环节，中游为氢气的储运，下游为氢能的应用领域。发展氢能源能够带动上下游产业共同发展，为经济增长提供强劲动力。因此，氢能在中国“双碳”目标的实现过程中潜力巨大。目前，全球各国共同推进氢能发展，其中冰岛已经承诺 2050 年成为全球首个氢能经济体，而管道则是氢气远距离运输最经济的方式。

表 2－4　电能和氢能定性对比分析

环节	电能	氢能
生产	化石能源（+负碳技术）、非化石能源	化石能源（+负碳技术）、非化石能源
运输	输电线路（实时运输）	输气管道、交通工具（迟延效应）
存储	电储能	氢储能
应用	交通运输业、电力	化工产业（玻璃、冶金、塑料、化肥）、交通运输业（卡车、轮船、合成燃料、汽车、航空）、建筑和重工业（钢铁、水泥、食物、纸质）

根据《BP 世界能源统计年鉴》的相关数据，2020 年中国一次能源消费结构中氢能占比为 8%。根据中国氢能联盟统计，2020 年我国氢能需求量已突破 2 000 万吨，预计 2050 年氢气需求量有望在 2020 年的基础上增长 7 倍，达到 1.6 亿吨。《中国氢能源及燃料电池产业白皮书 2020》预计在 2030 年碳达峰愿景下，中国氢气的年需求量 3 715 万吨，占终端能源消费的 5%。在 2060 年碳中和愿景下，氢气年需求量增至 1.3 亿吨，占比提升至 20%，主要由工业领域消纳。氢能的使用较为灵活，在工业领域主要用于炼油部

① 灰氢是使用化石燃料（天然气、石油或者煤）燃烧产生的氢气；蓝氢是在灰氢的基础上，应用 CCS 技术实现低碳制氢；绿氢是通过核能、可再生能源通过电解水等获取的氢气。

门的脱硫工艺，以去除有害硫化合物，还可以借助氢能炼钢和化工生产进行深度脱碳。

为发展氢能产业，中国通过政策文件鼓励、财政补贴支持等方式引导氢能产业健康稳步发展（表2-5），并已列入“十四五”规划。

表2-5 氢能产业相关政策

时间	文件政策
2019年3月	《2019年国务院政府工作报告》
2020年3月	《2021年国民经济和社会发展计划草案》
2020年3月	《关于加快建立绿色生产和消费法规政策体系的意见》
2020年4月	《中华人民共和国能源法（征求意见稿）》
2020年6月	《2020年能源工作指导意见》
2021年2月	《国务院关于加快建立健全绿色低碳循环发展经济体系的指导意见》
2021年8月	《关于启动燃料电池汽车示范应用工作的通知》
2021年10月	《中共中央国务院关于完整准确全面贯彻新发展理念做好碳达峰碳中和工作的意见》
2021年12月	《“十四五”工业绿色发展规划》
2022年3月	《氢能产业发展中长期规划（2021—2035年）》

工业部门深度脱碳是我国实现碳中和的必经之路，氢能具有良好的产业基础和市场潜力，为实现该领域深度脱碳提供重要解决方案。氢的制取主要有三种（表2-6）。一是以煤炭、天然气为代表的化石能源制氢，该方法最为成熟，制氢效率最高；二是以焦炉煤气、氯碱尾气、丙烷脱氢为代表的工业副产氢，我国工业副产氢资源丰富，可作为氢能发展初期的过渡性氢源，是提高资源利用率与经济效益的理想氢源；三是电解水制氢，在绿氢制取方面具有较大的发展潜力。

表 2-6　主要制氢路径及优缺点

制氢方式	原料	优点	缺点
化石能源制氢	原煤	技术发展较为成熟	储量有限，制氢过程碳排放量较多，且所得氢气中普遍含有硫、磷等危害燃料电池的杂质，对提纯及二氧化碳捕集有较高的要求
	天然气	技术发展较为成熟	
工业副产氢	焦炉煤气、化肥工业、氯碱、轻烃利用等	成本低廉	须提纯及去除杂质，无法作为大规模集中化的氢能供应源
电解水制氢	电、水	工艺流程简单，并且不产生碳排放	未实现规模化应用，成本较高
其他方式产氢	生物质、光催化等	原料丰富	技术尚未成熟

数据来源：车百智库《中国氢能发展报告 2020》，中国氢能联盟《中国氢能及燃料电池产业手册（2020）》，发现报告《2022 氢能产业研究报告》。

在氢能的储存方面，高压气态储氢是国内主流储氢方式，采用高压压缩的方式将氢气储存在 20MPa 钢制氢瓶中；低温液态储氢是在低温下将氢气液化，存放在绝热的储存容器；有机液态储氢属于化学储存；固态储氢以金属氢化物、化学氢化物或纳米材料等为载体，通过化学吸附、物理吸附来储存氢气。在氢气的运输方面，管道输氢主要用于大规模和长距离的运输，虽然目前中国管道运输尚未成熟，但根据中国标准化研究院和全国氢能标准化技术委员会发布的《中国氢能产业基础设施发展蓝皮书》预测，2030 年氢气管道预计达到 3 000km；液氢输送存储是将氢气冷却至低温储存；固氢输送是借助金属氢化物和化学氢化物等材料，通过化学吸附和物理吸附的方式来存储氢气（表 2-7）。

表 2-7　我国主流的氢能的储存与运输方式

	储能方式	优势	劣势
氢气的存储	高压气态储氢	应用最广，技术最为成熟，一般用于短距离和小规模的输运	储氢密度低，存在安全隐患，未来会被逐渐淘汰
	低温液态储氢	储氢密度大，适用于大规模、远距离的氢气储存，已经进入示范运营阶段	液化过程能耗大，对储氢容器绝热性能要求极高
	有机液态储氢	储存条件常温常压即可，适用于长期、长距离、大规模的氢气储存	脱氢效率低、能耗高、催化剂开发难度大、尚处于研发阶段
	固态储氢	对于储存工具无要求、运输方便、储氢体积密度大、安全性高	仍处于研究阶段
氢气的运输	气氢输送	长管拖车方式在一定储运距离以内较为经济，管道输送在大规模长距离输送时最为经济节能	长管拖车的运输效率、储运成本都可以继续降低，而氢气管网布局在全国范围内仍未铺开
	液氢输送	成本变动对于距离不敏感，适合远距离运送	需要额外支付氢气液化成本，并且运输途中液氢有损耗
	固氢输送	充装快速，并且密度高、安全性高、氢气纯度高	放氢速度慢，储氢载体重，不适合长距离运输

数据来源：发现报告《2022氢能产业研究报告》。

五、 助推储能产业发展和储能技术研发

储能产业是能源运输与错峰使用的重要途径。储能技术指利用储能介质、储能变流器和控制软件来平衡能源供需波动的技术。储能包括发电侧

储能、输配电侧储能和用电侧储能三种①。

风电、光伏发电等具有不可控性、时空分布不均、输能成本高等特点，其快速平稳发展依赖于储能产业和技术，为电力体系和能源平衡提供支撑。当前中国储能产业发展的根本原因是时间、空间的不稳定，例如受到季节变化的影响，全国用电总量呈现冬夏双高峰的特点。在用电的高峰期，会对电网造成极大的负担。此外，风电、光伏发电等新能源发电也存在波动性。例如无风条件下风电疲软，阴天及夜间光伏发电无法发挥全部功能，无法持续地输出电能，导致弃风、弃光率较高；而风光设备又大多位于西北、华北，与用电负荷较高的中东部地区空间不匹配。这都导致能源的供给难以实现平衡，这给储能产业发展带来契机。储能的本质是实现电力供应的削峰填谷和平衡供需，使得发出的电不再需要即时传输，用电和发电也不需要实时平衡。

自“双碳”目标提出以来，储能产业发展迅速。为保证电力系统供电的持续平稳运行，2021 年 7 月，《关于进一步完善分时电价机制的通知》指出：“建立尖峰电价机制，尖峰电价在峰段电价基础上上浮比例原则上不低于 20%。”通过调整峰谷电价的价格差，推动全国用电的智能化。

为解决储能行业成本较高、技术尚未成熟、缺乏统筹规划和商业模式单一等问题，2021 年 7 月，国家发展和改革委员会、国家能源局发布《关于加快推动新型储能发展的指导意见》，明确指出到 2025 年国内新型储能装机总规模达 30GW 以上。其中，抽水蓄能、电化学是储能产业发展的重要路径。截至 2021 年底，中国已投运电力储能项目累计装机规模 46. 1GW，占全球市场总规模的 22%，同比增长 30%。其中，抽水蓄能的累计装机规模最大，为 39. 8GW，同比增长 25%。储能产业的大发展，意味着能源革命已经轰轰烈烈地开始了。

抽水蓄能与电化学储能介绍

抽水蓄能　抽水蓄能是以水为储能介质的储能技术，在负荷低谷将水

① 发电侧储能包括电力调峰、辅助动态运行、系统调频、可再生能源并网等；输配电侧储能包括缓解电网阻塞、延缓输配电设备扩容升级等；用电侧储能包括电力自发自用、峰谷价差套利、容量电费管理和提升供电可靠性等。

从下库抽至上库，在用电高峰时再安排发电。实质是通过电能与势能的相互转化，实现电能的储存。是核电、风电、光伏发电等清洁能源重要的配套电源，主要通过电力置换对电网负荷进行调节，属于机械储能，是实现“双碳”目标必不可少的重要储能技术。中国目前的抽水蓄能技术较为成熟，但是抽水蓄能的实现不但需要成熟的技术，还需要有益的地理条件，包括发达的水系和选址。虽然抽水蓄能的建设周期长，但需要看到的是，抽水蓄能电站的使用时间同样很长，并且还具有储能规模大、启停迅速等优点，因此又被称作“超级充电宝”，是中国乃至全球应用最为广泛的储能技术。结合国家能源资源禀赋条件，抽水蓄能将会是未来促进电力系统发展的关键，对于保障电力系统安全、促进新能源大规模发展和消纳利用上具有重大意义。国家拟围绕新能源基地及负荷中心合理布局，重点布局“三北”地区，建设抽水蓄能电站项目。相关数据显示，中国抽水蓄能电站年复合增长率较快，占比从 2011 年的 17.8% 提升至 2020 年的 25%。目前，抽水蓄能电站主要分布在华东和华北，中国目前抽水蓄能装机容量 31.5GW，已建和在建规模均位于全球第一。《抽水蓄能中长期发展规划（2021—2035 年）》明确了目标增量，规划到 2025 年，抽水蓄能投产总规模 6 200 万千瓦以上；到 2030 年，投产总规模 1.2 亿千瓦左右。电站装机得以提速，预计未来五年年复合增长率将高达 14.3%。《关于进一步完善抽水蓄能价格形成机制的意见》又对电站执行两部制电价进行了明确，优化了电站的收益机制。

电化学储能　电化学储能集快速响应、能量时移、布置灵活等特点于一体。电网侧、发电侧、用户侧全面发展，对于保障电力系统稳定，促进能源低碳转型起到关键性作用。在可再生能源发电比例不断提升的大背景下，配置储能通过对电能的快速存储和释放，不仅可以降低弃风弃光率，更加重要的作用是可以平抑新能源波动，跟踪计划出力，并参与系统调峰调频，增强电网的稳定性。电化学储能是利用化学元素为介质，将电能转化成化学能储存，其发展速度快，反应灵活，可以在微网和分布式电网中发挥作用，已进入商业化阶段。据 CNESA 全球储能项目库不完全统计，2020 年，中国累计装机规模为 3.27GW，同比增长 91.2%，2020 年新增装机首次突破1GW。电池储能技术主要包括铅蓄电池、锂离子电池、液流电池、钠基电池等。其中，锂离子电池应用最广，装机规模最大，锂离子电池规模实现2.90GW，占比达88.8%，其次是铅蓄电池。《储能产业研究白皮书2021》预测，保守与乐观场景下，2025年电化学储能累计投运规模为35.52GW、55.9GW，BNEF预测，电化学储能中占比最大的锂离子电池成本有望在2020—2030年下降58%，推动电化学储能成为最优储能路径。锂离子电池是目前电化学储能最可行的技术路线，有能力在短时间内快速响应、改变输出，发展态势良好。锂离子电池能量密度相对较高、效率高、续航能力强、响应快，循环寿命是铅酸电池平均使用寿命的三倍以上，无污染，不含铅、汞等有毒物质，不会造成环境污染，更适合在不同储能场景中大规模应用，磷酸铁锂离子电池表现更为突出。但需要注意的是，在电化学储能发展过程中，需要充分考虑其安全性、消防和环保回收等问题。

第二节　电力转型与开发

碳中和的大幕正在如火如荼拉开，电力行业任重道远，既要保障能源安全，又要加速脱碳进程。电力脱碳最现实的途径是实现终端使用电气化，实质是碳排放从其他行业转移到电力行业。根据国务院发布的《2030年前碳达峰行动方案》，到2025年全国非化石能源消费比重达20%，2030年达25%，2060年达80%。国网能源研究院有限公司预计电力行业将在2030年前碳达峰，且峰值约为45亿吨二氧化碳当量①。电力转型与开发需要加快数字电网和现代化电网建设进程，推动以新能源为主体的新型电力系统。目前，中国正以光伏发电和风能为主赛道，构建适应极高比例新能源接入的绿色低碳电力系统，适应“源网荷储”深度融合的高度安全和符合灵活开放电力市场体系的高效新型电力系统，并借助生态环境政策工具将全部电力行业纳入全国碳交易市场。

一、遵循因地制宜原则开发风电

2020年，中国电力部门碳排放量由2019年的45.7亿吨增至46.2亿吨，

① 国网能源研究院有限公司．中国能源电力发展展望2021［M］．北京：中国电力出版社，2021.

受疫情影响增长缓慢。2021 年，经济逐渐复苏，电力碳排放量增长逐渐增加。

风能是清洁能源，和水电、光伏发电相比，风电设施建设的成本更低，储量大并比较容易获取，污染物排放较少，开发前景广阔。风电已经成为全球日益增长的重要清洁能源，中国风电产业开始于 1994 年，起步较晚但发展速度较快。2020 年，中国风电装机达到 2.8 亿千瓦，占全球的 34%。大功率风力发电是未来的发展趋势，和光伏发电依靠技术创新不同，国内风电整机制造集中度高，风电的发展和普及更多依靠的是单位成本下降。近十年来，风电的成本持续下降，且规模效应较为明显，风电的开发规模越大，单瓦造价越低。

海上风力发电效率高、大规模开发难度低、降成本潜力大、靠近负荷中心、不占用土地、拉动当地制造产业和发电利用小时长等优点，在保障电力系统平稳运行上也具有更高价值。虽然也有建设环境复杂、总装机成本更高、建设时间长等缺点，但是基于能源低碳发展、能源自主供应、土地资源约束、产业带动等多重因素综合考量下，风电还是最优解。中国拥有丰富的海上风能资源，其中水深 5~50m 海域的海上风能资源可开发量为 5 亿千瓦，在现有风电技术条件下，中国风能资源足够支撑 10 亿千瓦以上的风电装机①。根据国家能源局发布的数据可知，2020 年国内海上风电新增装机容量达到 384.5 万千瓦，同比增长 54.2%，累计吊装规模超过 10GW。中国沿海省份出台了积极的“十四五”海上风电规划目标，大力支持海上风电发展的意图明显（表 2－8）。2021 年 10 月，中共中央、国务院发布《关于完整准确全面贯彻新发展理念做好碳达峰碳中和工作的意见》，国务院发布《2030 年前碳达峰行动方案》，提出要完善海上风电产业链，鼓励建设海上风电基地，海上风电将迎来快速发展。

① 国家发展和改革委员会能源研究所. 中国风电发展路线图 2050［R］. 2016（5）：20-22.

表 2-8 各省份海上风电相关规划

省份	政策文件
江苏省	《江苏省“十四五”海上风电规划环境影响评价第二次公示》
	《“十四五”时期江苏省海上风场发展思路研究》
	《江苏省“十四五”海洋经济发展规划》
广东省	《广东省海洋经济发展“十四五”规划》
	《广东省海上风电发展规划（2017—2030 年）（修编）》
	《广东省加快发展海洋六大产业行动方案（2019—2021 年）》
山东省	《山东省“十四五”海洋经济发展规划》
	《山东省电力发展“十三五”规划》
浙江省	《浙江省电力发展“十三五”规划》
	《关于促进浙江省新能源高质量发展的实施意见（修改稿）》
	《2020 年省重点建设及预安排项目计划》
福建省	《2020 年省重点项目名单的通知》
河北省	《关于 2020 年风电、光伏发电项目建设有关事项的通知》
	《河北省“十三五”能源发展规划》
	《关于 2020 年风电、光伏发电项目建设有关事项的通知》
广西壮族自治区	《广西“能源网”基础设施建设大会战实施方案（2020—2022 年）》
	《海上风电项目开发合作框架协议》

二、 遵循全生命周期规律开发光伏发电

光伏发电是利用半导体界面的光生伏特效应，将光能直接转变为电能的一种发电方式。光伏发电能够有效化解传统能源紧缺矛盾和日益严重的环境污染问题。2021 年 4 月，中国工程院院士舒印彪在中英工程技术绿色低碳发展论坛中称，截至 2020 年底，中国太阳能发电装机 2.5 亿千瓦，占世界的 33%。

光伏发电要稳步推进，不能一哄而上。光伏发电虽然碳排放低，但在使用环节上，无论是从采掘原料到加工生产光伏板，还是从维修和蓄电到最后报废处理，都是高碳产业。因此需要从产品的全生命周期的角度出发，

合理发展光伏发电。按照国际能源署（IEA）公布的《2050 年净零排放：全球能源行业路线图》的指引，要求到 2030 年全球太阳能光伏发电新增装机达到 630GW。光伏发电装机容量提升空间较大，预计 2030 年光伏发电新增装机量为 1.88 亿千瓦，2060 年光伏发电新增装机量进一步达到 2.7 亿千瓦，届时光伏发电将成为国内第一大电源。光伏发电产业链成本下降和产品更新换代速度不断加快，国产化程度较高，优势明显。对于光伏发电的电力输送难题，可借助特高压输电技术，该技术的输送距离可达 5 000km，有效解决了能源地域分布不均和输送成本高的难题。

光伏发电除了获取电能，还能与建筑业结合。2021 年 6 月，国家能源局综合司印发了《关于报送整县（市、区）屋顶分布式光伏开发试点方案的通知》，明确在全国范围内开展屋顶分布式光伏的试点工作，并规定县（市、区）党政机关建筑、学校、医院、村委会等公共建筑、工商业厂房以及农村居民住宅的屋顶总面积可安装光伏发电比例分别不低于 50%、40%、30% 和 20%。

三、 基于生态安全前提开发水电

水力发电是利用落差和聚集的水能进行发电，大致可看作流量和落差的乘积，具有启动灵活、反应迅速等特点，在电力系统调峰、调频、事故备用方面发挥着重要作用。

目前中国已经建成了世界最大规模水电系统，中国因为水力资源分布、地形地貌、区域规划和气候条件等多方面因素的影响，水电站大多集中在西南和长江上游地区。水电发电量由 2009 年的 0.52 万亿千瓦·时增至 2020 年的 1.36 万亿千瓦·时，2015 年以来增速保持在 4% 左右，北极星水力发电网预测 2030 年水电发电规模达到 1.45 万亿千瓦·时。目前，西南地区以水电为主的可再生能源体系基本建立。

四、 保障平稳安全开发核电

和风能、水电一样，核能也是重要的零碳能源，并且发展空间大。核能发电不但清洁、高效，且发电平均利用时间远高于其他电源。20 世纪 80 年代，中国开始建设核电站，1993 年首座商业核电站——大亚湾一号机组并网发电。2009 年，中国核电发电量 638 亿千瓦·时，到 2020 年，累计发电量达到3 662.43亿千瓦·时，约占全国累计发电量的5%，和全球核电发电量10%左右的占比相比，差距较为明显。根据中国核电发展中心、国网能源研究院有限公司《我国核电发展规划研究》预测，2030年国内核电装机规模将达到1.31亿千瓦，发电量占比达到10%。

核裂变、核聚变发电，具有自然资源无法比拟的效能优势，因此在保障安全的前提下，应加强使用核电技术。由于核电安全的极端重要性，核电机组投产规模受到政府强力管控，目前中国仅有中国核工业集团有限公司、中国广核集团有限公司、国家电力投资集团有限公司、中国华能集团有限公司四家央企拥有核电控股运营资质，且行业集中度很高。“双碳”目标下，需要确定核电站的布局和开发时序，在保证核能安全的前提下有序发展核电。

第三节　钢铁和水泥行业以及交通运输业绿色化

中国经济增长已经步入高质量发展阶段，经济由高速增长转向中高速增长。制造业在新型冠状病毒肺炎疫情冲击下率先复苏，工业增加值自2020年下半年迅速恢复，工业企业利润也随之快速增长。2019年，全国火电、钢铁、水泥、煤化工四个重点行业共消耗24.1亿吨标准煤，占全国煤炭消费总量的86%。其中，电力行业煤炭消费占比最大，达到54%，其次是钢铁、煤化工和水泥行业，占比分别达到17%、9%和6%。四个行业碳排放总计77.6亿吨，占全国碳排放的72%。其中，电力、钢铁、水泥和煤化工行业占比分别为42%、14%、12%和4%。鉴于此，对以上四个行业开展减排策略研究，对于推进“双碳”目标的实现、行业生产方式的变革和能源结构绿色转型具有重要意义。由于地区间资源禀赋与发展情况迥异，在政策的制定上要兼顾不同区域的特点，提出针对性激励措施，因地制宜地推动区域经济发展和产业低碳转型的协调。

一、钢铁行业

钢铁行业是国民经济的基础和重要的制造业分支，从20世纪90年代末起，中国钢铁行业产量就一直位居全球首位。为实现碳中和目标，“十四五”规划强调要“推进钢铁、石化、建材等行业绿色化改造”。钢铁行业既是中国的工业主导产业，属典型的能源消耗和温室气体排放重点行业，是实现“双碳”目标至关重要的环节。

2021 年，中国粗钢产量达到了 10.3 亿吨，受到疫情影响，较 2020 年下降 31.9 亿吨[①]。2021 年 11 月，中国人民银行发布《2021 年第三季度中国货币政策执行报告》，指出钢铁行业占全国碳排放总量的 15% 左右，是制造业中碳排放量最大的行业，也是推进“双碳”目标中低碳转型的重要行业。2011—2020 年，全国制造业增加值和粗钢产量同步变化，年均增速分别为 7.9% 和 5.1%，稳定支撑着中国制造业的高质量发展[②]。

钢铁行业碳排放如此高的原因，一方面是因为在生产工艺层面，钢铁生产过程的实质是将铁从矿石中还原的过程，需要大量能源，加之多采用长流程炼钢，碳排放高于短流程的电炉炼钢；另一方面，中国的钢材产量大、规模大，除了供给国内使用，相当大一部分还出口到其他国家。2020 年，钢材出口 5 300 多万吨，钢铁的出口意味着中国承接了其他国家高碳排的产业转移。

钢铁产业的碳排放包括直接碳排放、间接碳排放和碳排放抵扣[③]。钢铁行业是“双碳”目标实现的重要发力点，绿色低碳转型刻不容缓。21 世纪以来，城镇化和工业化的不断推进也推动了钢铁行业的扩张，而在供给侧结构性改革后，钢铁行业的产能已经触摸到天花板，产能扩张大周期基本结束。“双碳”目标提出后，工业和信息化部等部门相继印发相关文件（表 2－9）。

① 世界钢铁协会. 世界钢铁统计数据（2022）[R]. 2022（5）：9.

② 中国人民银行货币政策分析小组. 中国货币政策执行报告（2021 年第三季度）[R].（2021-11-19）.

③ 直接碳排放是化石燃料和熔剂等消耗所产生的碳排放，如洗精煤、焦炭、石灰石等；间接碳排放是企业外购产品所产生的碳排放，如外购电力、外购氧气等；碳排放抵扣是以固定形式存在于产品和副产品的等价二氧化碳的量。

表 2－9　钢铁产业政策工具

部门	文件名称	要点
工业和信息化部	《工业绿色发展规划（2016—2020 年）》	明确细化了钢铁行业的节能目标
	《关于推动钢铁工业高质量发展的指导意见（征求意见稿）》	将钢铁行业的达峰时间提前为 2025 年
		到 2025 年电炉钢产量比例要求提升至 15%以上，力争达到 20%
生态环境部	《关于推进实施钢铁行业超低排放的意见》	限定了对新增、置换产能的环保要求

汽车制造业是钢铁需求大户，全国范围内汽车保有量大约 2.6 亿辆，与人均 GDP 有显著正相关性。国务院发展研究中心预测数据显示，在不考虑技术替代和商业模式创新条件下，到 2030 年全国汽车保有量约为 4.3 亿辆，比 2020 年增长 50%以上。汽车领域用钢量将有大幅攀升，需加快推进汽车制造技术的提升和钢材的轻量化升级与材料革新。

随着中国人口低速增长（2020 年总人口 14.11 亿，较 2010 年增长 5.38%），农业转移人口市民化政策落实和城镇化进程的推进，城镇人口占比稳步提升，预计 2030 年城镇化率达 70%左右，2060 年城镇化率增至 80%左右，2060 年之后中国的城镇化增速放缓，未来几十年内，中国房屋建设和城际铁路、高速公路等基础设施建设都将保持一定规模，对钢材需求仍有较大的支撑作用。主要用钢将集中在新型城镇化、老旧小区改造、新型住宅及配套设备服务等领域。

2020 年中国房地产开发企业房屋施工面积 9.3 亿平方米，比去年增长 3.7%。中长期随着城镇化率水平的不断提升，新增建筑和基础设施将逐渐减少，对钢材的需求也将减少。由于技术的提升和建筑材料质量的提高，法律法规监管加强，建筑和基础设施的寿命将有所延长，更新替换率降低，未来建筑行业对钢材消费的支撑作用将会逐步减弱。同时，工业化也进入高质量发展阶段，制造业比例降低。结合当前对粗钢产量越发严格的管控政策导向与碳中和目标的临近，在新型城镇化发展和工业的高质量转型背景下，经济发展为保持健康的活力，将下调钢铁生产产量。预计钢铁行业将提前5年即2025年实现碳达峰，到2030年，钢铁行业碳排放量较峰值降低30%，预计将实现碳减排量4.2亿吨。钢铁行业碳中和是非常复杂的系统性工程，不是简单的节能环保问题，而是发展方式的问题。在宏观层面，做好钢铁产业规划与布局，把握和处理好减排和发展、整体和局部、短期和中长期的关系，加快行业联合重组，提升产业集中度，实施专业化整合和分工。

从人均粗钢表观消费量的角度看，中国粗钢消费量超过了700千克/人，将在短期内达到峰值并开始下降，降低钢铁产量是控制减排最直接的方式。"双碳"目标下，钢铁行业面临巨大的调整，需稳扎稳打，不可"运动式"减碳。钢铁生产流程中，高炉-转炉长流程炼钢占比九成左右，该流程过程耗时长，碳排放量相对较高；以电弧炉为主的短流程炼钢的能耗和碳排放较小，目前国内电弧炉冶炼法产量为一成左右。

钢铁行业深化供给侧结构性改革进入新阶段，越早进行低碳转型、越快降低碳排放，就能争取到更多的发展空间（表2-10），避免因为技术和产能落后被市场淘汰。

表2-10　钢铁龙头企业"双碳"目标规划表

企业名称	碳达峰时间	碳中和时间
中国宝武钢铁集团有限公司	2023年	2035减排30%，2050年碳中和
河钢集团有限公司	2022年	2030减排30%，2050年碳中和
鞍钢集团有限公司	2025年	成为首批碳中和的大型钢铁企业

提高钢铁工艺效率、优化原料结构和降低能耗来减少碳排放。根据中国钢铁工业协会统计，2020年，重点统计钢铁企业吨钢综合能耗为545.3千克标准煤/吨，同比下降1.2%。2005—2020年，吨钢综合能耗呈现逐年下降趋势，但下降趋势比较缓慢，说明钢铁企业节能空间越来越小，节能难度在加大。面对"双碳"目标艰巨任务，中国钢铁企业已经针对新技术新工艺开始布局。引入产品全生命周期绿色发展理念，设计寿命长、可循

环的钢铁产品。推动数智化技术与钢铁生产过程的融合，加快实施智慧制造，推动工序互联共享，减少中间环节，促进资源能源高效利用，助力生产过程的碳减排。探索核心关键技术，创新工艺流程。加快绿色低碳关键技术创新，开发氢冶金、非高炉炼铁、富氢碳循环氧气高炉、生物质能使用及二氧化碳捕集、回收及资源化利用等重大行业颠覆性技术。同时，积极推动熔融还原、直接还原等未来可适用于氢炼铁的技术工艺路线的研发和示范。目前，国内钢铁行业以长流程炼钢为主，短期甚至中期内淘汰高炉应用电炉的成本高昂，且短流程成本高于长流程，而氢能冶金能够有效利用长流程钢企的现有设备实现减碳，较为经济。氢能将成为行业重要的减碳技术路径。电炉炼钢的碳排放主要来自其所使用的火电，若电炉炼钢完全使用清洁电能，其碳排放几乎为零。推动全生命周期减排，鼓励各级政府和国营企业采购零碳钢铁，在适当时机将绿钢消费与地方和企业的碳减排考核指标挂钩，最大限度地培育绿钢消费市场。

二、 水泥行业

水泥行业是中国的工业主导产业，也是能源消耗和温室气体排放的重点行业，作为国民经济发展的基础原材料，中国各省份都有不小规模的生产。水泥行业碳排放可以分为直接排放和间接排放①。根据国际能源署预测，中国水泥生产的二氧化碳总排放量从2020年约13亿吨将会下降到2060年约0.3亿吨。水泥行业的碳排放占国内总量的14%，和其他行业相比，碳减排潜力较大。但有别于发电和供热、交通运输等碳排放大户的碳中和，可通过清洁能源替代实现，水泥原材料石灰石的不可替代性，导致水泥生产中难以寻求低碳替代品。

石灰石经高温煅烧分解的生产过程中，碳排放占总量的60%左右，40%为化石燃料燃烧排放（含外购电力所对应的电力生产环节碳排放）。水泥行业的碳中和面临原料受热分解天然会产生大量碳排放，难以遏制水泥作为高耗能行业对原燃料价格敏感两大难题。水泥行业碳中和的实现要么在生产工艺和原燃料使用上实现变革，要么依赖于CCUS等负碳技术和

① 直接排放是指燃烧化石燃料与原料受热分解所产生的二氧化碳排放；间接排放是指在生产或服务过程中所需的电力及热能损耗而产生的二氧化碳排放。

碳交易来实现。从长周期看，水泥行业的产业结构调整，推进兼并重组，淘汰落后产能是重要路径。通过对化石能源利用结构的调整、产能置换和先进烧成技术改造，提高能源利用效率，是水泥行业推进“双碳”目标的有效措施。

根据《2050水泥工业低碳转型技术路线图》，水泥行业可以从发展协同处置技术、降低水泥的熟料系数等新型科技和其他替代性胶凝材料技术。例如在混凝土领域推广织物增强混凝土、导管材料、碳纤维混凝土和碳固化技术①，推广使用新型干法水泥窑低温余热发电、高效粉磨系统等节能低碳技术。通过改善工艺、使用替代原燃料、采用低钙水泥基材料或提高混合材掺入量比例、加强生产管理、采用余热发电、提高熟料质量和产品合格率、采用CCS、CCUS等手段进行碳减排。在保障不降低水泥性能、强度的情况下，提高替代原料比例，采用非碳酸盐的钙基原料，提高矿渣、粉煤灰、磷石膏等工业废渣的掺入量。当前正值政策调整期，随着“双碳”目标工作的推进，有关部门陆续出台碳排放控制及相关产业政策、规划减排路径等，市场与产业政策结合减排或倒逼行业加速去产能，水泥行业将迎来更稳健发展的局面，将带动一大批节能环保装备及相关服务为主的产业。

三、 交通运输业

交通运输业的碳减排是实现“双碳”目标主要抓手。中国经济规模和人均收入的快速增加，带动交通运输业的迅猛发展，使得碳排放量随之提升。交通运输业包括公路、铁路、航空、航运等。其中公路运输占交通碳排放的87%，水路运输、民航运输和铁路运输分别占比6%、6%和1%。公路运输是交通领域碳排放的主体，其运输的主要燃料是汽油、柴油等高碳化石能源。除运输过程造成的排放以外，还有基础设施维护、材料制备和运输施工等建设过程产生的排放。为降低交通领域碳排放总量，大幅提升交通领域电气化程度，助力低碳转型，将低碳理念贯穿于交通领

① 织物增强混凝土是通过添加特定纤维，增强特定领域材料最终的强度；导管材料指通过在混凝土拌合料中添加不同类型的纤维，以增强拉伸强度；碳纤维混凝土是向已有混凝土结构或拌合料中添加碳纤维，以提高机械强度；碳固化技术是在二氧化碳加富大气环境下，在蒸压釜中再碳酸化水泥以增加混凝土中的氧化钙成分，来增强混凝土固化的过程。

域的规划、建设、运营和维护过程，降低全生命周期碳排放。当然，交通运输业的碳减排不是对私家汽车“一刀切”，而是通过调整交通基础设施空间布局，建立轨道交通、自行车、步行等多元并存的交通系统，以提高交通运输效率。

《中国传统燃油车退出时间表研究》预测，传统燃油机动车在2020—2030年逐步被纯电动汽车替代。国内已经出台了一系列法律法规，探索低碳减排的发展道路。通过加大对电动车的推广和扶持力度，推动运输工具能源清洁化，制订燃油车新车销售退出时间表，预计2025年燃油（主要包括汽油、柴油、煤油）需求总量将达峰，约3.9亿吨，2060年降为0.6亿吨。《新能源汽车产业发展规划（2021—2035年）》将新能源汽车分为以下三类：纯电动汽车（BEV）、插电式混合动力汽车（PHEV）和燃料电池汽车（FCEV）。虽然与传统燃油汽车相比，新能源汽车在电池制造、回收等过程中会产生碳排放，但新能源汽车较传统燃油汽车在燃油使用阶段减少了大量碳排放，在提升城市公共交通、出租车等的零碳能源占比方面发挥重要作用。对于大型客货车、重型船舶、飞机等交通工具，探索纯电动化、燃料电池技术、可再生燃料技术等低碳化使用技术，能有效降低交通运输成本，逐渐减少对油气的进口依赖，为零碳交通的实现和保障国家能源安全提供技术支撑。到2030年新增新能源、清洁能源动力的交通工具比例达到40%左右，国家铁路单位换算周转量综合能耗比2020年下降10%。陆路交通运输石油消费力争2030年前达到峰值。到2030年民用运输机场场内车辆装备等力争全面实现电动化。

绿色高效的交通运输体系，可通过提升汽车、飞机和货船的能效来减少运输流程中的温室气体排放，构建以绿色交通方式为主导的，集公路、铁路、航空、水运的集约型综合交通体系。对于航空运输业，要鼓励其加强智慧运行，实现系统化节能降碳。通过监测和优化系统识别航空运营中效率待优化的领域，进而减少航班运营中的燃料使用。对于物流运输业，要加强物流配送体系建设，创新绿色低碳、集约高效的配送模式。对于公共交通，可以打造高效衔接、快捷舒适的公共交通服务体系，推动高铁、地铁等更高效节能运输方式的发展，并积极引导公众选择此类出行方式。

鼓励绿色低碳出行方式，引导人民转变出行理念和生活方式。对于交通运输业来说，碳减排还可以从出行服务平台的建设上做起，鼓励企业依托自身技术优势，提供绿色低碳的顺风车、共享单车等出行方式。但同时也需要严格控制单车的投放数量，延长产品和材料的寿命，并建立废弃单车回收和资源化利用机制，推动共享单车向真正的低碳环保的方向发展。为了推广单车的低碳出行，各地区不仅要设立自行车道，还要从实际情况出发，通过科学的规划手段、合理的企业管理及运作模式、适当的交通出行宣传教育方式等积极引导，以提高共享单车出行的效率。

第四节　建筑业低碳转型

建筑是维系人类生活的重要基石，提供了人们居住的楼房和使用的基础设施，在应对气候危机方面也发挥着举足轻重的作用。建筑可分为公共建筑（机场、医院、广场等）、住宅建筑（社区、别墅、商品房等）、商业建筑（商店、旅馆、餐厅、会所、商务办公楼等）和工业建筑（厂房、车间等）。建筑业属于碳密集型行业，通常需要开采、制造和运输大量原料用于建筑活动，横跨钢铁、水泥、煤电等多个高碳产业。中国建筑业规模和碳排放在过去十几年持续增长（图 2－2、图 2－3）。2018 年全国建筑全过程能耗总量为 21.4 亿吨标准煤，碳排放总量为 49.3 亿吨，占全国碳排放的比重为 51.3%①。其中建材生产阶段能耗 11 亿吨标准煤，占全国能源消费总量的比重为 46.8%；建筑施工阶段能耗 0.47 亿吨标准煤，占全国能源消费总量的比重为 2.2%；建筑运营阶段能耗 10 亿吨标准煤，占全国能源消费总量的比重为 21.7%②。预计到 2025 年，城乡建设绿色发展体制和政策体系基本建立，建设方式绿色转型成效显著。

① 中国建筑节能协会. 中国建筑能耗研究报告（2020）［R］. 2020-11-15：16.

② 建筑全过程能耗，包括建筑业（含基础设施）消耗主要建材的生产能耗，建筑业施工能耗以及存量建筑运营能耗。

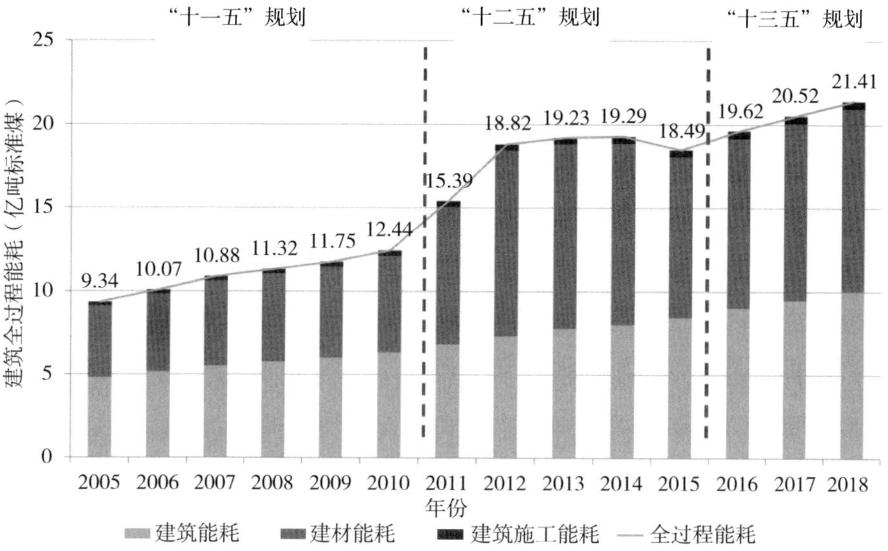

资料来源：中国建筑节能协会能耗统计专委会发布的《中国建筑能耗研究报告（2020）》。

图 2－2　2005—2018 年全国建筑全过程能耗变动趋势

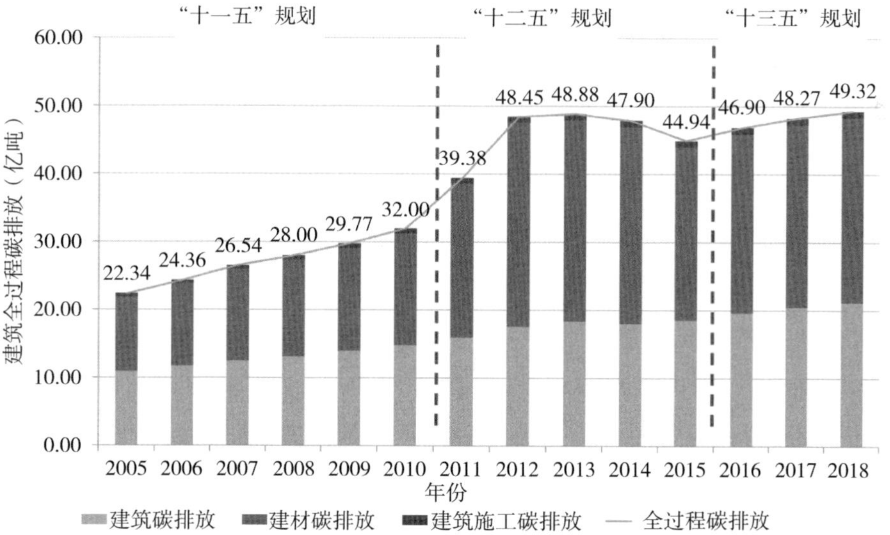

资料来源：中国建筑节能协会能耗统计专委会发布的《中国建筑能耗研究报告（2020）》。

图 2－3　2005—2018 年全国建筑全过程碳排放变动趋势

一、 建筑设计规划

建筑碳中和的实现必须考虑建筑全生命周期的每一个阶段的排放和抵消策略，好的规划设计是建筑节能减排的基础和有效措施，重点从楼体设计、建材选择、低碳技术运用三方面落实低碳理念。建筑信息模型（Building Information Modeling，BIM）技术是应用于建筑全生命周期过程的一种信息化技术。合理运用BIM技术与信息化技术，在设计端通过流程化、数字化和参数化的方式实现协同设计，指导项目全生命周期历程，减少各施工单位间的协作成本，提升工程施工效率；同时通过软件和插件应用实现碳排放监测和能耗实时管理，实现对碳排放的监测管理、数据共享等优化，减少浪费和碳排放。

在建筑的规划设计阶段，融合节能低碳理念，保证土地的高强度和混合利用，并结合交通规划，尽可能减少居民生活与就业单元的距离，提高基本公共服务网点的步行可达性。同时统筹考虑地理位置、自然环境等因素，充分利用光照和通风条件等被动式节能措施，与建筑外围结构保温隔热节能技术相结合，不使用或减少使用采暖、空调系统，就可以维持舒适的室内舒适环境，通过让自然做功，显著降低化石能源消耗和运行阶段的碳排放。

对于农村建筑，要切实提升设计建造水平。要在精心设计的前提下，调配空间布局，满足生产工具存放及其他需求，在建筑构造中要就地取材，利用乡土材料和绿色建材，并适应当地经济发展水平和建筑施工条件。

二、 施工建造阶段

相关数据显示，施工建造阶段碳排放约为1亿吨，占全国碳排放的1%①。根据《中国建筑材料工业碳排放报告（2020年度）》，水泥、石灰石膏、建筑卫生陶瓷、建筑技术玻璃、墙体材料分别占建材行业碳排放量的83.1%、8.1%、2.5%、1.9%、0.9%。在施工阶段选择建筑材料时，应尽可能使用在力学性能、耐久性和耐腐蚀性方面表现更突出的新型、高性能环保建材，以减少建材环节的碳排放。同时，积极采用节能型的建筑材料、产品和设备，应用高性能钢、高性能混凝土、防火与保温性能好的保

---

① 中国建筑节能协会. 中国建筑能耗研究报告（2020）[R]. 2020-11-15：17.

温材料及节能型空调系统等，增加建筑的保温性，严格执行建筑节能标准，尽可能降低能耗。

由于建材构件在现场生产的过程中，容易导致烟尘、废弃物、废气在空气中直接暴露，为有效控制建材的隐含碳量，装配式建筑应运而生。相关数据显示，装配式建筑每平方米的碳排放量减少6kg。具体而言，装配式建筑的施工流程是把传统建造方式中的大量现场作业通过工厂集中作业，如建筑构件和配件在预制工厂中生产完成，然后运输到施工现场，防止因材料生产过多而造成能源浪费，并通过减少材料使用、缩短工期和减少建筑废弃物等来降低工地能耗，可分为装配式混凝土结构、装配式钢结构和装配式木结构。装配式建筑通过工厂集中作业，能够更加高效、低成本地减少污染和耗材，是未来建筑建造方式的发展趋势。在建材生产阶段，装配式建筑相比传统建筑在周转材及辅材方面体现出良好的减碳能力。此外，拆除后产生的废料也较少。装配式建筑因其减碳优势成为建筑行业政策的主推方向。

装配式建筑绿色环保的优势将进一步凸显，到2030年，全国新建建筑装配式占比达到30%以上，装配式行业发展有望加速。如果装配式建筑能够在未来大面积推广，碳排放量将大幅减少。

三、 运营管理阶段

建筑物在使用过程中采光、采暖以及通风等都会消耗电力，进而产生碳排放。2018年，中国建筑运营阶段形成碳排放21.1亿吨①。其中直接碳排放占50%，电力相关的间接碳排放占42%，热电联产等与热力相关的间接碳排放占8%。伴随城镇化程度不断提高，建筑面积每年都在快速上升，钢铁、水泥、玻璃等建筑材料在运输及现场施工过程中会源源不断地产生二氧化碳。建筑运营管理阶段的碳排放主要来自化石燃料的燃烧。按照四个建筑用能分项的碳排放占比，农村住宅占23%，公共建筑占30%，城镇住宅占21%，北方供暖占26%。公共建筑单位建筑面积的碳排放强度最高，为49.7千克二氧化碳每平方米。在北方供暖中，用煤的比例超过80%，农村住宅则为60%，这都导致二氧化碳的大量排放。在南方，由于制冷需求

① 中国建筑节能协会. 中国建筑能耗研究报告（2020）[R]. 2020-11-15：17.

的增加也提升了碳排放量①。随着气候变化造成温度上升，以及人均收入的提高，中国空调制冷装置安装量仍会保持增长趋势。空调如何改进技术、提升用能效率，将是该行业未来的发展方向。目前来看，在供暖制冷层面，需要引入可再生能源代替传统化石能源，以减少碳排放。此外，还可以结合数字化和电气化等技术，保证建筑的节能减排，同时利用生物碳汇等负碳技术进行抵消，使整个阶段的碳排放“收支相抵”。据能源基金会预计，到2050年，中国约75%建筑用能可通过电力供应，取暖、烹饪和烧水等能源结构调整，有效控制建筑运营阶段的直接碳排放量。

在建筑运营过程中，可应用新型智慧楼宇运营管理平台实现通信、办公、楼宇自动化，进一步提升楼宇系统智能化，实时管控商业楼宇碳排放数据，对能耗以及碳排放进行监测，在供暖、制冷、照明等环节均可推行电气化，以实现节能提效。采用适当的节能增效技术和隔热措施，避免用电损耗。数字化、智能化的应用，智能家居、智能家用电器的普及，均将加速建筑行业脱碳。还可以推广光伏发电与建筑一体化应用，将建筑从节能转变为产能。预计到2025年，城镇建筑可再生能源替代率将达到8%，新建公共建筑、新建厂房屋顶光伏覆盖率力争达到50%②。建筑太阳能光伏发电的扩大将减少建筑对公共电网电力的使用，并为多余电力注入公共电网创造机会，从而降低对集中式发电的需求，改变建筑与电力系统之间的互动方式。

四、拆除回收阶段

在建筑废弃拆除阶段，注重对建筑垃圾③的回收利用，以及利用新能源运输工具等进行建筑垃圾运输，进一步降低全生命周期的碳排放。中国每年产生的建筑垃圾规模巨大，约为20亿吨，但目前仍以过程相对简单、成

---

① 清华大学建筑节能研究中心. 中国建筑节能年度发展报告2020［M］. 北京：中国建筑工业出版社，2020.

② 丁怡婷. 提升建筑能效 助力低碳发展（经济聚焦·关注碳达峰碳中和）［N］. 人民日报，2022-01-14.

③ 建筑垃圾是指新建、改建、扩建和拆除各类建筑物以及建筑装饰、房屋装修过程中所产生的弃土、弃料和其他废弃物，包括土、砂浆、混凝土、砖石、钢筋混凝土桩头、废金属料和其他废弃物。

本低廉的填埋处理为主，资源化回收处理转化率较低，存在较大弊端。资源化处理可以通过对再生材料的最大化应用减少额外需要的建材量，对建筑全生命周期内所产生的垃圾（建材生产垃圾、建筑垃圾、厨余垃圾、回收垃圾）进行分拣回收，生产再生骨料进行二次利用。“十四五”规划要求，2025 年中国建筑垃圾的综合利用率需达到 60%。

厨余生活垃圾是商业建筑在运营阶段垃圾的主要来源，包括可回收物、厨余垃圾、生活垃圾和装修垃圾。厨余生活垃圾收集、运输与处理中产生大量碳排放及有毒气体会污染环境。必须保障垃圾清运过程中全封闭、垃圾流密闭、隐蔽、与人流完全隔离，有效杜绝收集过程中产生二次污染的现象。

第五节　炼化行业低碳发展

中国炼化行业面临大力发展与节能减排任务艰巨的双重挑战。一方面，随着经济发展和市场需求变化，化工品及新材料的需求持续快速增长，推动产能快速增长。“十四五”期间，中国仍将有多个炼化一体化项目建成投产，包括规划了河北曹妃甸、浙江宁波、广东惠州等炼化基地，预计 2025 年我国炼油能力达 9.8 亿吨，乙烯总产能突破 5 000 万吨，成为世界第一大炼油和乙烯生产国。另一方面，我国明确 2030 年前实现碳达峰、2060 年前实现碳中和的“双碳”目标，这就意味着炼化行业低碳发展是必然选择。既要兼顾炼化行业的发展要求又要实现减碳目标，那么科技进步是根本。只有把科技与产业有效结合，加强与新能源、新一代信息技术、生物技术等新兴技术的融合，才能加快转型升级步伐，实现炼化行业的绿色低碳和可持续发展。

一、　石油原料减量化与废塑料循环使用

从原料源头上减少碳排放，是传统炼化行业实现碳中和的重要途径之一。许多国家已经宣布未来将禁止生产化石燃料汽车，例如，2022 年欧洲议会通过了关于 2035 年禁售新燃油车的建议，并在欧盟范围内加速普及电动车。成品油的需求在达峰后将逐步减少，炼厂面临从燃油型向化工型的转型。虽然未来十几年内，国内石油仍将保持炼化行业原料的主体地位，

但乙烷、丙烷和丁烷在原料中的占比也在逐渐增加，纤维素等非粮生物质原料得到广泛应用。炼化行业将呈现石油、油田轻烃、乙烷、生物质、高分子材料、二氧化碳、甲烷等原料的多元化供应格局。当前，以淀粉和油脂为代表的第一代生物制造处于成熟的商业化阶段。以木质纤维素（如玉米秸秆等）为原料的第二代生物制造逐步进入中试和产业化示范阶段。未来，炼化行业应开发高效、低成本的工业酶制剂，并建立稳定的原料供应体系，以支撑生物制造产业良性发展，助力“双碳”目标的实现。

废塑料循环利用兼具减污与减碳的协同效应，已成为减少塑料污染、助力炼化行业迈向碳中和的重要举措之一。2019 年和 2020 年我国废弃塑料累积量分别为 6 300 万吨和 7 410 万吨，回收量分别为 1 890 万吨和 1 600 万吨，回收利用方式主要是物理回收，回收率仅为 30% 和 21%。2021 年，国务院和相关部委印发了《关于加快建立健全绿色低碳循环发展经济体系的指导意见》《“十四五”循环经济发展规划》《关于印发汽车产品生产者责任延伸试点实施方案的通知》等多项政策法规，强调加强废塑料等可再生资源回收利用，构建循环经济发展模式。

二、 推进高端精细化的健康产品与优化工程

随着可再生能源产业快速发展以及交通领域电动化变革的持续推进，中国炼化行业的生产重心将逐渐从保障成品油需求和质量升级转向生产化工产品、化工新材料以及更清洁的交通运输能源、炼油特色产品，炼化一体化程度进一步提升。同时通过关停并转、优胜劣汰，最终形成与市场需求结构相匹配的产能。

中国交通用油将在 2025 年前后达峰。预计 2035 年，汽柴油消费总量将从 2020 年的 2.8 亿吨下降至 2.2 亿吨左右；航空煤油需求保持较快增长，从 0.5 亿吨增至 0.8 亿吨左右；船燃料需求稳步增长，从 0.29 亿吨增至 0.39 亿吨。润滑油、沥青、碳材料和石蜡等炼油特色产品需求仍稳定增长，特别是高品质Ⅲ/Ⅳ类润滑油基础油、环保沥青和特种沥青、高附加值石蜡、低硫和高附加值石油焦等高端产品将保持较快增长。2035 年我国人均 GDP 较 2020 年将翻一番，化工品及新材料的需求将保持快速增长，推动产能扩增，石化原料在石油消费结构中占比将从 2020 年的 18% 提升到 2035 年

的 30% 左右。高端装备、汽车制造、电子信息、新能源、节能环保、新型建筑、生物医用、智能电网、3D 打印等战略性新兴产业的快速发展，带动高端合成树脂、高性能合成橡胶、工程塑料、可降解材料、电子化学品和高性能膜材料等新材料需求持续增长，也使得相关化工新材料的研发成为热点。

随着经济的发展及人类生活水平的提高，健康、环保意识的日益增强，市场对产品的质量、品种和功能都将有更高、更新和更细化的要求，医疗、卫生防护、环保、新型建筑绿色材料的需求也越来越多。在国家发展和改革委员会发布的《产业结构调整指导目录（2019 年）》中明确提出，鼓励对经济社会发展有重要促进作用，有利于满足人民对美好生活需要和推动高质量发展的技术、装备、产品、行业。其中石化化工行业鼓励类有 17 大类，包括特种聚烯烃、改性橡胶、热塑性弹性体、新型精细化学品、生物高分子材料等。

在炼化生产过程中，化石燃料燃烧产生的碳排放占总排放的 50% 以上，为降低过程用能的碳排放，以低碳或者无碳燃料替代高碳燃料，供热供能电气化是必然趋势。据清华大学、中国石油集团经济技术研究院、全球能源互联网发展合作组织等多家机构预测，到 2050 年非化石能源在一次能源消费占比将超 66%，煤炭、石油及天然气占比大幅减少，电力在终端能源消费中的占比达到 55% 以上。在国家能源结构持续向非化石能源转型、清洁能源装机占比大幅提升的基础上，未来炼化生产过程用能将持续向低碳化、电气化方向发展。不仅需要能源供应领域重大转型，更需要相应的基础设施、工艺技术、工程设备等进行变革。

优化装置设计和工艺流程、开发应用能源管理系统，是节能减碳的重要途径之一。炼化公司将从降低化石能源能耗、提高原油转化率上入手，通过采取生产过程强化、工艺技术提升、科技整合、生产过程优化、小分子管控等方法，以确保生产能量和原材料的耗费最低、设备操作效能最高和产品灵活性最佳，减少其他各种因素的直接影响，以高效应对日益改变的经济发展环境。

更高效的化工过程，是解决化工中“高能耗、高污染和高物耗”现象的最有效手段。即借助多种手段调控和改善材料空间分布、能量分配，进而达到材料、器件与系统在空间、能量和功率方面的优化配合，以实现分子传递和反应过程的多尺度灵活协调控制，使传热、传质、混合、宏观反应速率等得到迅速提高，有效推进化工领域的低碳减排和可持续发展。

三、 煤化工产业低碳转型

煤化工产业是工业领域的重要分支，是煤炭产业链上的碳排放大户。20世纪30年代，中国第一座煤焦化厂建成，正式迈进了煤化工时代。中国煤炭储量丰富，国内化工行业更多使用高碳排放的煤炭作为原料。《BP世界能源统计年鉴2021》数据显示，2020年中国煤炭储量1 432亿吨，占全球总量的13.3%，煤炭产量位居全球第一。煤化工产业虽然和水泥、钢铁产业相比，碳排放量较少。但因产品线和工艺路线的复杂性，导致其碳排放强度较高，远高于石油化工和天然气化工等，其中合成氨和甲醇又是煤化工行业的能耗大户。

国内煤化工产业主要分布在煤炭资源丰富的省份，煤化工产业的规模也在不断增长。“十四五”到“十五五”期间，产业链升级和技术成熟会推动煤化工产业的发展。煤炭在化工领域短期内很难被取代，所以减碳的主要手段是对煤炭的低碳化利用，优化并减少下游产品需求，降低能耗、煤耗，提高能源电气化水平，以科技进步推动工业结构全面转型升级。预计煤化工行业煤炭消费将在2024年达峰，峰值6.6亿吨标准煤（含煤焦化）。化工产业升级以及降低碳排的最佳方式是控制新型煤化工项目建设规模、挖掘原料替代的空间以及节能技术改造，并严控新增炼油和传统煤化工生产能力，和绿氢耦合，以减少碳排放，稳妥有序地进行低碳转型。

第三章　绿色低碳技术与“双碳”目标路径

气候变化是现代人类社会所面对的最大挑战。为应对温室效应导致的全球变暖，《巴黎协定》提出控制全球气温上升的极限目标。中国助力温控目标，必须改变现有以煤炭为主的高碳能源和电力结构，对当前温室气体的排放加以限制，借助各种生态环境政策工具组合促进对碳排放进行削减。低碳技术和碳汇补偿是助推“极限目标”的有效方向与路径，也是促使全球实现碳中和的最有力保证。节能减排、降碳增效是最有效控源方法，配合末端采用二氧化碳捕集、利用与封存技术（Carbon Capture，Utilization and Storage，CCUS），无疑大大提升了“碳治理”效果。在这一过程中，要结合 2021 年上线的碳交易市场，确保价格信号能够有效引导资本与技术进入 CCUS 技术的创新、工业园区的建设和生态系统的碳循环领域。

第一节　二氧化碳捕集、利用与封存技术

政府间气候变化专门委员会（IPCC）在瑞典斯德哥尔摩召开新闻发布会，公布了第五次评估报告。该报告充分肯定低碳技术和负碳技术是实现碳减排目标的关键保障和托底技术。爱尔兰国际和欧洲事务研究所（IIEA）认为要在 21 世纪末实现气温上升不高于 2℃的目标，零碳和负碳技术是关键。

一、 减排革命：从“低碳”到“负碳”

在碳减排方面，科学技术部大力推动低碳、零碳、负碳技术研发。在零碳负碳技术方面，目前主要有二氧化碳收集和储存技术（Carbon Capture and Storage，CCS）和二氧化碳捕集、利用与封存技术（CCUS），前者是指把二氧化碳分离并输送、储存在特定地点，实现与大气长期隔绝的过程，本质上是零碳技术，后者则把二氧化碳加以利用，实现二氧化碳减少或“负碳”。

CCS 技术是迈向全球碳中和以及实现《巴黎协定》约束目标的重要途径。2006 年，中国基于本国国情，在北京香山会议中首次提出 CCUS 技术。

CCUS 技术新增了对二氧化碳的资源化利用，CCUS 技术的实施成本可以分为经济成本和环境成本①。因产生一定经济效益，有效降低了经济社会成本，可操作性强，更适合中国国情，经过十几年的发展，CCUS 技术已在全球范围内得到接受与使用，是实现“双碳”目标的重要手段。

CCUS 技术减排潜力大，能够有效促进原煤、焦炭等化石能源的清洁利用，是目前实现能源碳中和的最优解。有效削减电力行业、钢铁行业、建筑业和交通运输业等因为不得不使用传统化石能源而产生的碳排放，是许多高碳行业实现低碳发展过程中的关键一环。

目前，CCUS 技术仍处于工业示范阶段。在技术上要确保全流程各个环节不发生碳泄漏和不对生态环境造成影响，在成本上不增加额外能耗，在制度上还需相关的政策法规扫除障碍。中国已经从试点项目中积累了丰富的经验，具备了大规模和商业化运行的潜力。2021 年 7 月，中国石油化工集团有限公司开始建设百万吨级 CCUS 项目。未来，随着技术的进步和碳价提高、相关政策合力的形成，以及吸收和借鉴发达国家成功经验，CCUS 技术将为中国以化石能源为主的能源结构向低碳多元供能体系转变提供重要保障。

BECCS 技术是结合 CCS 技术和生物质能利用技术的一种负碳排放技术②，可从大气中永久清除二氧化碳，在减排持久性方面更有优势。但须依赖大量的水、土地和肥料，因此大规模的部署对环境的要求较高。虽然 IPCC 指出 BECCS 技术的部署在 2030 年仍然有限，但预计到 2060 年 BECCS 技术将在电力、工业、航空业等领域实现温室气体减排 3 亿~6 亿吨，为碳中和目标的实现作出重要贡献。

二、 CCUS 技术和产业流程

CCUS 技术和产业流程均较为复杂，需要多技术与多行业协同合作（表 3-1）。为促进 CCUS 技术发展，中国相继出台了一系列 CCUS 相关的政策法规。目前，已投运或建设中的 CCUS 示范项目约 40 项，捕集能力 300 万吨/年。中国要在不到 40 年的时间实现碳中和，必定要做好相关技术和投融

① 经济成本包括固定成本和运行成本，运行成本包括捕集、运输、封存、利用四个环节；环境成本包括环境风险与能耗排放。

② BECCS 技术是将生物质燃烧或转化过程中产生的二氧化碳进行捕集和封存，从而实现捕集的二氧化碳与大气长期隔离的碳吸收工程。

资储备，超前部署 CCUS 并尽快将其纳入全国碳交易市场。

表 3－1 CCUS 产业流程

流程	概念	具体步骤	具体操作
二氧化碳捕集	将能源消耗时排放的二氧化碳进行分离和富集的过程。碳排放的浓度决定了捕集化学方法，随着二氧化碳浓度升高，捕集成本随之降低。对高浓度碳源的捕集技术成熟，且成本较低	燃烧后捕集	将二氧化碳分离，用液体溶剂进行捕集
		燃烧前捕集	利用煤气化和重整反应，将燃料转化为氢气和二氧化碳混合物，促进清洁燃烧，并使二氧化碳被压缩后能够运输
		纯氧燃烧	富氧燃料使用氧气而非空气作为燃料，使废气中产生高浓度的二氧化碳，便于分离
二氧化碳输送	将二氧化碳运送到利用地或封存地，影响二氧化碳运输成本的因素主要是运输距离和二氧化碳的状态。在二氧化碳运输前需要加压压缩	罐车运输	罐车运输和船舶运输技术较为成熟，铁路与卡车可少量运输到终端市场
		管道运输	管道是大量运输二氧化碳最主要的选择，距离在 650 千米内，管道运输成本更低
		船舶运输	用于长距离运输食品级的液态二氧化碳
二氧化碳封存	对没被利用的二氧化碳进行储存，对于企业没有任何经济价值；使用合适的封存载体，在一定程度上提高了封存的成本，需要政府应用生态环境政策工具激励	地质封存	储存于地质结构中长期封闭的过程，分为陆上咸水地层封存、海底咸水地层封存、已枯竭石油天然气封存等
		深海封存	以气态、液态或者固态的形式，将二氧化碳气体直接注入深海 1 500 米以下
		二氧化碳驱油	利用二氧化碳增加石油采收率
二氧化碳利用	2021 年 9 月，中国在人工合成淀粉方面取得突破，目前，国内 70% 以上 CCUS 项目捕获的二氧化碳都进行了利用，大部分用于地质利用。在减少碳排放的同时，实现一定的经济价值	化工利用	将二氧化碳和其他物质发生化学反应转化为目标物料，实现二氧化碳资源化利用
		生物利用	将二氧化碳用于生物质合成
		矿化利用	利用富含钙、镁的大宗固体废弃物进行矿物碳酸化，以废治废，提高废弃物资源化利用的经济性

CCUS 技术的重要贡献就在于其无可替代的减排除碳能力。在碳中和目标下，CCUS 技术需完成 175 亿～315 亿吨二氧化碳累计减排任务。但由于 CCUS 项目投资成本巨大，投资额在数千万元甚至上亿元的规模，且目前缺少大规模的、可复制的、经济效益明显的全流程集成示范项目。就目前国内运行的 CCUS 示范项目，在如此巨大的成本压力下，企业收益率只能维持在 2% 甚至以下，这显然会打击 CCUS 项目建设的积极性，因此研发低成本、低能耗的 CCUS 技术，进行大规模全流程 CCUS 集成示范是推进 CCUS 技术部署和推广的有效途径。

为保障国家能源安全和经济社会稳定发展，需要 CCUS 技术的快速突破。为了保持中国未来在能源领域的领先性和电网的灵活度，需要密切跟踪全球 CCUS 先进技术，准确把握前沿技术方向，抓紧布局技术和装备研发，出台系列扶持政策，成立国家二氧化碳捕集利用基金，支持重点企业开展污染物和二氧化碳协同减排示范工程。

高碳行业国企承担着更多的服务国家战略目标和保障国家安全等方面的责任，需要充分发挥好引领示范作用，率先进行关键低碳技术的创新性突破和温室气体的减排，依托国内巨大市场，集中开展科技战略攻关，迅速降低成本，争取在较短时间内实现突破和赶超，以促进自身高质量低碳发展。鼓励有条件的地方和相关企业在生态环境政策工具的指引下，进行 CCUS 技术创新和商业模式探索，抓住二氧化碳资源化利用契机，打造新格局下高质量发展典范，实现弯道超车。在全面系统评估中国 2022—2060 年 CCUS 技术的减排需求和潜力下，明确碳中和路径，从而推动其商业化步伐，建立科学、合理的规范管理体系，进一步提升科技基础设施水平，形成各基础设施的协同共享机制。

三、 CCUS 技术与不同碳排放行业的耦合

CCUS 技术是 21 世纪升温控制、实现近零排放目标的关键途径之一。可以说，以 CCUS 技术为代表的负碳技术将为中国能源体系绿色低碳转型提供强大支撑。在综合考虑技术成本、替代技术的可行性与相对成本的情况下，钢铁、水泥、化工、燃料转化、发电行业等在 2020—2070 年的将会利用 CCUS 技术分别实现累计 25%、61%、28%、90%、15% 的减排量。

电力行业是化石能源消费的主力，虽然风电、光伏发电等可再生能源正处于快速发展过程中，但尚未完全解决发电量波动大、稳定性弱等缺陷。因此，火力发电在未来仍有一席之地。为了推动发电、交通和建筑等行业的碳减排，更好地迈向“双碳”目标，不但需要提高能源利用率、增强工艺技术的低碳创新，还需要借助 CCUS 技术、植树造林、森林生态修复、农牧业碳汇提升等负碳技术。相关数据显示，煤电与水泥行业对 CCUS 减排的需求占比较大，预计在 2060 年分别占比 24% 和 14% 左右。IEA 还预测，2050 年，中国钢铁行业在常规减排后，仍将剩下 34% 的碳排放量，而水泥行业将剩下 48% 的碳排放量。由此可见，CCUS 技术对高碳工业碳减排的重要性。

钢铁行业生产以碳排放量较高的高炉−转炉法为主，电炉钢产量较少。CCUS 技术可以应用于钢铁行业的许多方面，主要包括氢还原炼铁技术中氢气的产生以及炼钢过程。在钢铁行业中，二氧化碳主要用作搅拌、作为反应物或者保护气以及合成燃料。

火电行业加装 CCUS 设备，可有效降低碳排放。目前的装机容量，到 2050 年仍将有大约 9 亿千瓦在运行。在综合考虑实施年份、机组容量、剩余服役年限、机组负荷率、捕集率设定、谷值和峰值等条件下，CCUS 技术可以充分利用现有的煤电机组，避免煤电资产的搁浅。现役煤电机组通过加装 CCUS 设备，实现低碳化利用改造，这是释放 CCUS 减排潜力的重要途径。

化工行业碳排放浓度较高，二氧化碳捕集的能耗和成本较低，通过化学反应将二氧化碳转变成其他物质并再利用，为 CCUS 技术提供发挥空间。

为促进 CCUS 科技与不同碳排放产业的有效耦合，政府必须加大 CCUS 基础设施建设和投入的力度，进一步优化技术设施管理水平，重视与现有资源优化整合，促进已有基础设施改善提升，进一步优化各关键技术单元，逐步提高基础设施的性能，并进行重大 CCUS 示范项目建设。

第二节　低碳工业园区

工业园区是产业发展到一定程度的产物，西方发达国家已经建立了相当规模的工业园区。中国改革开放至今，产业的发展已经获得了令人瞩目的成绩，工业园区既是中国工业企业集聚发展的核心单元，也是向战略产业转化与提升的主要空间载体。中国工业园区从“十一五”规划开始建设，分为国家级、省级和其他级别。从地理位置看，大部分工业园区位于经济发达地区，如长江三角洲、粤港澳大湾区等，是中国工业的支柱。中国拥有联合国产业分类当中全部工业门类，工业在很大程度上支撑着中国经济社会的稳步发展，是中国走向世界生产中心的重要支柱。但工业发展以能源大量消耗作为代价，碳排放量随着工业能耗的增加而水涨船高。工业园区碳排放包括直接排放和间接排放①，工业园区与其他部门协同共治加大碳减排力度是“双碳”目标的必经之路。

一、 降低制造环节碳排放

工业园区具有规模效应，基础设施集约化程度高，产业的低碳转型将助推园区的绿色发展。制造环节是工业园区最典型的代表，“十四五”规划提出单位 GDP 能耗和碳排放双下降目标的最关键的环节也在制造业，是实现工业低碳转型升级战略的关键抓手。

1980—2020 年，中国制造业增速达到世界平均增速的 3 倍以上（表 3－2），带动经济高速增长。相关数据表明，自 1978 年以来，中国 GDP 增长率位居世界第二②。

在制造业占比方面，1990 年中国制造业份额仅占世界份额的 3.1%，但随着不断地发展，2005 年超过德国位居世界第三位；2006 年超过日本，2010 年超越美国，2020 年中国制造业增加值占世界的份额高达 29.2%，位居全球制造业第一（表 3－3），且制造业出口占比也迅速提高，2015 年，工业园区已经基本实现电力的自给自足。

① 直接排放是指园区边界内燃料燃烧产生的排放。间接排放是指园区所用燃料的上游，在生产运输过程中的排放和外购二次能源在生产运输过程中排放。

② 全国环境保护科技长远规划组. 环境问题与科学技术［M］. 北京：海洋出版社，1984：154.

表 3-2 制造业增速的国际比较（%）

年份段	项目	中国	美国	印度	世界
1980—1990	GDP	10.2	3.0	5.8	3.1
	制造业	10.7	3.1	7.4	3.6
1990—2000	GDP	10.6	3.6	5.9	2.9
	制造业	12.9	3.7	6.7	2.4
2000—2010	GDP	10.8	1.8	8.0	2.7
	制造业	11.6	1.9	8.7	3.1
2010—2020	GDP	9.2	3.4	4.7	2.5
	制造业	7.2	2.4	1.8	2.3

数据来源：GDP（current USD），World Bank。

表 3-3 各国制造业增加值占世界的份额（%）

年份	中国	美国	日本	德国	英国
1990	3.1	22.7	17.5	9.5	4.4
2000	8.2	26.1	17.5	6.6	3.8
2010	18.7	18.5	10.5	6.0	2.2
2020	29.2	17.2	7.1	5.1	1.7

数据来源：Manufacturing，value added（% of GDP），World Bank。

园区碳减排主要从产业结构尤其是制造业调整与能效提升入手，通过非化石能源占比的提升和 CCUS 技术的铺开助力工业园区的碳减排。制造业低碳发展将有助于我国经济高质量发展，2030 年和 2050 年我国人均 GDP 将超过 2 万美元和 3 万美元①。

高速经济增长背后是资源的消耗和生态环境的破坏。中国万元 GDP 能耗是美国的 6 倍、印度的 2.8 倍②。制造业发展的同时带来了资源能源利用过度和严重的环境污染问题，似乎正在走发达国家 20 世纪 60 年代的“老

① 张希良，黄晓丹，张达，等. 碳中和目标下的能源经济转型路径与政策研究［J］. 管理世界，2022，38（1）：35-66.

② 项目综合报告编写组，清华大学气候变化与可持续发展研究院.《中国长期低碳发展战略与转型路径研究》综合报告［J］. 中国人口·资源与环境，2020，30（11）：1-25.

路”。煤燃烧产生的污染物以颗粒物和二氧化硫为主，20 世纪 80 年代的北京、上海、广州等大城市的大气污染（表 3－4）是全国最典型的例证。改革开放初期，中国对空气质量没有足够意识加以重视。21 世纪以来，修复生态环境和改善人居环境提升到国家战略层面，但力度不够。

党的十八大以来，国家出台了史上最严厉的生态环境治理措施，相继出台了包括“水十条”“土十条”和蓝天保卫战等一系列政策法规。在空气质量方面，以大城市为重点，着手解决颗粒物、氮氧化物和其他污染物排放量上升对公众健康的不良影响。在“十四五”期间继续采取措施改善空气质量，并确定了行动重点，包括促进清洁生产过程，提高用能的清洁度和效率，发展更加绿色的交通运输系统，以及促进污染防控区域协调。经过一系列的整治措施，实现工业内部结构的优化创新和化石燃料替代，不仅有效地缓解了制造业污染问题，还促进了制造业用能效率改善，并鼓励向清洁能源转型和废弃物资源化利用，有助于实现“双碳”目标。

表 3－4　国内外城市降尘量对比

城市	国际经典城市				国内代表城市				
降尘量［t／（km^2·月）］	纽约	东京	伦敦	西柏林	北京	上海	广州	沈阳	杭州
	25.7	23.0	11.5	4.8	31.4	29.8	14.0	50.2	13.2
测定年份	1962 年				1981 年				

二、 发展零碳工业园区

零碳工业园区作为一种新型的产业集聚区和经济发展的核心单元，最初由西方发达国家开启，是未来全球工业园区的发展方向。中国工业园区低碳化发展经历了循环工业园、生态工业园、低碳工业园区、近零碳排放示范区和零碳工业园区。早期低效的生产设施和高煤炭依赖度使得工业园区在为企业提供了大量基础设施和公共服务的同时，也是名副其实的能源耗费大户和最大的碳排放源。工业园区的耗能约占全社会总耗能的 69%，碳排放占全国总排放的31%[①]。工业园区的碳排放主要来自直接排放和间接排放[②]，零碳工业园区的核心是利用产业集聚和公共基础设施优势，使工业过程电气化，使用清洁能源对化石燃料进行替代，实现工业过程电气化、产业发展低碳化和设施管理智慧化。

工业园区碳减排的主要着力点在于确保节能降耗、提质、减碳工作的落实。党的十八大以来，地方政府部门也相继制定了大量的配套优惠政策，陆续在全国各地开展了低碳工业园区的试点建设工作，实施了一系列的试点项目，出台了相关政策以支持工业园的绿色低碳发展。但目前零碳工业园区的建设存在缺乏合理的产业规划、能源管理水平和资源利用效率低下、园区未进行科学的产业规划、资源配置结构不完善、资源利用效率较低、工业共生形态发育不良、产业延伸不足且低碳化发展水平较低、产能结构性过剩等问题。低碳工业园区需要保障在整个产品生命周期中促进碳减排的前提下，优化工业园区的产业结构。政府部门要及时深入了解园区内部碳排放的现状，转变工业部门和能源基础设施对化石燃料高度依赖的状况，并指导制定相应的规划。通过对落后产能的淘汰和替换，明确园区绿色企业和公共设施的建设思路和具体建设内容，实现更具可持续性、包容性和韧性的经济发展。

为打好绿色低碳转型攻坚战，零碳工业园区还可以充分利用园区内口袋公园的植物碳汇能力和CCUS技术降低碳排放，有条件的园区还可以依托既有水系营造蓝绿交织的空间形态，提高工业园区低碳发展水平。工业园区可以根据经济发展水平、产业发展规模、基础设施建设情况等标准进行分类，合理选择低碳发展重点。争取在“十四五”期间形成一批示范工业园区，为其他工业园区的低碳转型提供参考模板，形成绿色低碳持续发展动力。

三、 零碳工业园区的节能减排浪潮

工业园区的碳排放包括建筑碳排放、工业碳排放、交通碳排放和产业

① 郭扬，吕一铮，严坤，等. 中国工业园区低碳发展路径研究［J］. 中国环境管理，2021，13（1）：49-58.

② 直接排放包括园区内部的能源活动，如工业活动、能源燃烧、废物处理等；间接排放包括外购的二次能源，如电力、供热等。

链上下游间接碳排放等。在能源端应适当推广风电、光伏发电、地热能等可再生资源，积极运用柔性发电技术和储能技术等，以促进工业园区内构建绿色能源供应系统，有效减少最终用户对化石能量的消耗，从而改变能源需求发展方式和大幅减少由于能量支出所形成的温室气体污染。通过促进工业园区内可再生资源的就地消纳进而有效减少电网能源消耗。

在建筑厂房层面要推动建筑运营阶段的节能减排，建设绿色节能的建筑群。一是在建筑建造阶段，积极采用低排放水泥等绿色建筑材料。二是在建筑运营阶段，加快对既有建筑的节能改造。可以借助园区内部的工业余热和热泵等，提升建筑对能源的利用效果，降低建筑供暖、空调和照明能耗。三是在选址布局方面，根据园区内不同工业企业的产业链，将产品上下游企业对接好，加强园区内工业生态的有机联动。对于园区内新建建筑，从建设设计、建筑施工和建筑运营等阶段严格把关，在每一个环节推动节能减排。

在工业园区的交通领域要促进工业园区内公共交通节能，通过合理的规划布局提升出行的效率，建立集约高效、智慧便利的绿色公共交通系统。首先采用节能交通工具，实现化石能源的替代，通过合理规划、有序建设充电站等配套设施，做好充电设施预留接口与停车场区域总体布局；其次优先发展园区公共交通，强化新能源和清洁燃料在公共交通中的合理运用，进一步丰富公共交通设施和相关业务，完善智慧交通，推动园区交通的智能化，对于道路照明设备，则推荐加装节能型路灯，以提升园区内照明系统的节能水平。

推动工业园区的数字化、精细化建设，准确监测园区内部企业的碳排放，摸清园区碳排放“家底”，用准确的数据支撑减排计划的推进。通过利用工业园区碳中和能耗监督管理网络平台，摸清园区内风、光、储能和充电桩等各类能源数据，实现对工业园区内能源供应、传输、消费和碳排放量等方面的综合监管。充分运用大数据管理平台对减污降碳进行协同管控，对示范园区进行清洁能源替代和提升能源效率，不断调整提升示范园区能源结构以增强环境管控的科学化与精细性，优化示范园区产业结构，向低碳产业方向发展。

当前，工业园区低碳转型是“双碳”目标的重点，各工业园区都出台了低碳发展分类引导路线图，明确工业园区低污染达峰期的重要时段节点，因地制宜进行了园区低碳转型计划和实施方案的编制。根据提高碳汇功能和降低碳源排放的原则，积极控制和淘汰相对落后的高能耗、重污染行业，积极进行企业技术创新、管理模式革新，进行工业生产过程节能减排，以推动能耗结构的调整提升，同时积极引入低能耗、低污染、少排放为主要特征的工业企业。

第三节　大力发展低碳农业

大量研究表明，农业发展和气候变化的关系较为密切。IPCC 第四次报告指出，农业是温室气体的第二大来源，农业温室气体排放占全球温室气体排放总量的 13.5%[①]，温室气体主要由甲烷和氧化亚氮组成。进入 21 世纪以来，虽然农业的能源短缺问题已经得到解决，但随之而来的温室效应和极端天气，打破了农业已有的种植规律，病虫害增加、成本升高、农业减产、生产过程碳排放过高和清洁能源发展滞后等问题接踵而至，越发恶化的生态环境与人民对美好生活的向往背道而驰。“双碳”目标为低碳农业的发展提供了历史契机，解决高碳排放对农业生产的危害，应当抓住这一转型机会。在“十四五”期间，结合当地实际情况，以绿色为底色，以构建清洁能源体系为抓手，制定相应的低碳策略，促进农业的现代化发展。

一、 低碳农业助推“双碳”目标实现

低碳农业是低碳经济在农业的体现，是随着技术和制度创新而发展起来的农业形态，在现代化农业基础上发展起来的更高水平的农业，是对石油农业、化学农业的低碳化改造。低碳农业与生态农业息息相关，但有区别。生态农业是在石油农业发展的背景下提出的，目的是强调生态系统内及各组分间能量的多级利用；低碳农业是相对“一高两低”[②] 农业生产方式

① 陈睿山，郭晓娜，熊波．气候变化、土地退化和粮食安全问题：关联机制与解决途径［J］．生态学报，2021，41（7）：2 918-2 929.

② “一高两低”指高碳汇、低碳耗、低碳排。

提出来的，通过降低农作物和农业用地碳排放强度，降低温室气体增长速度。低碳农业不但可以实现粮食产量持续增长，还可以提高碳汇能力，是集经济功能、生态功能与社会功能于一体的新型现代化农业生产方式。低碳农业充分利用农业是碳源也是碳汇这一双重属性，充分发挥农业的涵养功能，借助低碳农业技术和耕作设备，增强耕地、林地、草地和湿地的碳汇能力，在资源节约、生态环境保护与生态效益三方面达成平衡。对加快全国农业碳减排、推进农村生态文明建设至关重要。

从农民开始耕种，到农作物流通和垃圾处置，在农作物生产的每个环节都会形成大量温室气体。农业产品都存在着碳源与碳汇的双重效用。在碳源方面，《IPCC 2006 年国家温室气体清单指南 2019 修订版》将农作物的碳效应主要源于在农田、森林、草地上的生产活动，以及土壤呼吸、家畜的肠道发酵和粪便管理等①。在碳汇方面，则利用农作物碳固定与农业生物质能资源的减排效果实现了碳吸收，农业土壤也是碳库，土壤固碳可以抵消温室气体总量的 25%②，如果对农业土壤进行保护性耕作，则可以有效避免土壤中固定的碳的排放。对于沿海地区，还可以借助藻类种植降低温室气体中二氧化碳的浓度。

中国人口众多，经济水平的提高促使生活条件也随之改善，要求农业产量持续稳定增长，如何在粮食增产的情况下保证碳排放量减少，对于低碳农业与生态农业的压力较大。当前农业减排的成本较高，通过借助财政补贴才有一些进展，自发减排的意愿不高；农业种植多以小农户种植为主，难以大规模铺开，目前也缺少相应的技术规范；养殖业缺乏饲料的质量标准和先进技术，导致饲料质量参差不齐、单位畜产品碳排放高；废弃物循环利用率低；农业低碳化缺少明晰的路线指导和专业的技术机构平台，难以整合科研力量形成合力。

农业生产方式是实现“双碳”目标的重要方面，可以绿色优势农产品供给和绿色发展激励约束机制为抓手，推进低碳农业和生态农业的发展。

---

① 农业生产活动包括翻耕、灌溉、施肥、施药、农膜使用、农用机械使用、秸秆处理、牲畜的肠道发酵与粪便排放、林草地的生态保护等。

② 苏卓侠，苏冰倩，上官周平．植物凋落物分解对土壤有机碳稳定性影响的研究进展［J］．水土保持研究，2022，29（2）：406-413．

低碳农业可以减少温室气体排放，增强植被与土壤的碳汇作用，优化生态环境，形成农业与环境相互促进的可持续发展。

二、 建立健全农业低碳减排政策

低碳农业表现为能源的低消耗、环境的低污染、温室气体的低碳排放，由高碳能源消耗转向低碳能源消耗。虽然低碳农业已经被政府部门认同，但亟需建立低碳农业发展的政策保障体系，制定低碳农业发展中长期规划，构建农业现代能源体系①。具体而言，是从能源结构、财政、税收、金融等层面，完善低碳农业发展的政策支持体系。能源结构层面，在保证农村用能公平的情况下，借鉴国际经验，降低农业领域的高碳消费，建设光伏、风能和生物质能的低碳能源网络以控制农业碳排放，实现农业发展与碳排放脱钩；财政上加大对涉农科研院所的支持力度，鼓励研发低碳农业技术，对切实践行低碳生产方式的农户进行经济、技术和政策等方面的补贴，通过物质奖励表彰农民在低碳农业方面的贡献，对低碳农业发展中确实面临的问题，政府要给予财务、税务、资金等方面相应的扶持；在税收政策上，给予开展低碳生产的涉农公司所得税优惠政策，而为了打破生态环境的传统生产方式，要利用地方税收政策提高其成本；金融机构方面，对开展低碳农业生产发展的涉农公司、农村合作组织和个体农户等，在贷款上给予优先考虑甚至给予低息或无息贷款；在地方发展上，建立与低碳农业生产发展相协调的地方监管体制，努力实现低碳农业发展的地区均衡。此外，地方政府部门还应积极促进农村碳汇尽快融入国内低碳市场，各地区根据实际情况，建立农业碳中和账户，进一步彰显农村碳汇的特殊经济价值并推动农业绿色低碳转型。

发展低碳农业是一项长期的工程，不能急于求成，要根据不同地区土壤条件、气温气候等因素，制定有助于各地区低碳农业发展的差异化政策。因地制宜开展低碳能源建设，探索适合农村能源的技术路线和发展模式。目前，国家出台了“一控两减三基本”② 等农业生产政策，对种植业化肥、

① 农业能源体系是指满足农业生产、农村工商业经营和农民生活的能源。

② “一控”是指控制农业用水总量和农业水环境污染，确保农业灌溉用水总量保持在 3 720 亿立方米，农田灌溉用水水质达标；“两减”是指化肥、农药减量使用；“三基本”是指畜禽粪污、农膜、农作物秸秆基本得到资源化、综合循环再利用和无害化处理。

农药、农用柴油的使用量进行了约束，但距离世界先进水平还有较大的差距，技术储备也不足。因此，需要将农业碳中和纳入“双碳”目标中统一布局和管理，尽快制订颁布农业农村碳减排法律法规与技术标准，建立低碳消费制度，设立统一的碳减排标准和政策制度。

三、 农业绿色发展与低碳减排技术

《第二次全国污染源普查公报》数据表明，2017 年秸秆产生量为 8.05 亿吨，秸秆可收集资源量 6.74 吨，秸秆利用量 5.82 亿吨；畜禽养殖业污染物排放量为化学需氧量 1 000.53 万吨、氨氮 11.09 万吨、总氮 59.63 万吨、总磷 11.97 万吨。大量未实现资源化利用的农业废弃物，对生态环境带来了极大的破坏，农业绿色发展与低碳减排技术势在必行。

加强低碳减排技术实践探索。例如，秸秆处理与利用这个问题，是露天焚烧还是秸秆还田好，还有待进一步研究。秸秆还田腐烂分解很慢，缺氧的条件下会产生甲烷和硫化氢等有毒有害气体，产生温室气体。水稻秸秆还田还会加重水稻各种病害的发生，因为秸秆寄生的病虫卵、残留的杂草种子等一块回田，对水稻的产量也有一定影响，还大大增加了农药、除草剂的使用，污染土壤和水体。正常的秸秆焚烧对土壤表层的病菌和虫卵有很大的杀灭作用。因为秋季的病菌和虫卵都存在于土壤表层，容易被烧死，对土壤深层的有益微生物不会有大伤害；另外采用秸秆焚烧清理秸秆，清理迅速、省工省钱，也能为秋翻地赢得时间（秋翻地能加速土壤熟化，提高水稻产量）。

农业碳排放集中在种养业生产与能源和投入品使用，以及废弃物处理等阶段。可分为畜牧业和渔业、粮食生产、土地利用、食品供应链四个部分[①]。低碳农业依托新型清洁能源[②]对化石能源的替代和能效的提高等降低碳排放。需建立高效、清洁、低碳、合理的能源体系，依靠先进技术革新

---

① 畜牧业和渔业碳排放即牲畜的反刍过程和畜禽粪便处理过程以及牧场和渔船燃料消耗的碳排放；粮食生产碳排放即农作物生产和动物饲料生产过程的碳排放；土地利用碳排放是土地用途变化、焚烧秸秆、处理农田废弃物和土壤翻耕等人类活动的碳排放；食品供应链碳排放包括食品加工、运输、包装和零售过程的碳排放。

② 利用农业资源发展新型清洁能源，主要包括风力发电、秸秆物发电、秸秆物气化、沼气和太阳能利用等。

传统农业的高碳生产方式。农业生产建筑物可通过构建清洁供暖系统，提高供暖质量，降低供热成本；在低碳农业的投入端，用生物有机质替代传统能源，减少农业生产过程碳排放；在农业生产中，根据农作物不同生长阶段对水、热、光的需求变化，科学谋划化石能源等生产资料的使用；在畜牧业，改进牧群管理和动物健康干预措施，回收再利用粪便中的甲烷，选用减少牲畜碳排放的先进饲料等；在农产品销售阶段，确保合理的低碳物流方式；在营销环节，倡导绿色消费，改变人们的消费观念和消费模式。总之，通过变革传统农业生产方式并调整农业体系结构，在保证农作物数量和质量的同时，尽可能降低对农业生态环境和资源的压力，拓展农业可持续生产。在低碳农业发展中，除了要提高现有能源的利用效率、降低碳排放外，还需要开发清洁可再生生物质能源，同时，注重秸秆、有机废弃物等农业资源的回收利用，将它转化为清洁能源或工业原料。

低碳农业的发展，除了低碳技术的支撑，还需要看到农民在其中所起到的作用。中国农业以小农户种植为主，难以体现减排固碳的规模化效应。同时，为了追求经济利益最大化，大多数农民为了节约成本必然会选择较为传统的耕作方式，没有选择低碳农业。激励农民对低碳农业的选择意愿，一是要注重低碳农业技术的研发与推广，普及秸秆资源化利用技术，让农户对低碳农业技术有深刻的了解，引导农户自发践行低碳农业；二是要完善相关的政策和农业生态补偿激励，给予农民财政或者种子补贴，提高农户低碳生产积极性，提高秸秆入土率和还田质量，改善土壤质量，增加土壤对温室气体的吸收和固定功能，将农田从碳源转变为碳汇，为“双碳”目标的实现添砖加瓦；三是鼓励农科院对低碳农业技术的创新与普及，尤其是对农业固体废弃物的处理。

四、 农业碳汇资源与交易市场的支撑系统

农业碳汇资源是指农作物生长周期中，通过光合作用吸收和固定大气中的二氧化碳并封存在土壤中。中国农业碳汇资源较为丰富，2020 年，全国农业碳汇约 1.57 亿吨①。农业的碳中和依赖于循环农业和生态农业的发展，是在保障粮食安全、食物安全的前提下，引导农民转变农业发展方式，

① 崔叶辰. 新疆农业生态效率研究［D］. 新疆：石河子大学，2021.

减少农业生产中的碳排放。

农业碳汇交易市场为农业带来了新的经济增长点，农户不但可以通过销售农产品来获得基本的收入，还可以通过增加碳汇而获得收益，有利于农业发展的高质量绿色转型。虽然农业暂时未纳入全国碳交易市场，但随着碳交易市场的逐步开放和完善，迟早会进入。在市场经济条件下，利用碳交易、低碳农产品认证、碳生态补偿等机制，最大化低碳农业产品，对不同的农业类型、地区以及作物进行划分，因地制宜地建立起有利于农业经济和农民收入的低碳农业生产体系，使农业碳汇的价值得到体现。应该借鉴欧盟碳交易市场的成功经验，构建符合国情的农业碳交易机制，积极发展农业碳汇产品和农业碳汇资源，以市场化机制促进低碳农业的发展。

第四节　生态系统碳循环

自然界最大的碳库为岩石圈和化石燃料，其中所储存的碳元素的总数量大约占全球所有碳元素总数的 99.9%，但这两座“仓库”中的碳元素迁移、转化等活动相对缓慢，起着储存仓库的功能。除此以外，地球上尚有三座专门“碳库”：大气、水体、生物体，其中的碳元素都在各种化合物之间不断转换，最重要的循环动力就是绿色植物的新陈代谢。自然界的碳库之间不断进行循环与转换（图 3-1），在这过程中与人类活动密切相关。

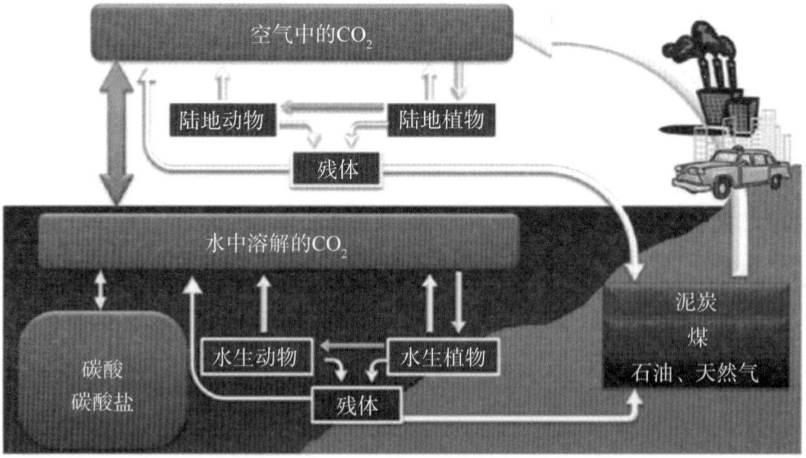

图 3-1　自然界碳循环示意图

一、 森林生态系统碳循环

“十四五”规划提出提高生态系统自我修复能力和稳定性，守住自然生态安全边界，加快生态屏障建设。建立健全生态保护补偿机制，完善市场化多元生态补偿，并引导受益地区借助资金扶持等方式开展生态补偿。根据植物新陈代谢功能，林木每生长 1 立方米，平均吸入约 1.83 吨二氧化碳，排出约 1.62 吨空气。十多年来，中国大规模国土绿化行动成效显著，森林面积覆盖率和碳汇量逐年提升。2010—2016 年，中国陆地植被年均固碳能力约 11×10^8 吨，约为此期间中国每年排放量的 45%①。2030 年森林蓄积量将较 2005 年提高约 60 万亿立方米。国家统计局第九次全国森林资源清查报告表明，2019 年我国林地面积约 2.2 亿公顷，全国林木覆盖率为 23.0%，森林蓄积量约为 175.6 万亿立方米，年均固碳量约为 1.3 亿吨，所对应的全国森林碳汇约 14 亿吨，碳汇增长潜力将非常明显。“十四五”规划中要求到 2025 年，全国的森林覆盖率将提高至 24% 以上。研究表明，中国林地覆盖率的最大潜力将为 28% 左右，对应林木蓄积量约 285 亿多立方米，年固碳量约 7 亿吨，对应的林木碳汇约为 22.7 亿吨②。

有效开发生物固碳可以成为缓解气候变化举措的补充，应积极推进生态碳汇建设。中国森林面积在相当长的一段时间内都保持了稳步增长，湿地、海洋等固碳作用日益受到重视。其中，植树造林是增加碳汇最直接有效的方式之一，有利于生态环境的改善和生物多样性的提高。应当大力开展植树造林、实施天然林保护、退耕还林还草、防护林体系建设和荒漠化综合治理等工程建设，落实以自然为本的解决方案，强化自然生态系统服务功能，实现生态系统保护和生物多样性保护，将减缓气候变化的各项政策与资源节约和生态环境保护相结合。

在宏观层面上，构建以国家公园为主体，自然保护区为基础，自然公园为补充的自然保护地体系，落实天然林保护制度，确保林地保有量不减

① 王兵，牛香，宋庆丰. 基于全口径碳汇监测的中国森林碳中和能力分析［J］. 生态环境保护，2021，49（16）：30-34.

② 黄贤金. 长江经济带资源环境与绿色发展［M］. 南京：南京大学出版社，2020.

少。2021年10月，中国第一批国家公园名单公布[①]，将山水林田湖草沙冰作为一个生命共同体，让自然做工，增加林地面积和质量，持续提高森林生态系统的质量和稳定性，践行“绿水青山就是金山银山”理念。切实加强森林采伐管理，继续执行采伐限额和凭证采伐管理制度。结合林长制，对毁林、毁草、毁湿等违法行为进行惩治，严禁擅自改变林地用途，减少不合理土地利用、土地破坏等活动导致的碳排放。

二、 低碳草原与畜牧业

草原生态系统是重要的天然碳汇，在减少大气中温室气体浓度方面发挥着重要作用。中国天然草原面积为4亿公顷左右，占国土总面积的41.7%，是中国覆盖陆地面积最大的绿色植被。草原生态系统的碳储量在300亿~400亿吨之间，占陆地生态系统总碳储量的1/3左右[②]。碳汇增加多通过造林、再造林项目是目前的普遍认识，对于草原碳汇的关注较少，反映出对其认识不足。过去几十年间，人类活动对草原的过度使用也导致了草原的退化和荒漠化，草原低碳与畜牧业发展之路任重道远。草原温室气体排放主要来自家畜、土壤及植物。为保障“双碳”目标的顺利实现需要在对天然草原生态系统植被和土壤碳储量及其碳汇功能科学评估的基础上，通过对草原生态系统的可持续管理，增强陆地生态系统生物固碳能力，减少排放源。重视对草原的依法管理和科学管理，保持草原资源的相对稳定，维护草原碳库的稳定，是实现草原资源可持续利用的必要措施。具体措施包括：完善草畜平衡管理制度，建设低碳牧场，达到减少草原生态系统温室气体排放、增加草原碳汇的目标；开展草原生物固碳技术示范与监测，建立草原增汇技术示范区，在草原生态保护修复工程的代表性区域，开展草原生态保护修复工程固碳速率的自动化监测，准确估算草原生态保护修复工程的碳汇功能，建立以增强草原中长期碳汇功能为主要目标的草原生态保护修复技术体系，建立草原增汇技术示范区；根据《“十四五”林业草

① 中国第一批国家公园为三江源国家公园、大熊猫国家公园、东北虎豹国家公园、海南热带雨林国家公园、武夷山国家公园。

② 尉迟文思，郝伟罡，刘春林. 我国草原生态系统碳储量现状浅析 [J]. 内蒙古水利，2021，(12)：12-14.

原保护发展规划纲要》，合理布局草原生态保护修复工程，建立健全草原资源管理制度体系，改善草原生态整体状况，提升草原牧区可持续发展能力，扭转草原退化和荒漠化的趋势。

中国畜牧业的发展历史悠久，中国每年畜禽粪污总量在40亿吨左右，是畜牧业污染的主要原因之一①。为加快推进畜牧业畜禽粪污资源化利用，国家先后出台一系列相关文件提高粪污资源化利用率并取得初步成效，2019年，畜禽粪污综合利用率达到75%。中国畜牧业的低碳发展将以低消耗、低排放、高效率为变革目标，通过开发低碳饲料，来降低牛等牲畜反刍过程产生的碳排放，实现经济发展与生态平衡有机结合。通过对畜牧业碳排放的有效测度，总结畜牧业碳排放变化的情况和趋势，预测未来的发展情况，以此来指导畜牧业的低碳健康发展。充分利用畜禽产业相关的秸秆、畜禽粪便等，加速其与可再生能源的融合，促进生物质能等可再生能源的利用。

畜牧业要因地制宜地发展，实施农牧结合，推动种养结合、农牧循环②；降低畜禽粪污集中排放带来的农业面源污染风险，提高畜禽粪污资源开发利用技术水平；加强对生态脆弱地区以及家畜饲养资源吸纳能力严重受限地区的畜牧生产体系和生产环境综合整治，实现生态环境保护和产量增长协同发展。轮牧是畜牧业低碳发展的重要模式，能显著改善饲草质量和牲畜产出效益，有效保持饲草种类的多样性和草原生态稳定性，从而更有利于家畜健康繁育和产量质量的提升，同时轮牧还分散了家畜粪污排放，有效降低了区域土壤的污染风险。

三、 大力发展竹林与竹产品

中国竹资源不但品种丰富，而且生产历史悠久、文化底蕴深厚。为大力发展竹林与竹产品，需要培育优质竹林资源，构建完备的现代竹产业体系，打造竹产业全产业链，深度开发竹资源功能。竹产业关键技术研发应纳入国家计划，并建立竹制品标准体系和质量管理体系，加强竹产品的宣

---

① 何思洋，李蒙，傅童成．中国畜禽粪便管理政策现状和前景述评［J］．中国农业大学学报，2020，25（5）：22-37.

② 农牧结合是把农业生产的粮食、饲草等资源投入畜牧业生产系统，然后畜牧业所产生的粪污等废弃物经加工处理返回到种植业系统，实现要素流动。

传推广并弘扬中国传统竹文化，引导消费观念转变。预计到2025年，全国竹产业总产值将达到7 000亿元，到2035年，全国竹产业总产值超1万亿元①。

国家鼓励开展优质竹林品种的栽培工作，推进竹林更新建设，积极发展竹笋食品加工、竹材加工和竹炭等竹林生产项目，加速推进竹饮料、竹保健食品、竹纤维和竹林药用化学制剂等新兴产业发展，逐步形成竹林产业的循环经济综合产业链，建立健全竹林使用制度，促进笋、竹等加工废弃物利用技术产业化。通过加强竹产业技术资源开放共享，推动竹产业技术和竹文化的深度融合，积极指导竹产业技术公司发展壮大，扶持企业建立专业化育种、经营、采伐等技术服务团队，积极布局建设省级、市级等竹产业聚集区。

① 岳亮. 瞄准万亿规模竹产业迎来顶层设计［J］. 绿色中国，2021（23）：58-59.

第四章　“双碳”目标与生态环境政策工具关联性探索

中国作为负责任的大国，2020 年积极确立“双碳”目标，为应对全球变暖做出了里程牌式的中国举措。当前，中国政府已陆续发布了一系列与碳减排有关的政策，推动经济发展由高速向高效、高碳向低碳的转型。诚然，碳减排是一项长期而且艰巨的任务，不能有“毕其功于一役”的冒进。纵观全球，不同的国家实现碳中和目标各有其独到的路径，但均统筹考虑经济发展阶段、经济结构和现有能源结构模式，走适合各自国情的道路。西方发达经济体的碳排放都已经陆续达峰，有的在几十年前就达到峰值。中国和大多数发展中国家一样，碳达峰尚需要一段较长时间。从经济发展和能源利用角度看，以中国为代表的新兴经济体经济增长速度明显高于发达国家，但能源利用效率却有较大差距。中国须借鉴西方发达国家先进经验，完善生态环境政策工具促进“双碳”目标宏伟蓝图的实现。在此背景下，国家出台生态环境政策工具对企业和市场进行适当的鼓励，引导其通过技术创新来平衡经济发展与脱碳减排之间的关系，对生态环境政策工具实施效果进行评估和预测，对生态环境政策工具纠偏和及时更新提供依据。

第一节　推进碳减排是全球行动

碳排放问题具有典型的外部性，市场不会自发解决[①]。目前，全球对碳排放问题形成高度的共识和一致的行动，比尔·盖茨在《气候经济与人类未来》一书中指出，如果人类不积极协同解决碳减排问题，那么当前新型冠状病毒肺炎疫情与气候危机根本无法相提并论，而这样的损失每十年就要面临一次。

① 邵帅，范美婷，杨莉莉. 经济结构调整、绿色技术进步与中国低碳转型发展——基于总体技术前沿和空间溢出效应视角的经验考察［J］. 管理世界，2022，38（2）：46-69，4-10.

一、全球碳减排的共同行动

自从工业革命以来，化石能源的用量大幅上升、碳排放量激增。全球变暖已经成为不可忽视的生态环境问题。世界环境与发展委员会（WCED）数据表明，21 世纪以来，气候变暖愈演愈烈，生态环境问题正式摆在全人类面前，亟需给出行动方案。冷战后至今，世界气候治理是全球环境和发展领域最受关注、影响最广泛的话题。为保障人类共同福祉和可持续发展，碳排放问题在世界各国形成高度共识，但合作却遭到种种障碍。

19 世纪，人类就发现了自身活动产生的碳排放对气候变化的影响。20 世纪 70 年代，美国等西方国家面临经济危机，对气候变暖等生态环境问题漠不关心。尤其是美国在碳减排方面态度暧昧，始终将经济利益置于气候环境之上。欧盟对碳减排一直秉持积极姿态，2005 年欧盟就实行了碳交易市场。各成员国为了应对气候变化问题，纷纷对温室气体减排作出规定。英国出台《能源白皮书》《英国气候变化战略框架》等，为推动减排制定了比《京都议定书》更严格的目标。日本应对碳减排一直处于亚洲国家前列。2007 年，日本就开始对使用化石燃料的工厂企业征收碳税，并将碳税用于环保政策的资金支持，积极推动国际碳交易机制和构建国内碳交易平台。除美国过分关注“美国优先”之外，全球对碳排放行动基本形成一致①。

当前，百年大疫与百年变局重叠，为实现全球的可持续发展与生态安全，碳减排已经成为全球共同的价值观。西方国家已相继提交了碳中和愿景，美国重返《巴黎协定》、欧洲理事会通过《欧洲气候法案》。华为、谷歌、苹果等国际著名企业都已经提出了非常清晰的碳减排目标。2021 年 11 月，第二十六届联合国气候变化框架公约缔约方会议（COP26）在英国格拉斯哥召开，参会各方对多项议题展开讨论并达成部分协议，其中首次对“非减煤电”提出约束，提出碳中和愿景和碳减排路线图，其路线大多以能源结构优化、公共绿色交通等为突破口。

中国作为人口大国，高度重视碳排放问题，也是最早把保护环境设置为基本国策的发展中国家。“双碳”目标的提出是中国响应人类气候合作背景下的顺势而为，是一场广泛而深刻的系统性变革。以此契机开展国际气

---

① 韩立群. 欧盟碳关税政策及其影响［J］. 现代国际关系，2021（5）：51-59，61.

候合作，必定充分发挥中国在全球气候治理体系的大国担当，提升在国际上的话语权。

二、 生态环境政策工具低碳化探索

随着生态环境问题日益凸显与产业发展压力的日益加大，对生态环境政策工具与“双碳”目标的关注越发充分。众多学者聚焦于生态环境政策工具对碳排放成本、技术创新、外商投资等方面的影响。关注视角从国际、国家大视野角度深化到区域、省级中观层面，再推进到县市、产业的微观层面。中国发展不但要拓展企业与国家的利益公约数，加强在气候政策、能源转型、技术创新、绿色金融等方面的协作，还要利用“一带一路”“南南合作”等重要战略平台，为其他国家提供可借鉴的解决方案，共同应对气候变暖和生态环境问题。在技术层面，CCUS 技术、低碳储存科技等新兴科技是中国迈向“双碳”目标的关键技术；在公众层面，将“双碳”目标由政府部门的引导变成社会群众的自觉行为、企业的行为、市场的行为，全社会要改变消费观念，建立绿色低碳生活方式。

国内外学者基于定性分析与定量研究相结合的视角，在技术创新理论对生态环境政策工具的作用、影响机制等方面做了大量的研究。就国内外的研究现状而言，主要集中在全球变暖、经济绿色复苏、行动计划、低碳技术创新和生态环境政策工具等方面[①]。

国外学者 Rothwell 和 Zegveld（1981 年）[②] 按照生态环境政策工具对经济发展的不同影响进行分类研究。Howlett 和 Ramesh（1995 年）[③] 则根据生态环境政策工具中政府的干预程度，将工具进行分类。Salamon 和 Elliott（2002 年）[④] 认为政策工具是公共事业管理者用来推动和实施政策的手段。

---

① 李岚春，陈伟，郭楷模，等. 政策工具视角下发达国家碳中和战略行动政策分析及对我国启示［J］. 情报杂志，2021，40（12）：63-71.

② ROTHWELL R，ZEGVELD W. Industrial pnnovation and public policy：preparing for the1980s and the 1990s［M］. London：Frances Printer，1981.

③ HOWLETT M，RAMESH M. Studying public policy：policy cycles and policy subsystems［M］. Oxford：Oxford University Press，1995.

④ SALAMON L M，ELLIOTT O V. The tools of government action：a guide to the new governance［M］. Oxford：Oxford University Press，2002.

Goulder（2009 年）[①] 认为减少大气中温室气体浓度已经成为了全球共识。Stavins（2011 年）[②] 认为碳排放既可以视作负外部性问题，也可视作公共物品。

中国对生态环境政策工具的研究开始于 20 世纪 70 年代的环保运动。1973 年，《工业“三废”排放试行标准》启动了中国应用生态环境政策工具的大门。在学习发达国家生态环境治理经验的基础上，中国本着既不照搬国外、也不盲目制定的原则，因地制宜地将政策工具应用在中国，在政策制定之后根据生态环境政策工具本土化的实际情况，作出及时的调整与更新。国内学界普遍认为全球生态环境政策工具有三次大转型：第一次是西欧从农业经济向工业经济的转型，政府使用政策工具建立了私人产权保护制度；第二次是第二次世界大战后政策工具对新兴产业的扶持，促进日本等国工业经济的快速发展；第三次是中国等发展中国家政府合理放权，从计划经济转向市场经济。由此可见，经济蓬勃发展的背后依赖于政策工具的合理使用[③]。顾建光（2006 年）[④] 认为生态环境政策工具是政府为了解决现实问题而采取的一类手段，王辉（2014 年）[⑤] 和叶凡（2017 年）[⑥] 等认为生态环境政策工具是国家解决社会问题的方式。

三、 中国“双碳”目标的提出具有里程碑意义

中国“双碳”目标的设立是中国生态价值观的重大转变，由“战天斗地”转变为“两山论”，意味着在未来走向“碳中和”的三十多年中，我国的生产方式和用能方式的巨大变化将影响经济与生活的方方面面。中国已

① GOULDER，LAWRENCE H. Carbon taxes versus cap and trade［D］. Department of Economics，Stanford University，2009.

② STAVINS，ROBERT N. The problem of the commons：still unsettled after 100 years［J］. American economic review，2011，10（1）：81-108.

③ 叶托，李金珊，吴乐珍. 面向低碳经济发展的政策工具研究［J］. 中共宁波市委党校学报，2012，34（3）：76-82.

④ 顾建光. 公共政策工具研究的意义、基础与层面［J］. 公共管理学报，2006，3（4）：58-61.

⑤ 王辉. 政策工具选择与运用的逻辑研究：以四川 Z 乡农村公共产品供给为例［J］. 公共管理学报，2014，（3）：14-23.

⑥ 叶凡. 生态环境政策工具理论研究及其在江西省的应用效果分析［D］. 南昌：南昌大学，2017.

明确表示，要把碳交易市场作为推动减排脱碳的抓手，把总配额调整轨迹与总体排放峰值和长期目标保持协调一致，通过提供清晰稳定的价格信号将温室气体排放的社会成本内化，激励企业采取具有成本效益的减排措施，引导技术创新，为企业制订未来的发展计划保驾护航。

为实现“双碳”目标，确立“1+N”政策体系①，对十个领域的转型和创新作出了重点指引②，根据能源、电力、工业、交通运输业、建筑业和农业等不同领域发展目标、行动方案及阶段任务，建立跨部门协调推进和会商研讨机制。同时，中国加强推进低碳发展实践，加入全球“双碳”目标大军，标志着全球降碳减排进入了全新的历史阶段，将成为世界降碳减排的里程碑。

第二节 “双碳”目标理论与实践探索

对“双碳”目标文献成果的梳理可发现，其主要研究领域集中在对碳排放量的有效测度和影响“双碳”的因素、碳排放量与经济发展水平的脱钩关系分析、碳排放量预测。“双碳”目标的实现更多依赖于改变能源结构、优化能源效率、发展低碳技术以及思想观念创新，以此倒逼电力行业、交通运输行业、建筑行业和金融行业低碳转型与升级。

一、 碳排放测度与理论辨析探索

当前，国内外学者对碳排放量的测算大多使用物料衡算法或者碳排放系数法。物料衡算法是根据物料平衡原理，估算出碳排放量，碳排放系数法的根据是不同能源燃烧过程中单位能源所排放的二氧化碳。

马来西亚大学的 Lean 教授等人（2010 年）③ 对东盟国家碳排放、电力消耗和经济增长之间的关系进行研究，认为电力消耗与碳排放量之间正相

① “1”是指一个顶层设计的文件，“N”是指关键行动领域的政策系列方案。

② 十个领域分别是：改变能源结构、推动工业现代化、提高资源利用效率、提升能效、建立低碳交通运输体系、促进清洁能源技术创新、发展绿色金融、出台配套经济政策、完善碳定价机制、实施基于自然的解决方案。

③ Hooi Lean，Russell Smyth. CO_2 emissions，electricity consumption and output in ASEAN [J]. Applied energy，2010，87（6）：1858-1864.

关关系明显；Ye B 等（2017 年）① 使用基于消费和生产的核算方法估算了中国 30 个省级区域碳排放量，得出能源行业是大多数省份碳排放增长部门的结论；Grossman（1992 年）② 提出，大多数国民收入水平较低的国家都以牺牲环境为代价追求经济发展，当经济水平发展到一定程度后，又投入资金对环境污染进行治理；Pao H T 等（2011 年）③ 基于相关数据，得出金砖国家外商投资增加碳排放；Yi H T 等（2015 年）④ 认为城镇化的推进，增加了温室气体的排放；Chikaraishi 等（2015 年）⑤ 将城镇化率、第三产业占比引入 STIRPAT 模型中，对不同的城镇化进程对碳排放的影响分析，得出当人均 GDP 和服务业占比足够高时，城镇化会抑制碳排放增长；Lin Boqiang 和 Kui Liu（2017 年）⑥ 采用基于扩展 Kaya 等式的 LMDI 法，探讨了工业结构、经济增长、能源结构、能源强度和排放因子对碳排放量的影响，结果表明，经济增长显著提升了碳排放量；Li Li 等（2018 年）⑦ 通过分析城市规模和产业结构变化对碳排放的影响，发现城市规模扩大和经济增长都会提升碳的排放量，而产业集聚和产业结构变化对碳减排具有重要作用；

---

① YE B, JIANG J J, LI C S. Quantification and driving force analysis of provincial-level carbon emission in China intergovernmental panel on climate change [J]. Applied energy, 2017, 198: 22-38.

② GROSSMAN G M, KRUEGER A B. Environmental impacts of a north american free trade agreement [J]. CEPR discussion papers, 1992, 8 (2): 223-250.

③ PAO H T, TSAI C M. Multivariate granger causality between CO_2 emissions, energy consumption, FDI (foreign direct investment) and GDP (gross domestic product): Evidence from apanel of BRIC (Brazil, Russian Federation, India and China) countries [J]. Energy, 2011, 36 (1): 685-693.

④ YI H T, LIU Y. Green economy in China: Regional variations and policy drivers [J]. Global environmental change, 2015, 31: 11-19.

⑤ CHIKARAISHI M, FUJIWARA A, KANEKO S, et al. The moderating effects of urbanization on carbon dioxide emissions: A latent class modeling approach [J]. Technological forecasting and social change, 2015, 90: 302-317.

⑥ LIN Boqiang, KUI Liu. Using LMDI to analyze the decoupling of carbon dioxide emissions from China's heavy industry [J]. Sustainability, 2017, 9 (7): 22-31.

⑦ LI Li, LEI Yalin, WU Sanmang, et al. Impacts of city size change and industrial structure change on CO_2 emissions in Chinese cities [J]. Journal of cleaner production, 2018, 195: 26-33.

Ribeiro 等（2019 年）[①] 认为美国城市越大，人口变化对碳排放变化的影响就越显著。

国内研究始于学者对宏观层面的理论辨析。陈文颖等（1998 年）[②] 对世界上主要国家和地区的碳排放配额问题进行评述，认为碳排放额度的分配应该坚持人均原则。潘家华等（2009 年）[③] 基于国际公平与人际公平原则，厘清碳排放的概念，对全球主要国家的人均碳排放量与经济发展速度之间的关系进行研究，并测算了不同国家人均碳排放所占的比重和对应的减排任务。

随着研究的不断深入，研究内容从理论阐述转移到区域的定量测度中来。朱勤等（2010 年）[④] 利用 LMDI 法分析中国 1980—2007 年的面板数据，结果表明，经济增长促进了中国温室气体的排放；李艳梅等（2010 年）[⑤] 利用因素分解分析模型，分析了 1980—2007 年经济总量增长、产业结构和碳排放强度的作用机理；晏永刚等（2011 年）[⑥] 建立区域碳排放变化分解模型，以重庆市为例进行了碳排放变化的实证研究；李卫兵等（2011 年）[⑦] 研究全国范围内的碳排放驱动因素，发现碳排放的变化主要与人口、富裕程度、第二产业、能源强度等因素有关，与城镇化水平、第三产业并无关联；石敏俊等（2012 年）[⑧] 定量测算了各省份的消费端碳排放

---

① HAROLDO V RIBEIRO，DIEGO RYBSKI，JURGEN P KROPP. Effects of changing population or density on urban carbon dioxide emissions［J］. Nature communications，2019，10（1）：10-21.

② 陈文颖，吴宗鑫. 气候变化的历史责任与碳排放限额分配［J］. 中国环境科学，1998（6）：2-6.

③ 潘家华，郑艳. 基于人际公平的碳排放概念及其理论含义［J］. 世界经济与政治，2009，10（3）：6-16.

④ 朱勤，彭希哲，陆志明，等. 中国能源消费碳排放变化的因素分解及实证分析［J］. 资源科学，2009，31（12）：2 072-2 079.

⑤ 李艳梅，张雷，程晓凌. 中国碳排放变化的因素分解与减排途径分析［J］. 资源科学，2010，32（2）：218-222.

⑥ 晏永刚，任宏，况明玥. 区域碳排放变化的驱动因素、分解模型与实证研究［J］. 重庆大学学报（社会科学版），2011，17（4）：19-24.

⑦ 李卫兵，陈思. 我国东中西部二氧化碳排放的驱动因素研究［J］. 华中科技大学学报（社会科学版），2011，25（3）：111-116.

⑧ 石敏俊，王妍，张卓颖，等. 中国各省区碳足迹与碳排放空间转移［J］. 地理学报，2012，67（10）：1 327-1 338.

和省份间的碳排放转移；周敏等（2018 年）① 分析了中国 1995—2014 年能源消费、碳排放与经济增长之间的动态关系，得出以上三者之间存在协整关系的结论，其中能源消费影响碳排放的程度较经济增长更明显；孙义等（2020 年）② 基于辽宁省 1998—2017 年统计数据，认为人口和居民生活水平与碳排放量呈现正相关关系；陈喆（2020 年）③ 以 2012—2018 年中国的能源消耗数据为基础，研究碳排放的基本特征和碳排放的驱动力，认为能源强度对碳排放的影响程度最大，人口总量的影响最小；关伟等（2020 年）④ 基于碳排放系数法、数据包络分析法，测算辽宁省 2006—2017 年的碳排放量和碳排放效率，结果表明辽宁省碳排放总量先升后降，碳排放效率先降后升，且碳排放量及其效率存在一定的空间依赖性。

除了从区域层面对碳排放进行测度，还可从不同行业的角度进行测度。邵帅等（2017 年）⑤ 基于广义迪氏指数分解法考察 1995—2014 年制造业碳排放演变的驱动因素；刘玉珂等（2019 年）⑥ 使用 LMDI 分解方法，分析 2005—2016 年湖北、山西、安徽、江西、河南、湖南碳排放，结果表明各省能源消费中碳排放均处于收敛状态，且能源结构变化对中部六省碳排放表现为负效应；田华征等（2020 年）⑦ 在运用 CKC 模型分析各部门产值与碳排放量关系的基础上分析不同因素对中国工业碳排放强度变化的贡献；

---

① 周敏，盛通，朱芳，等. 中国能源消费碳排放与经济增长的动态关系［J］. 煤矿安全，2018，49（5）：253-256.

② 孙义，刘文超，徐晓宇. 基于 STIRPAT 模型的辽宁省碳排放影响因素研究［J］. 生态环境保护科学，2020，46（5）：43-46.

③ 陈喆. 基于 STIRPAT 的中国能源消费碳排放驱动力研究［J］. 煤炭经济研究，2020，40（9）：29-33.

④ 关伟，郭岫垚，许淑婷. 辽宁省碳排放量及其效率时空差异研究［J］. 首都师范大学学报（自然科学版），2020，41（5）：66-73.

⑤ 邵帅，张曦，赵兴荣. 中国制造业碳排放的经验分解与达峰路径：广义迪氏指数分解和动态情景分析［J］. 中国工业经济，2017（3）：44-63.

⑥ 刘玉珂，金声甜. 中部六省能源消费碳排放时空演变特征及影响因素［J］. 经济地理，2019，39（1）：182-191.

⑦ 田华征，马丽. 中国工业碳排放强度变化的结构因素解析［J］. 自然资源学报，2020，35（3）：639-653.

付华等（2021 年）[①] 等对制造业碳排放及其行业间差异进行分析。

二、 经济发展与碳排放关系研究

全球变暖不只意味着温室气体排放量的增加，更是经济发展问题的反映，例如丁仲礼院士就认为碳排放权实质是发展权问题。因此，治理环境、降低碳排放的实质是保障民生和经济绿色增长。为了有效减少温室气体排放，需要明确经济与碳排放的关系，这对于生态环境政策工具效果的最大化、制定合理的减排政策至关重要。

OECD 组织于 2002 年[②]提出了脱钩理论，把脱钩定义为经济增长与环境冲击耦合关系的破裂；张捷等（2015 年）[③] 认为在经济增长率和技术进步率不变的前提下，可以通过产业结构的调整保持碳减排和经济较高增长；Xie P 等（2019 年）[④] 基于 Tapio 脱钩指标和 LMDI 方法，得出 1985—2016 年的脱钩关系处于弱脱钩与扩张负脱钩的交替状态，能源强度和能耗促进脱钩，经济发展水平和电气化程度抑制脱钩；Ye Hang（2019 年）[⑤] 利用 Tapio 脱钩指标，探讨了 1995—2015 年中国制造业增加值与碳排放的脱钩状况，得出制造业呈现出脱钩发展趋势的结论，其中势能强度是促进制造业脱钩发展的主导因素，而产出规模效应是主要抑制因素。此外，产业结构调整和碳密度调整远未达到预期的减排效果，而技术进步和技术效率对脱钩的影响相对较小。

---

① 付华，李国平，朱婷. 中国制造业行业碳排放：行业差异与驱动因素分解［J］. 改革，2021（5）：38-52.

② OECD. Indicators to measure decoupling of environmental pressure from economic growth［OL］.［2005-05-16］. http：//search. oecd. org/officialdocuments/publicdisplaydocumentpdf/? cote=SG/SD（2002）1/FINAL&docLanguage=En.

③ 张捷，赵秀娟. 碳减排目标下的广东省产业结构优化研究：基于投入产出模型和多目标规划模型的模拟分析［J］. 中国工业经济，2015（6）：68-80.

④ XIE P，GAO S，SUN F. An analysis of the decoupling relationship between CO_2 emission in power industry and GDP in China based on LMDI method［J］. Journal of cleaner production，2019，211：598-606.

⑤ YE Hang，WANG Qunwei，ZHOU Dequn，et al. Factors influencing the progress in decoupling economic growth from carbon dioxide emissions in China's manufacturing industry［J］. Resources，conservation & recycling，2019，146：17-27.

对于脱钩关系的研究，王凤婷等（2019 年）① 基于 Tapio 脱钩模型分析 1996—2017 年京津冀产业能源碳排放与经济增长的关系，其中碳排放强度和能源消耗强度的降低显著抑制了碳排放，且抑制作用逐年增强；孙叶飞等（2019 年）② 认为能源强度和经济发展是影响 GDP 与碳排放脱钩的主要驱动因素；包晶等（2020 年）③ 采用 Tapio 脱钩分析法分析南阳市碳排放与 GDP 的关系进行研究；孙俊杰（2020 年）④ 基于中国省级区域的碳排放特征，对省域的碳减排状况进行评价，认为中国省级区域的碳排放呈现出明显差异性特征。

三、 碳排放模型与预测研究

在明晰碳排放的影响因素和驱动机理基础上，学者们将研究的焦点集中在碳减排的路径和对未来碳排放的预测上。

国内外学者对碳排放预测构建了不少模型，并预测中国碳达峰时间。Tollefson（2016 年）⑤ 以中国对可再生能源的巨额投资和 2020 年达到煤炭消费峰值推断中国将提前实现碳达峰；Elzen（2016 年）⑥ 等根据能源及土地利用模型预测 2030 年中国的碳排放量，认为中国必须调整产业结构才能保障 2030 年实现碳达峰；Wang H K 等（2019）⑦ 认为中国碳排放将在 2021—2025 年间达峰，其中因为经济结构、城市形态和地理位置的不同，不同城市面对的低碳发展挑战也不同。

---

① 王凤婷，方恺，于畅. 京津冀产业能源碳排放与经济增长脱钩弹性及驱动因素：基于 Tapio 脱钩和 LMDI 模型的实证［J］. 工业技术经济，2019，38（8）：32-40.

② 孙叶飞，周敏. 中国能源消费碳排放与经济增长脱钩关系及驱动因素研究［J］. 经济与管理评论，2019，33（6）：21-30.

③ 包晶，徐俊，解冰瀚，等. 基于 Tapio 脱钩分析的南阳市工业能源消费与经济增长和工业碳排放的关系研究［J］. 中国市场，2020（4）：77-80.

④ 孙俊杰. 中国省级区域碳排放脱钩及减排潜力研究［D］. 江苏：中国矿业大学，2020.

⑤ Tollefson J. China's carbon emissions could peak sooner than forecast［J］. Nature，2016，531（7 595）：425-426.

⑥ ELZEN M，FEKETE H，HÖHNE N，et al. Greenhouse gas emissions from current and enhanced policies of China until 2030：can emission speak before 2030?［J］. Energy policy，2016，89：224-236.

⑦ WANG H K，LU X，DENG Y，et al. China's CO_2 peak before 2030 implied from characteristics and growth of cities［J］. Nature sustainability，2019，2（8）：748-754.

渠慎宁等（2010年）[①] 结合全国30个省份的数据，基于STIRPAT模型预测中国碳达峰时间，认为将在2020—2045年碳达峰；曹淑艳等（2014年）[②] 通过构建区域碳中和评估框架，认为在政策的支持与激励下，绝大多数的农村具备零碳排放潜力；郭朝先（2014年）[③] 基于经济核算方法从结构减排和强度减排两个角度来估算中国工业碳减排的潜力；国家发展和改革委员会气候战略中心国际部主任柴麒敏等（2015年）[④] 依据IAMC模型预测"十五五"期间中国碳排放总量将达到120亿吨的峰值；程路等（2016年）[⑤] 认为能源结构调整是2030年碳达峰的必经之路；郭士伊（2016年）[⑥] 基于中国工业控制碳排放的峰值管理状况，预计工业领域可以在2030年前实现碳达峰；韩媛媛等（2017年）[⑦] 运用STIRPAT模型对长沙市规模以上的工业碳排放进行了预测；崔盼盼等（2018年）[⑧] 认为中国各省应针对不同的隐含碳排放特征制定差异性的减排策略；林伯强等（2009年）[⑨] 总结了广泛应用的碳排放预测法，分别为Kaya恒等式、EKC模型、IPAC模型、LMDI模型等；孙艳伟等（2018年）[⑩] 基于STIRPAT模型，对

---

① 渠慎宁，郭朝先. 基于STIRPAT模型的中国碳排放峰值预测研究［J］. 中国人口·资源与环境，2010，20（12）：10-15.

② 曹淑艳，霍婷婷，王璐，等. 农村家庭能源消费碳中和能力评价［J］. 中国人口·资源与环境，2014（S3）：301-303.

③ 郭朝先. 中国工业碳减排潜力估算［J］. 中国人口·资源与环境，2014，24（9）：13-21.

④ 柴麒敏，徐华清. 基于IAMC模型的中国碳排放峰值目标实现路径研究［J］. 中国人口·资源与环境，2015，25（6）：37-46.

⑤ 程路，邢璐. 2030年碳排放达到峰值对电力发展的要求及影响分析［J］. 中国电力，2016，49（1）：174-177.

⑥ 郭士伊. 气候变化新阶段下工业控制碳排放峰值管理［J］. 中国科技投资，2016（7）：50-53.

⑦ 韩媛媛，廖剑宇，张旺，等. 长沙市规模以上工业能耗碳排放测算与预测研究［J］. 国土与自然资源研究，2017（5）：46-50.

⑧ 崔盼盼，张艳平，张丽君，等. 中国省域隐含碳排放及其驱动机理时空演变分析［J］. 自然资源学报，2018，33（5）：879-892.

⑨ 林伯强，蒋竺均. 中国二氧化碳的环境库兹涅茨曲线预测及影响因素分析［J］. 管理世界，2009（4）：27-36.

⑩ 孙艳伟，李加林，李伟芳，等. 海岛城市碳排放测度及其影响因素分析：以浙江省舟山市为例［J］. 地理研究，2018，37（5）：1 023-1 033.

未来碳排放量进行趋势预测；张哲等（2020 年）[①] 以上海市为例，采用 STIRPAT 模型分析碳排放影响因素，认为上海市在任何一种预测情景下，都可以实现 2025 年碳达峰；王莉叶等（2019 年）[②] 基于 LMDI 模型分析出兰州市主要能源碳排放量的影响因素并进行了情景分析；王珂珂等（2020 年）[③] 基于鲸鱼优化算法构建极限学习机模型，利用 STIRPAT 模型对中国未来的碳排放趋势进行预测，指出碳排放总量将于 2031 年达峰；张巍（2021 年）[④] 基于 STIRPAT 模型和岭回归分析，得出人口规模、人均 GDP 是西安市碳足迹驱动因素的结论，并设置发展情景测算西安市 2020—2030 年的碳足迹量；关敏捷等（2021 年）[⑤] 通过 STIRPAT 模型及岭回归定量分析了山西省能源碳排放影响因素，并研究预测不同情景下山西省 2020—2050 年碳排放量及达峰时间，认为人口因素对山西省能源碳排放的影响最大，预测结果显示，在能源结构优化情景模式下，山西省能源碳排放于 2025 年最先达到峰值；吴彤等（2021 年）[⑥] 基于灰色预测模型预测了人均工业生产增加值，并通过设置六种不同的情景预测了 2020—2030 年临沂市的工业碳排放量；赵明轩等（2021 年）[⑦] 采用 Meta 回归分析方法，通过对 2015—2020 年的 18 篇文献进行分析，发现文献发表时间越晚预测中国碳达峰时间越早且峰值越高。王海静等（2021 年）[⑧] 通过 LMDI 模型分析出影响

---

① 张哲，任怡萌，董会娟. 城市碳排放达峰和低碳发展研究：以上海市为例［J］. 环境工程，2020，38（11）：12-18.

② 王莉叶，陈兴鹏，庞家幸，等. 基于 LMDI 的能源消费碳排放因素分解及情景分析：以兰州市为例［J］. 生态经济，2019，35（9）：38-44.

③ 王珂珂，牛东晓，甄皓，等. 基于 WOA-ELM 模型的中国碳排放预测研究［J］. 生态经济，2020，36（8）：20-27.

④ 张巍. 基于 STIRPAT 模型的西安市碳足迹预测和情景分析［J］. 生态经济，2021，37（4）：25-29.

⑤ 关敏捷，袁艳红，冉木希，等. 基于 STIRPAT 模型的山西省能源碳排放影响因素及峰值预测［J］. 中国煤炭，2021，47（9）：48-55.

⑥ 吴彤，张兴宇，程星星，等. 基于 STIRPAT 模型的临沂市工业碳排放分析及预测［J］. 华电技术，2021，43（6）：47-54.

⑦ 赵明轩，吕连宏，王深，等. 中国碳达峰路径的 Meta 回归分析［J］. 环境科学研究，2021，34（9）：2 056-2 064.

⑧ 王海静，王红蕾. 基于 STIRPAT 模型的贵州省电力行业碳峰值预测［J］. 生产力研究，2021（3）：108-113.

贵州省电力碳排放的因素，并通过情景假设对未来 10 年的电力碳排放进行了预测；张彩平等（2021 年）① 运用 LMDI 分解法识别湖南碳排放的影响因素，并利用 STIRPAT 模型预测湖南 2017—2050 年的碳排放量。

第三节　生态环境政策工具的碳效应问题

"双碳"目标与生态环境政策工具的有效辅助密不可分。对任何经济体而言，都难以依靠一项核心技术或是一种生态环境政策工具实现"双碳"目标。因此需要结合国情、针对中国能源系统各部分的现实需要、综合运用一系列的生态环境政策工具。而要找出最适合于中国国情的环保管制举措，必定要对生态环境政策工具的效能展开更广泛的调研与探讨，例如欧洲议会使用的碳税生态环境政策工具，通过提升高碳能源的相对价格来减少碳排放，就是经过长期调研与实践探索的。通常采用一般均衡模型来研究碳税与碳中和之间的关系，根据投入产出表对不同情景模式下的碳税税率和征收方法进行模拟，得出预期的碳减排量。

一、 生态环境政策工具的效果比较研究

世界各国通过合理使用生态环境政策工具，在碳减排过程中，取得了一定的效果。国外于 20 世纪 70 年代率先兴起了生态环境政策工具的作用机理和碳效应问题的深入探究。早期研究主要集中在生态环境政策工具使用效果的比较。国外大多数文献中，生态环境政策工具普遍分为 CAC 和 MBI 两种生态环境政策工具，主要对两种规制工具的效率进行比较。

Weitzman（1974 年）② 论证了在预期边际收益曲线比预期边际减污成本曲线平坦时，税收的效率更高。Atkinson 和 Lewis（1974 年）③ 比较了 MBI 和 CAC 生态环境政策工具的成本，结果表明环境质量标准相同的情况下，

① 张彩平，向玉超. 湖南省 CO_2 排放达峰情景预测研究［J］. 南华大学学报（社会科学版），2021，22（4）：65-73.

② WEITZMAN，MARTIN L. Prices vs. quantities［J］. Review of economic studies，1974，41：477-491.

③ ATKINSON S E，LEWIS D H. A cost-effectiveness analysis of alternative air quality control strategies［J］. Journal of environmental economics and management，1974（1）：237-250.

MBI 生态环境政策工具的执行成本更低。国外多数学者如 Magat（1978）[①]、Malueg（1989 年[②]，1990 年[③]）、Baumol（2004 年）[④] 认为，MBI 生态环境政策工具更能刺激低碳技术创新，或接纳更经济的低碳技术。Partha Dasgupta 等（1980 年）[⑤] 论证在信息不对称的情况下，采用政策设计或机制约束能够使污染控制达到帕累托最优。Milliman 等（1989 年）[⑥] 研究表明，不同类型生态环境政策工具对技术创新有着不同的激励效应，环境税和排污许可证对环境技术创新的激励功效最大，CAC 生态环境政策工具的激励最小。Lovel（2010 年）[⑦] 对《京都议定书》和自愿碳补偿市场进行综合分析，评估治理结构不同的生态环境政策工具对气候变化造成的不同影响。Fankhauser Samuel（2010 年）[⑧] 分析了 2030 年全球最优碳交易市场的时间分配问题。Bumpus（2011 年）[⑨] 认为碳交易需要碳补偿、新技术与规范化的碳交易市场相互作用，才能实现碳的商品化。Wu Y（2013 年）[⑩] 认为，CAC 生态环境政策工具对高技术产业的影响不显著，相反，MBI 和 WT 生态环境政策工具对低碳技术的经济绩效、生态绩效和技术绩效均有显著的促进作用。

国内学者围绕 CAC 和 MBI 两种主要生态环境政策工具的研究起始于 20

---

① MAGAT W A. Pollution control and technological advance：A dynamic model of the firm［J］. Journal of environmental economics and management，1978，(6)：112-121.

② MALUEG D A. Emission credit trading and the incentive to adopt new abatement technology［J］. Environ econ manag，1989，16（1）：52-57.

③ MALUEG D A. Welfare consequences of emission credit trading programs［J］. Environ econ manag，1990，18（1）：66-77.

④ BAUMOL W J. On taxation and the control of externalities［R］. American Economic Review Bulletins of Supreme Audit Office 2000-2003.

⑤ DASGUPTA P，HAMMOND P，MASKIN E. on imperfect information and optimal pollution control［J］. Review of economic studies，1980，47：857-860.

⑥ MILLIMAN，SCOTT R，RAYMOND P. Firm incentives to promote technological change in pollution control［J］. Journal of environmental economic and management，1989（17）：247-265.

⑦ LOVEL H C. Governing the carbon offset market［J］. Wiley interdisciplinary reviews-climate change，2010，1（3）：353-362.

⑧ FANKHAUSER SAMUEL，HEPBURN CAMERON. Designing carbon markets，part II：carbon markets in space［J］. Energy policy，2010，38（8）：4 381-4 387.

⑨ BUMPUS A G. The matter of carbon：understanding the materiality of tCO_2e in carbon offsets［J］. Antipode，2011，43（3）：612-638.

⑩ WU Y. Novel phosphorylation sites in the S. cerevisiae Cdc13 protein reveal new targets for telomere length regulation［J］. Proteome res，2013，12（1）：16-27.

世纪90年代，主要围绕生态环境政策工具创新和效率两方面进行探讨。进入21世纪以来，关于生态环境政策工具的研究开始全面铺开。党的十八大以来，生态环境及其政策研究正如火如荼地开展。根据中国粗放式的经济发展模式、负外部特征较严重的生态环境问题，将生态环境政策工具的导向作用聚焦于自主创新和能效提高等方面。

金艳鸣等（2007年）① 利用CGE模型（Computable General Equilibrium）分析对各地区征收环境税的效果，认为政府应根据地区差异性采取不同的税收政策。何欢浪等（2009年）② 分析了策略性生态环境政策中的环境技术补贴，认为环境技术补贴在一定程度上促进了本国环境标准的提高。易志斌（2010年）③ 基于跨界水污染问题研究认为，地方政府生态环境政策对于环境外部性并非总是有效，有必要探究如何纠正和解决政府生态环境政策工具失灵的问题。黄万华等（2010年）④ 在比较影响地方政府生态环境政策工具绩效因素的基础上，认为激励与约束相容的制度安排是优化政府生态环境政策工具绩效的路径选择。原毅军等（2013年）⑤ 以2004—2010年的面板数据对中国30个省（市、自治区）进行实证，结果表明费用型生态环境政策工具并不能显著促进经济增长，而投资型生态环境政策工具却可以。曾丽红（2013年）⑥ 对生态环境政策工具失灵的原因进行分析后认为，规避生态环境政策工具失灵就必须强化生态环境政策工具机构的独立性、权威性和协调性，构建民主、公正且科学的环境绩效评价体系。张天悦（2014年）⑦ 基于中国31个省（市、自治区）的生态环境政策综合效率

① 金艳鸣，雷明，黄涛. 环境税收对区域经济环境影响的差异性分析［J］. 经济科学，2007（3）：104-112.

② 何欢浪，岳咬兴. 策略性生态环境政策：环境税和减排补贴的比较分析［J］. 财经研究，2009，35（2）：136-143.

③ 易志斌. 地方政府环境规制失灵的原因及解决途径：以跨界水污染为例［J］. 城市问题，2010（1）：74-77.

④ 黄万华，白永亮. 基于区域经济竞争优化生态环境治理绩效的府际环境合作机制研究：以跨区水污染治理为例［J］. 当代经济管理，2011（4）：58-62.

⑤ 原毅军，刘柳. 环境规制与经济增长：基于经济型规制分类的研究［J］. 经济评论，2013（1）：27-33.

⑥ 曾丽红. 我国环境规制的失灵及其治理：基于治理结构、行政绩效、产权安排的制度分析［J］. 吉首大学学报（社会科学版），2013，34（4）：73-78.

⑦ 张天悦. 环境规制的绿色创新激励研究［D］. 中国社会科学院研究生院，2014.

研究表明，中国生态环境政策工具尚未达到最有效水平，导致资源配置能力和产出效益仍然不足。张倩（2015 年）[①] 应用中国 30 个省（市、自治区）2003—2011 年的面板数据检验了管制型和市场型两类环境规制的作用，认为二者显著促进了绿色产品和绿色工艺的创新。马本等（2018 年）[②] 认为，过于严格的生态环境政策工具也不一定减少污染水平，同样也会导致政府环境监管失灵。

二、 生态环境政策工具的碳效益研究

生态环境政策工具的合理使用，可有效改善工业企业的产业生态，促进企业技术创新和大规模碳减排等。不同的国家会根据国情选择不同的政策工具，例如经济发达、市场机制完善的西方国家，倾向使用总量控制的碳排放权交易体系。为促进企业增加研发支出，在全球清洁能源技术供应链中取得更大的市场份额，可以使用碳税、碳市场等生态环境政策工具包。

在生态环境政策工具对碳中和的影响问题上，已有研究都认为生态环境政策工具可以显著影响碳中和目标的实现，并且只使用一种政策工具无法有效解决问题，因此需要对不同的生态环境政策工具进行组合使用。但在生态环境政策工具会产生什么样的影响方面，却存在较大的差异与分歧。另外，很少有研究考虑到政府收支等成本问题和动力问题。

当前，针对每一种生态环境政策工具的碳效益问题缺乏较为深入的研究，并且研究角度的不同得出的研究结论也差别很大。Dhanda Katliy 等（2011 年）[③] 认为可以用碳中和缓解企业与生态环境政策工具的紧张关系，并提出平衡二者的环境标准。从国家层面看，日本将启用税收这一生态环境政策工具，建立碳中和投资税收制度、增加科研发展税收限额等措施，并创设 2 万亿日元的国家绿色技术创新基金，以鼓励研究和资本市场的资金注入；德国也通过降低所得税、增加通勤和旅行补助、延长电动汽车补贴

---

① 张倩．环境规制对绿色技术创新影响的实证研究：基于政策差异化视角的省级面板数据分析［J］．工业技术经济，2015，34（7）：10-18.

② 马本，郑新业，张莉．经济竞争、受益外溢与地方政府环境监管失灵：基于地级市高阶空间计量模型的效应评估［J］．世界经济文汇，2018（6）：27-48.

③ KATLIY D，LAURA H．The ethics of carbon neutrality：a critical examination of voluntary carbon offset providers［J］．Journal of business ethics，2011，100（1）：119-149.

期限等税收工具，积极推动发展绿色的出行方式；英国将努力建设世界上最大的绿色技术金融中心，为碳中和的实现提供融资保障；而法国也将于未来2年利用国际投资银行筹集的近25亿欧元融资，以帮助法国高碳企业低碳转型。

从学者的研究成果层面看，Kohn（1985年）① 认为征收排污税增加了企业成本，倒逼排污超标企业实现排污的降低；Baranzini 等（2000年）② 认为征收碳税可以有效降低碳排放；Floros 和 Vlachou（2005年）③ 以希腊制造业为例，认为征收碳税显著降低了碳排放；Jessica Coria（2009年）④ 认为和排污费相比，排污许可证更能促进企业的低碳技术创新。

在未来不到40年的时间中，中国的低碳发展路径意味着需构建与应对气候变化、高质量发展逻辑相一致的绿色转型系统变革。一方面要加强“双碳”目标的约束，加快碳减排的立法进程以保障减排的实现；另一方面要加快部署新能源和新型电力系统，抢占零碳和新能源竞争高地，加快高效节能技术和CCUS技术的大规模商业化应用。

需要看到的是，生态环境政策工具的种类繁多，施用效果也不尽相同，针对中国的实际国情，如何优化并组合相应的生态环境政策工具，更好地推动工业、交通、建筑等行业的绿色革命，是迈向“双碳”目标必然面对的问题。

宋英杰（2006年）⑤ 研究指出，如果由于科技或体制因素等原因而约束了MBI生态环境政策工具的发展，则使用CAC生态环境政策工具将会达到良好的减排效应。魏巍贤（2009年）⑥ 基于CGE模型，对中国生态环境

① KOHN R E. A general equilibrium analysis of the optimal number of firms in a polluting industry [J]. Canadian journal of economics, 1985, 15: 347-354.

② BARANZINI A, GOLDEMBERG J, SPECK S. A future for carbon taxes [J]. Ecological economics, 2000 (3): 395-412.

③ FLOROS N, VLACHOU A. Energy demand and energy-related CO_2 emissions in Greek manufacturing: assessing the impact of a carbon tax [J]. Energy economics, 2005, 27 (3): 387-413.

④ CORIA J. Taxes, permits and the diffusion of a new technology [J]. Resource and energy economics, 2009, 31 (4): 249-271.

⑤ 宋英杰. 基于成本收益分析的环境规制工具选择 [J]. 广东工业大学学报（社会科学版），2006, 6 (1): 29-31.

⑥ 魏巍贤. 基于CGE模型的中国能源环境政策分析 [J]. 统计研究，2009, 26 (7): 3-12.

政策进行分析，结果表明对能源税的征收促进了碳减排。张中祥（2009年）[①] 认为施加碳税对中国的碳减排有显著影响，并冲击高碳能源密集型产业的发展。姚昕等（2010年）[②] 认为碳税可以有效降低碳排放、提高能效，还可以优化产业结构。朱永彬等（2010年）[③] 基于CGE模型，对MBI生态环境政策工具的碳减排效果、对经济发展和产业部门的影响进行了情景分析，结果发现碳税这类MBI生态环境政策工具有效地降低了碳排放。李胜文等（2010年）[④] 研究发现排污费工具的使用对我国东部地区降低排污量具有显著作用，但对中西部地区的减排影响不显著。刘洁等（2011年）[⑤] 则不看好生态环境政策工具的使用，认为碳税的征收会对经济发展速度造成阻碍。周丹等（2015年）[⑥] 认为，合理使用碳税可以降低化石能源在能源结构的占比，并降低碳排放强度，有助于“双碳”目标的实现。时佳瑞等（2015年）[⑦] 认为碳交易机制可以显著减少碳排放量，降低能源需求。魏朗等（2016年）[⑧] 则发现碳税在一定程度上抑制了经济的发展。黄清煌等（2016年）[⑨] 认为政策工具对碳减排呈现倒U型的影响。王兵等（2019年）[⑩] 认为MBI生态环境政策的使用可以有效降低能源强度和碳排放。

---

① 张中祥. 美国拟征收碳关税中国当如何应对［J］. 国际石油经济，2009，17（8）：13-16+91.

② 姚昕，刘希颖. 基于增长视角的中国最优碳税研究［J］. 经济研究，2010（11）：48-58.

③ 朱永彬，刘晓，王铮. 碳税政策的减排效果及其对我国经济的影响分析［J］. 中国软科学，2010（4）：1-9.

④ 李胜文，李新春，杨学儒. 中国的环境效率与环境管制：基于1986—2007年省级水平的估算［J］. 财经研究，2010（2）：59-68.

⑤ 刘洁，李文. 征收碳税对中国经济影响的实证［J］. 中国人口·资源与环境，2011，21（9）：99-104.

⑥ 周丹，赵子健. 基于地区CGE模型的碳税效应研究：以上海为例［J］. 生态经济，2015，31（4）：24-28.

⑦ 时佳瑞，蔡海琳，汤铃，等. 基于CGE模型的碳交易机制对我国经济环境影响研究［J］. 中国管理科学，2015（s1）：801-806. PH

⑧ 魏朗，郑巧精. 开征碳税对我国区域经济的影响［J］. 税务与经济，2016，（6）：88-93.

⑨ 黄清煌，高明. 中国环境规制工具的节能减排效果研究［J］. 科研管理，2016，（6）：19-27.

⑩ 王兵，赖培浩，杜敏哲. 用能权交易制度能否实现能耗总量和强度“双控”？［J］. 中国人口·资源与环境，2019，29（1）：107-117.

三、 基于不同视角的政策工具与减排治污探索

王永钦等（2006 年）[①] 基于委托代理视角，分析政府对污染企业如何有效管制；李郁芳等（2007 年）[②] 从公共选择角度出发，提出了生态环境政策工具的优化；颉茂华等（2015 年）[③] 基于交互性任务委托-代理模型，认为政府对经济增长和环境质量的重视提高了激励效果；马志娟等（2017 年）[④] 运用审计学的方法，基于公共政策视角分析生态环境政策工具的内在动因，提出结合实际逐步引入基于市场的创造激励机制的生态环境政策工具，改变传统命令式环境规制，多运用环境税收等市场机制。

臧传琴等（2010 年）[⑤] 基于博弈论视角探讨信息不对称条件下，排污企业与政府之间的一系列博弈必定降低政府生态环境政策工具的效用，对此，政府应进行生态环境政策创新，激励和督查企业污染信息公开，以提高生态环境政策效率；张倩和曲世友（2013 年）[⑥] 基于构建博弈模型分析政府与企业环境行为的最优策略，认为监管强度并不能对企业排污水平构成直接影响；范丹（2015 年）[⑦] 基于制造业差异化生态环境政策研究表明，中国生态环境政策工具整体水平较低，但定量分析方面表明中国 2000—2013 年生态环境政策工具效率呈递增趋势；邱士雷等（2018 年）[⑧] 基于生态环境政策对环境绩效的异质性研究表明，中国生态环境政策工具的监督

---

① 王永钦，孟大文. 代理人有限承诺下的规制合约设计：以环境规制为例［J］. 财经问题研究，2006（1）：33-37.

② 李郁芳，李项峰. 地方政府环境规制的外部性分析：基于公共选择视角［J］. 财贸经济，2007（3）：54-59.

③ 颉茂华，刘斯琴，塔娜. 交互性任务、绩效考核指标关联度和最优激励的选择：基于委托代理理论下模型的构建与推理［J］. 系统管理学报，2015（5）：690-699.

④ 马志娟，梁思源. 基于公共政策过程的生态环境政策审计研究［J］. 审计与经济研究，2017（4）：8-15.

⑤ 臧传琴，刘岩，王凌. 信息不对称条件下政府环境规制政策设计：基于博弈论的视角［J］. 财经科学，2010（5）：63-69.

⑥ 张倩，曲世友. 环境规制下政府与企业环境行为的动态博弈与最优策略研究［J］. 预测，2013（4）：35-40.

⑦ 范丹. 中国制造业差异化环境规制策略研究：基于创新力与经济增速均衡视角［J］. 宏观经济研究，2015（5）：83-90.

⑧ 邱士雷，王子龙，刘帅，等. 非期望产出约束下环境规制对环境绩效的异质性效应研究［J］. 中国人口·资源与环境，2018（12）：40-51.

性更强，CAC 政策工具的效果明显好于其他生态环境政策工具。

石淑华（2008 年）[①] 比较美国生态环境政策工具模式和手段以及政策实施过程中民主、公开原则等方面的创新，提出中国生态环境政策工具变革的基本方向和完善措施；张亚伟（2010 年）[②] 基于发达国家生态环境政策工具改革历史启示，以成本收益分析方法分析生态环境政策影响评价机制，认为引入多元生态环境政策工具，增加政策透明度，而不是主要采用传统的命令控制方式，可以减少和克服生态环境政策的失灵，提高生态环境政策效率；高明（2011 年）[③] 从法经济学视角考证美国、日本等发达国家坚持行政手段和市场手段并举的生态环境政策工具的效果和意义，进而探究中国生态环境政策工具的缺陷和效果不佳的原因以及对策建议；陈亮（2015 年）[④] 的研究结果表明 20 世纪 70 年代的规制俘获理论使生态环境政策工具转向激励型发展。

---

① 石淑华. 美国环境规制体制的创新及其对我国的启示［J］. 经济社会体制比较，2008（1）：166-171.

② 张亚伟. 发达国家环境规制改革的经验与启示［J］. 中州学刊，2010（2）：82-84.

③ 高明. 法经济学视角下的环境规制问题研究［J］. 生态经济，2011（12）：46-50，57.

④ 陈亮. 环境规制俘获的法律防范：基于美国经验的启示［J］. 环球法律评论，2015（1）：153-164.

第五章　生态环境政策工具推进“双碳”目标的理论维度

政策工具（Policy Instruments or Tools of Government）是为了解决社会问题、实现政策目标而采取的手段和方式[①]。生态环境政策工具是政府为解决生态环境问题或者为达成生态环境治理、保护以及预防等目标而采取的一系列手段或措施，包括生态环境保护的法律法规和各种规范性文件中所体现的与生态环境问题相联系的领域，比如循环经济、可持续发展领域等。梳理相关理论能更好地理解不同生态环境政策工具的功效，更好地揭示生态环境政策工具对“双碳”目标的影响，对生态环境政策工具的制定与使用具有指导意义。

第一节　生态环境政策工具理论

生态环境政策工具的实质就是政府生态环境行为的运行机制，是在一个组织或者商业体系中各部门之间的相互作用、相互影响，是政府生态环境活动体系中的某些环节以及相互影响的进程或方式。就特定要素而言，生态环境政策工具涵盖了制度规则和制度安排的综合，在新制度主义视野中，工具即制度（Institutions）规定了个人与组织相互作用的方式，确定了在每个项目运行中参与的每个人的作用以及相互关联的方式。如果人们没有将政策工具理解为规则，就只能看到是独立的政府在采取行动；反之，人们将可以了解到更多关于政策工具的内容。

一、　政策工具的制度化

戴维·奥斯本和特德·盖布勒在著作《改革政府》中，将政策工具比作“政府箭袋里的箭”，政府所要做的是从中选择合适的“箭”（政策工具）然后射向“靶心”（政策问题）。具体到生态环境领域，政策工具的作

① Ralf Binder, Bjorn Sautter. Entrepreneurship in cluster [J]. International studies in entrepreneurship, entrepreneurship in the region, 2006, 12: 143-169.

用体现在对国家经济社会运行状态方面的引导与约束，作为政府解决经济产业“外部性”的一种干预机制，必然会在各个层面对产业发展产生不同效应。就“双碳”目标而言，生态环境政策工具促使产业形成绿色低碳的产业生态系统，体现在产业发展中对资源环境等要素的保护与高效利用。生态环境政策工具制度化就是引导与激励企业进行脱碳减排的技术创新，经济发展和生态环境保护的动态平衡，是实现中国“双碳”目标的重要体制与机制。

从成因上认识，生态环境政策工具制度化是推行政策目标达成，在目标和结果间充当桥梁。尽管政策工具的概念并不能解释事物的本质，但可说明所有这些现象均构成了实现某一特定目的而使用的一种工具。就此而言，政策工具可以解释为决策者或者实践者为了实现某些目标而实际采取或可能采取的所有措施。这就决定了政策工具未必是客观上可以触及的东西，在许多时候，政策工具就是人们为了指向一个预定目标而进行的各种实践活动所遵循的法则或者指导。任何政策方案为了达到它所期望的政策目标都应选择或者采取一个或者多个适当的政策工具来完成，否则政策目标是不可能达到的。

从主体上认识，执政党和政府部门是政策工具的选择者和使用者。诸如规制、公营、税收等政策工具，由政府部门管理，因此，政府部门可以直接使用自己所管理的政策工具。尽管有更多政策工具政府没有直接掌握，但诸如自愿性的政策工具，如家庭、社区、私营企业等也是由政府部门管理并使用的。诸如政府倡导“扶老”，实际上就是在选择和运用“家庭”这一自愿工具来解决部分老年人的养老问题。从执政党本身来说，政策工具可对其所组成的政府起到一定作用，从而可以直接或间接地选择和运用各种政策工具。简而言之，政策工具选择和运用的主体都是执政党和政府部门。

生态环境资源具有公共性特征。在人类社会发展过程中，从农业文明到工业文明再到现如今的生态文明，必定遵循自然、人、社会和谐发展的客观规律，在有限的环境资源的前提下，实现人类社会与自然的和谐发展。毋庸置疑，人直接是自然存在物，人来源于自然界，且具有主观能动性，在实践活动中影响和改造着自然，但如果不考虑自然界的承受能力，将造成生态环境的过载。生态环境政策工具就是人类主观能动性的产物，厘清各种关系必须是制度化与稳定性，而不是自由、短暂的行动关系。

二、 生态环境政策工具的经典理论

在生态环境政策研究领域中，环境资源与生态物品作为公共物品，本身具有“非排他性”，比如空气、水等环境资源既不属于稀缺资源，也不是私有财产，往往会导致过度使用和保护缺失而产生“公地悲剧”。为解决“公地悲剧”问题，学术界创立了外部性理论、庇古理论和科斯定律等经典理论。

直接向环境排放污染物对于企业来说是最经济的选择，但也造成了环境的外部性问题。由于排污企业缺乏生态环境保护的主动性，因此，需要政府使用生态环境政策工具对生态环境污染问题进行介入，这具有天然的正外部性和正当性。党的十九大报告提出“像对待生命一样对待生态环境”。毋庸置疑，有效性选择生态环境政策工具既是“双碳”目标的重要基础，又是实现人类可持续发展的重要举措。

外部性（Externalities）属于经济学范畴，1980 年由 Alfred Marshall 在《经济学原理》中提出，指某个体的决策使其他个体受损或受益。这一理论为分析外部性问题打下了基础。生态环境污染属于负外部性（图 5－1），私人边际成本（MPC）<社会边际成本（MSC），边际外部成本（MEC）= MSC-MPC。在私人边际收益（MPR）条件下，根据边际收益=边际成本的

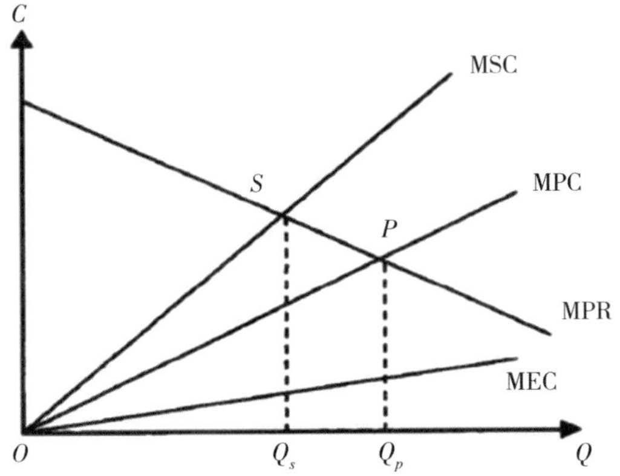

图 5－1 环境负外部性的成因

生产最优化原理，实际产量 Q_p>社会最优产量 Q_s，即私人生产超出了社会的需要。

生态环境污染的“负外部性”会出现“市场失灵”，理论上是无法依靠市场本身来解决的。市场失灵是指市场仅凭借自身无法引导经济实现社会最优化的情况，即市场无法将外部效果反映在产品的成本和价格中，导致间接参与市场活动的主体必须承担外部性失灵的结果。虽然理论上可以通过对资源配置的优化实现帕累托最优。但是在现实中是不存在完全竞争市场的，因而无法仅依靠价格机制来优化资源配置，也无法利用市场处理碳排放等生态环境问题，唯一的办法是由政府出面，利用生态环境政策工具解决外部性。

为使资源配置达到帕累托最优，1924 年，在《福利经济学》中，庇古提出应该征收庇古税来治理外部性，达到个人成本、个人利益与相应的社会成本和社会利益平衡，即庇古税（Pigouivain Tax）。外部性分为正外部性和负外部性，正外部性是行为主体的活动使他人受益，且受益者无需花费成本，负外部性是行为主体对环境资源造成破坏，使他人或者社会受损，但并不承担后果。庇古税的静态优势是指政府会对污染企业进行征税，企业为了减少成本会考虑减少污染；动态优势是指若采取不变的税率，则企业可以通过技术进步的方式淘汰落后的生产方式，改进生产工艺，由此来减少对未来税收的支付，实现企业的可持续发展。庇古税使企业认识到社会经济成本的重要性，将外部不经济调整为外部经济，对于碳税等的实施提供了理论基础。

20 世纪末期，保罗·罗默认为经济增长是依靠知识的积累和生产推进的，罗伯特·卢卡斯则认为在长期经济增长中人力资本起决定性作用，人力资本同实物资本一样也需要积累，需要人力和物质的投入。20 世纪 60 年代的制度经济学派认为制度安排及其创新促进了经济的增长，罗纳德·哈里·科斯提出资本、劳动力、资源等属于经济发展的被动因素，而制度安排将被动因素转化为主动因素。1960 年科斯在《社会成本问题》中从产权和交易成本的角度解决经济活动中的外部性。只要财产权明确且交易成本为零，则市场均衡的最终结果都有效，可以实现帕累托最优。在没有交易费用或者产权已充分界定的条件下，外部性与资源的优化配置无关，而经济活动主体将受市场驱使实现自主利益最大化而进行谈判，也就是科斯定理。科斯定理目前已经成为碳减排生态环境政策工具的理论基础。

三、 中国生态环境政策工具的体制化

生态环境问题关乎人类的生存和发展。在中国的现代化进程中，要避免走“重经济发展，轻生态环境保护”的先污染后治理的道路。中国经济在持续快速发展时期，资源枯竭、环境恶化、生态破坏等问题也日趋突出。改革开放以来，中国确立了社会主义市场经济体制，但环境资源是公共物品，不能仅靠市场机制来解决，需要强有力的国家政策工具来制约。

中国的生态文明建设是中国特色社会主义的必然选择。在生态环境日益恶化的今天，中国必须根据自然界的生态循环规律，立足可持续发展、科学发展观等一系列的绿色发展思想，加强生态环境保护，实现人与自然的协调发展。而生态环境政策工具是最有力的手段，包括生态环境保护、生态环境污染治理、资源保护和资源利用等方面的内容。

监管政策工具是生态环境治理的指挥和控制手段，是最早开发的强调直接监管的工具。在某尺度和某方面制定统一的生态环境标准，要求企业生产达到此类标准所需的降碳减排方法，才能发放相关生产许可证，并通过监测和制裁确保合法合规。指挥和控制手段的优点是通过实施统一标准，政府可调动各种资源直接而快速地达到降碳减排目标。但实施统一降碳减排标准忽视了单个企业面临的可变污染减排成本，政府机构因监督和执行监管措施设定的目标也面临巨大成本。总体而言，监管工具今天仍在继续，并在生态环境治理中发挥着重要作用。

计划指挥与命令控制政策工具直接有效，但经济效率低下和成本高昂，因此放松监管政策被认为越来越有吸引力。自 20 世纪 90 年代以来，中国逐步开拓和推进广泛的基于市场的生态环境政策工具，包括不同类型的环境税费、可交易的污染许可证、补贴以及存款和退款计划等。此类生态环境政策工具基于市场行动，对于“获得正确的价格”非常重要，通过影响消费者和生产者的消费和生产成本以及效益，以激励和促进使用对环境破坏较小的工艺和产品，唤起消费者和生产者的环境友好行为。

采用市场生态环境政策工具作为对消费者和生产者的外生激励，可能不足以诱导环境友好行为，于是中国政府越来越多地使用自愿或自律工具来创造内生激励，以提高消费者和生产者的环境意识和责任。自愿型生态环境政策工具包括生态标签、生态审计、减少污染的自愿协议和环境友好证书等。显然，自愿型生态环境政策工具会减少政府监测和执行支出，从而减轻公共财政和人力资源负担。然而，鼓励企业积极参与自愿项目是一项挑战，只有当企业需要证书才能加入某些自愿型集团，或者发现自己越来越依赖参与“绿色”供应链时，企业才会参与。

除了监管、市场化和自愿政策外，还有宏观层面的生态环境治理指导政策。宏观政策并非针对特定类型的政策工具，仅在提高个体和行业生态环境保护意识或提高政府组织对生态环境治理的责任方面发挥作用。此类生态环境政策工具有一定的时效性和偏向性。

第二节　经济增长与发展理论

经济增长在《现代经济学词典》中被明确定义为国民生产净额和资金收入的增长，在《简明不列颠百科全书》中的定义主要是国内生产总值的快速增加、或个人物质和社会生活水平的快速提高、或人均消费水平的快速增长，在《经济学》一书中的定义，结合了现代经济理论界关于经济发展和增长速度的经典描述，主要是潜在的 GDP 或者国民生产总额的增加。从古典经济增长理论到新古典经济学理论再到可持续发展理论，都是推进“双碳”目标十分重要的经济增长理论。

一、　古典经济增长理论

经济增长理论主要内容是经济增长的源泉和动力问题，生态环境政策工具引导经济发展的方向与模式，是基于经济增长理论的资源共享和投入效益等问题的政策范式。在经济学中，生态环境具有外部性特征，政府如果缺乏适时积极的政策干预，生产活动产生的污染物过度排放会造成生态环境污染与生态破坏。亚当·斯密在著述《国富论》中关注国民财富增长问题，得出劳动促进经济增长的结论。萨伊定律（Say’s Law）强调资本积累对经济增长的促进作用。约翰·穆勒在综合和集成古典经济学基础上提出生产增长理论，论证生产增长三要素包括劳动、资本和自然物体，并提出三要素增长规律[①]。古典经济增长理论更多关注的是经济长期的运行规律，把市场当成经济运行过程中最好的调节手段，认为只需依靠市场的自行调整，整个经济运行就可以自动达到均衡状态。

20 世纪两次经济危机迫使经济学家们转向研究短期经济波动。1935 年，约翰·梅纳德·凯恩斯在著作《就业、利息和货币通论》中论证经济危机爆发是因为供大于求，且仅靠市场的自发调节无法解决这一问题，所以政府应该充分干预，制定财政政策以便加大经济干预的力度，以投资乘数效应[②]大力促进国民收入增长。20 世纪 30 年代，Harrod 和 Domar（1940 年）构建“哈罗德-多马经济增长模型”，设定投资促进经济的增长，其中的关键是投资率或储蓄率。其表达式包含三个变量：

（1）储蓄率 S，$S=X/Y$（X 为储蓄量，Y 为国民收入）；

（2）资本产出比率 V，$V=K/Y$（K 为资本存量）；

（3）有保证的增长率 G_w，即在 S 和 V 为已知时，为了使储蓄全部转化为投资所需要的产量增长率。为了实现稳定状态的经济增长，要求 S、V 和 G_w 这三个变量具备以下条件 $G_w=S/V$。

该模型假定资本产出比率 V 不变，因此得出的结论是：储蓄率 S 是影响经济增长的关键。

1956 年，索洛（R. Solow）假设技术进步为外生的且为常数的前提下，把技术创新引入新古典经济理论的生产函数，并引入资本折旧，构造索洛经济增长模型如下：

$$\frac{\mathrm{d}k(t)}{\mathrm{d}t}=sf[k(t)]-(n+\delta)k(t)$$

其中 δ 是固定资本折旧比率。该模型把技术进步（A）视作外生变量，强调技术进步（A）对经济增长（y）的作用，认为长期增长率是由劳动力增加（L）和技术进步（A）决定的（图 5－2）。当某一国家发展的生产可能性边

① 三要素增长规律：劳动增长规律，就是人口的增长；资本增长规律，取决于储蓄的多寡和节欲愿望的强弱；土地报酬规律受制于报酬递减规律。

② 投资乘数效应，即在一定的边际消费倾向条件下，投资的增加（或减少）可导致国民收入和就业量若干倍的增加（或减少）。

界向外转移，就会实现经济的持续增长。由此可见，技术进步有利于推动经济的增长，而且人力资源和其他专业化知识的积累则有利于收益的递增。自此，经济学家们开始十分关注技术创新及其创新政策在经济增长中的作用。

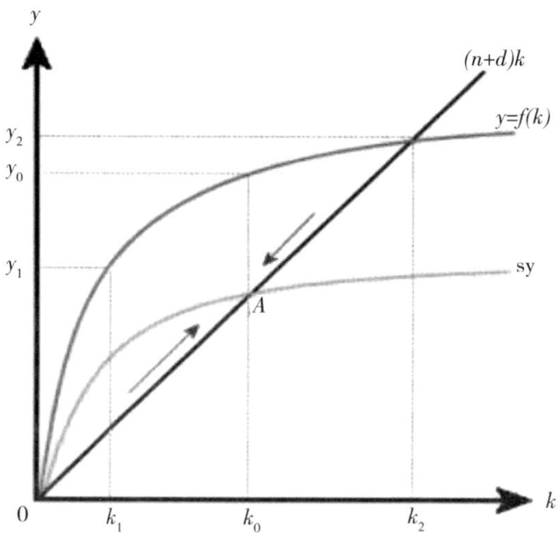

图 5-2　索洛经济增长模型

二、 新古典经济学理论

在完全竞争的市场经济条件下，经济的发展会自发优化资源配置、调节效率，但这种帕累托最优难以在现实中实现，往往导致市场失灵，这不仅存在于资源配置中，也存在于生态环境领域。一般将生态环境问题的“市场失灵”状态分为以下三个方面：

一是公地悲剧导致的市场失灵。20 世纪 70 年代，加勒特 · 哈丁提出“公地悲剧”理论，认为在共享公有物的社会中，所有人都追求利益，而公有物中的自由终将给所有人带来灾难。

二是有限理性与市场失灵。虽然作为环境资源主体，每个人都想将事情做得最好，但现实是人无法始终理性，这导致人们即使认识到了生态环境污染的严重性，但出于经济约束，还是不得不以生态环境换取经济发展，最终导致生态环境领域的市场失灵。

三是生态环境信息稀缺性、不对称和交易费用。人们获取信息的能力是有限的，在进行决策时，很难总是获取最完整的信息，信息的缺失导致人们无法准确理解生态环境被破坏的程度。某个体损害生态环境、侵犯公众利益时，会掩饰信息以保证自己的利益；也可能当前的污染要经历相当长的时期才能被人们发现。监管部门虽有意维护公众权益，但信息的稀缺和不对称，使其只能接受生态环境的受损，最终导致生态环境政策工具的效果大打折扣。

为了加强生态环境治理与修复，政府往往采用命令控制型生态环境政策工具，包括法律法规、行政规章制度、环境标准等，对于不依据政策法规执行的企业，则依法依规进行处罚。同时，环境标准是目前国际上采用最广泛的生态环境政策工具，相对而言发达国家的环境标准比发展中国家更为严厉。政府通常会使用命令控制型生态环境政策工具来解决生态环境问题，在实施过程中，受制对象必须遵守且达到政策法规所定制的目标、排放标准以及生产技术标准，同时也包括政府在生态环境治理方面的各种财政预算和支出。

综上，在市场经济条件下，如果失去政府的干预，人们通常只会考虑自己的利益，不会主动采取防治措施，导致公共利益受损。碳减排等资源与生态环境问题也很难借助市场经济自主纠正，必须通过政府的政策进行干预。当然，政府干预也存在难以改善经济运行效率的可能。当市场不能使生态环境与自然资源达成有效供给、政府介入也会恶化生态环境时，生态环境政策工具就成为解决两者困境的破题之举。

三、 库兹涅茨曲线

1941 年，库兹涅茨发现随着工业化的发展，经济重心将转移到城市。随着农民流入城市寻找高薪工作的国内迁移造成巨大的城乡差距，农村人口伴随城市人口的增加而减少。然后，当达到一定水平的平均收入，并且工业化进程使得快速增长带来的成果得以共享并增加人均收入时，不平等现象有望减少。库兹涅茨认为，不平等程度的演变呈倒置的“U”型，会随着人均收入的增加而增加，然后再下降（图 5－3）。环境库兹涅茨曲线是环境质量与经济发展之间的一种假设关系：随着现代经济的增长，各种环境退化指标趋于恶化，直到人均收入达到一定水平，即经济增长是解决污染的有效方法。

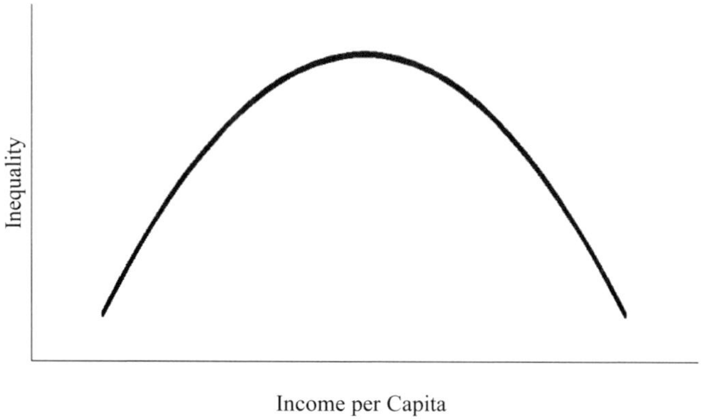

图 5-3 库兹涅茨曲线

四、 可持续发展理论

可持续发展理论是生态环境政策工具推进“双碳”目标最直接的经济增长导向性理论。1987 年，可持续发展理论由世界环境与发展委员会提出以来，被广泛运用于多个领域，且内涵不断丰富和扩展。其基本内涵是：既满足当代需要又不损害后代满足其需要的权利，宏观层面统筹生态、经济和社会三个层面可持续发展（图 5-4）。

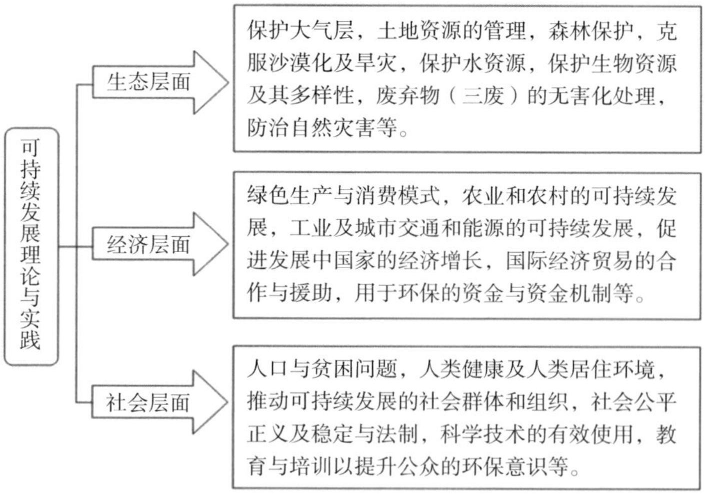

图 5-4 可持续发展的三个层面

20 世纪以来，生产力迅猛发展，工业文明带来日益严重的生态环境问题在短期内爆发。基于“双碳”目标的生态环境政策工具应该立足可持续发展理论，在引导产业优化升级和低碳转型的同时，也要达到对生态保护和社会发展的引导，助推中国的可持续发展之路。中国地广人多，分布不均，资源丰富但人均资源不足。早在“九五”时期，基于经济增长理论就提出“加大生态环境保护力度”。如今，中国劳动密集型产业和粗放型增长尚未实质性扭转，资本、技术密集型产业的比重远低于发达国家。

第三节 产业结构与集群理论

结构是构成事物各个要素所固有的相对稳定的组织联结方式。20 世纪 40 年代，产业结构这一概念逐渐出现，表示产业之间、部门之间的比例关系，既受到经济政策、生态环境政策等人为干预，又对经济发展起着促进或者抑制作用。产业集群是生产要素共享、资源循环利用的有效方式，是产业低碳化发展的主要路径。

一、 配第-克拉克定理

威廉·配第在著述《政治算术》中提出产业结构理论，指出经济发展处于不同阶段是因为产业结构不同，即配第定律①。1940 年科林·克拉克提出配第-克拉克定理，提出不同产业间相对收入的差距，会促使劳动力向能够获得更高收入的部门移动，随着人均国民收入水平的提高，劳动力首先从第一产业向第二产业移动，当人均国民收入进一步提高时，劳动力便向第三产业移动，呈现第一产业人数减少，第二产业和第三产业人数增多的格局，揭示出劳动力在不同产业之间转移是因为各产业间的差异。

配第-克拉克定理有三个前提：①该定理对产业结构演变规律的探讨，是以若干国家在时间的推移中发生的变化为依据的。这种时间系列是与不断提高的人均国民收入水平相对应的。②该定理在分析产业结构演变时，首先使用了劳动力这一指标，考察了伴随经济发展，劳动力在各产业中的

① 比起农业来，工业的收入多，而商业的收入比工业多，即配第定理。

分布状况所发生的变化。③该定理是以三次产业分类法，即将全部经济活动分为第一次产业、第二次产业和第三次产业的基本框架。

从处于同一时期而发展水平不同的国家的经济情况看，人均国民收入较低的国家，第一次产业劳动力所占的比重相对较大，而第二次产业、第三次产业劳动力所占的比重相对较小；反之，人均国民收入水平较高的国家，其劳动力在第一次产业中所占的比重相对较小，而第二次产业、第三次产业中劳动力所占的比重相对较大。中国改革开放以来的经济发展实际也验证了配第-克拉克定理。产业结构对“双碳”目标有直接的影响，技术服务型产业碳排放是最低的，第二产业碳排放最高，却是承接第一产业和第三产业的最基础产业，不可或缺。

二、 产业空间组织与集群分工

20 世纪 50 年代，Fransois Perroux 提出增长极理论，认为地区的经济发展是不均衡的，必然存在经济发达和不发达的地区，经济发达地区存在推动性单位和增长极。推动性单位是指拥有高新技术、市场需求广泛和拉动能力强的产业，增长极促进了周边区域的技术创新及扩散。中国大部分工业园区和高新区正是通过国家政策和地区政策来吸引资源，从而建立一系列推动性企业。诚然，增长极理论一方面强调推动性产业对区域经济支配和辐射作用；另一方面又强调政府制度对推动性企业的巨大作用，集聚经济能否形成与健康发展，政府引导和支持是关键。

Adam Smith 提出了产业聚集和聚集经济，这在经济学史上首次出现“集群”一词。David Ricardo 进一步论证产业聚集而形成的聚集经济。19 世纪末英国著名经济学家马歇尔明确了产业集群的概念。此后 Michael E. Porter 成为新产业空间组织理论的主要代表人物，认为产业集群是在区位上相对集中、特定领域内相互关联的经济体集合。产业集群中“柔韧”的中小企业更能灵活抓住市场机遇并及时创新，竞争压力—创新—扩散链条的利润成为集群创新的内在动力。吸引新企业进入促进产业规模的扩大和加强，与分散的企业相比，集群企业更容易形成对比效果，识别出产品、服务等方面的差距。此外，企业间可从相互之间的关系中获益，为相互之间的合作提供契机。

斯科特的动态产业集群论从柔性专业化角度论证产业群的形成及其原因。斯科特将交易费用理论应用在地区间产业集群研究，基于交易费用方法分析区域产业集群形成与发展的原因。罗纳德·哈里·科斯在《企业的性质》（1973 年）中提出交易费用概念，建构了交易费用理论。20 世纪中叶，奥利弗·威廉姆森认为，企业和市场间应组成战略联盟簇群以获得外部经济的好处，以产业为标准不断地持续扩大和垂直分离（Vertical Disintegration）。企业垂直分离促进了企业的专业化分工，上下游之间的密切业务往来也促进了交易活动的增加，进而构建了产业演化的良性循环机制。

三、 比较优势理论

David Ricardo 在其代表作《政治经济学及赋税原理》中提出了比较成本贸易理论，认为国际贸易分工“有利择重，不利择轻”，因此只要生产成本有比较优势，产品就可参与贸易并取得利益；赫克歇尔等由此提出了要素禀赋理论，各国应根据要素禀赋进行分工和产业结构调整，进口本国相对稀缺的商品，出口本国相对充裕的商品。如此一来，各国都获得了比较优势利益。Heckscher-Ohlin 模型根据这一理论，对要素禀赋的重要性作出进一步论证，认为要素禀赋确实与产业结构和贸易策略有关。以中国制造业的迅猛发展为例，就是充分利用国内原材料和人力成本的优势。但比较成本优势也体现出致命的弊端，就是没有考虑长久的环境成本问题，只是简单地计算产品的生产成本，实际上是不真实的成本，非综合成本概念。现在研究产业结构转型和低碳产业问题，环境成本过高倒逼传统产业及其园区转型升级也就成为必然。诚然，比较优势理论仍然有效，只是需要改进“成本”，将成本概念拓展和延伸到生态环境领域，该理论仍然是生态环境政策工具制定和产业结构转型的重要理论依据。

不同国家或区域因实际状况等差异而自主制定和选择适合的政策工具。发展中国家应该根据本国的实际情况（经济发展现状、自然资源禀赋等），制定生态环境政策工具。利用生态环境政策工具引导企业自主创新，充分发挥比较优势。

第四节　产业生态与低碳发展理论

借鉴产业生态系统理论、组织空间理论对产业需要的资源、环境等要素进行分析，有利于促进产业发展与自然环境的和谐，实现产业生态化、低碳化发展的生态系统特征。中国产业结构演化变迁和产业集群与不同政策工具密切相关。生态环境政策工具对产业集群的碳减排效益的影响有着直接关联，基于低碳产业发展理论，找准经济发展和产业集群的双碳效益进行分析，更能准确找到其相互关联并得到启示。

一、 产业生态系统及低碳产业演化

1859 年，在著作《物种起源》中，达尔文提出“物竞天择”。此后进化论思想和方法逐渐被运用到社会领域，被决策科学、组织科学、经济学和管理学等研究所借鉴。达尔文主义的观点中，作为企业的“大自然”，企业如果没有适应“大自然”的力量就会被“淘汰”。达尔文主义产业演化观提出“自然选择”——变异、选择、保留（扩散）、生存斗争的演化历程（图 5－5）。

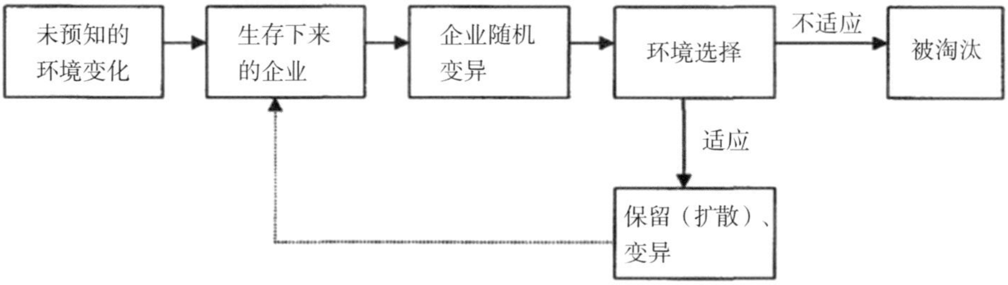

图 5－5　达尔文主义的企业演化

基于社会学发展，以达尔文生物进化论思想为自然科学基础，对组织结构与环境影响的理论进行研究，关注的是组织发展过程的选择而非组织发展的结果，即“一些组织组成的一种形式何以被另外一种组织形式替代的变化”（Harman and Carroll，1995 年）。Harman 和 Freeman 提出了组织生态学广泛认同的分析框架，基于其构建的数学模型以量化评价企业个体成长、变迁和演替规律。1977 年，Harman 和 Freeman 在《美国社会学期刊》中对组织与环境关系进行阐述，并建立组织生态模型。Freeman 和 Harman

（1984年）指出，企业适应性变迁及其对环境的有效选择是种群演化的基本范式。Singh（1990年）认为，组织生态学应该关注组织形态的影响因素。Micah和William（1998年）论证了产业系统的物质、能量和信息流动及其对社会和环境的作用机理，提出了绿色创新理论。

拉马克主义产业演化观与达尔文主义相反，将适应性变化视作企业面临环境压力的主动“反应”，所以变异不是随机的，是企业为了适应不断变化的环境条件，确保生存、持续的关键。拉马克主义者认为企业主动推动自身演化进程，其变异方向也是依赖于自身的能力储备，而非被动适应“大自然”，且企业主动变异后获得的功能是有遗传性的（图5-6）。

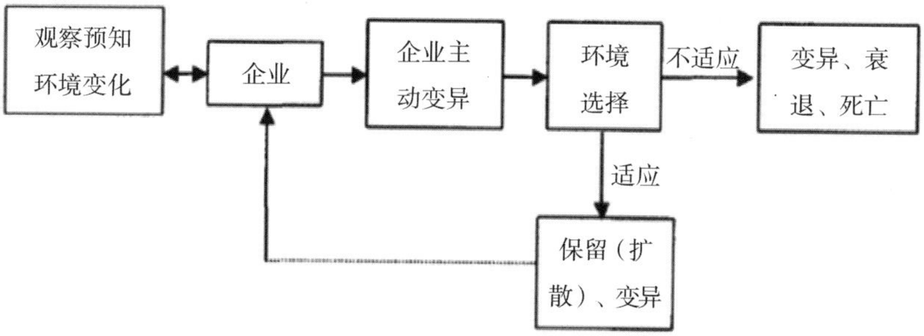

图5-6 拉马克主义的企业演化

达尔文主义和拉马克主义都认为产业演化是企业内部管理“变异”和外部环境“选择”共同作用的结果。Weick（1979年）基于企业内部VSR过程，认为管理者制定行动方案的前提是理解外部环境约束和对企业的精准把握。Tucker和House（1986年）基于组织变革和死亡率的关系提出类似生态学的观点，认为适应和选择是相互联系相互制约的演变过程。March（1991年）认为企业要适应环境必须探索新的方式，以便发挥出组织力。Levinthal（1991年）对企业组织的适应和选择进行全面考证认为，企业适应性是通过学习和惯性过程联系起来的。Burgelman（1991年）认为企业内部的适应性出于组织种群中死亡和替代过程。企业要在区域环境中获得持续的生存与发展能力，一定会被环境变化干扰，而人无法全部识别外部环境的变化，因此企业的演化不可避免地被环境约束。但企业管理者可以对环境突变和意外事件未雨绸缪，从而度过环境变化危机（图5-7）。

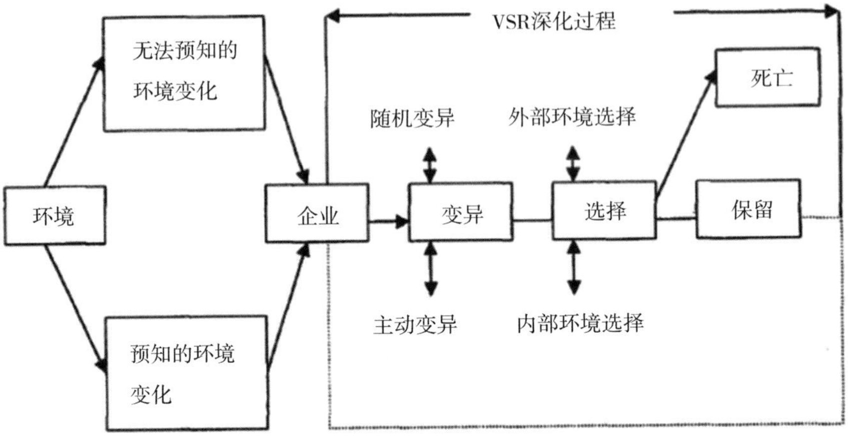

图5-7　达尔文主义和拉马克主义结合的企业深化演化

二、 外部规模经济与低碳效益

企业利用地理接近性和交通便利性形成规模运行，使运行成本最小化。在诺贝尔经济学奖获得者克鲁格曼的观点中，产业有扎堆的偏好，这种行为又促进了生产要素的集聚。基于外部经济理论，克鲁格曼拓展了微观层面的产业集群、中观层面的专业化聚集和宏观层面的城市群，并论证了规模报酬递增对产业区域聚集的影响。他认为产业集群形成路径的依赖性较强，限制因子也多，但只要能够建立，就会继续发展。生态环境政策工具对外部经济的引导，主要体现在基础设施共享、能耗低、碳排放少、成本节约等方面。

对此，Alfred Weber 根据其创立的近代工业区位理论阐述了产业集群与规模效益现象，将区位因素和位置因素视作影响工业区位的决定性因素。区位因素的优化整合更有效降低企业运行成本，企业选址偏好于生产、运输上成本最低的地方。产业集群发展的驱动力也就在于企业间能节省运行成本而聚集在一起共同选址。产业通过规模扩张降低了成本，实现了边际收益递增和碳减排效益。

三、 环境经济学理论

1995 年，哈佛大学的波特教授提出企业和社会双赢的假说——波特假说，认为污染常常是资源浪费或不充分利用引起的，这种浪费的减少可能引起资源使用过程中生产力的改进，如果存在严格而又恰当的环境管制（如市场型生态环境政策工具），则能够激发生态创新，在某些情况下部分甚至完全弥补遵从环境管制的损失（成本），增强企业竞争力。在市场潜力大、交通发达、盈利空间大的条件优越区域，生态环境政策工具会倒逼企业进行技术创新。但在其他条件下，企业往往会逃避严厉的生态环境政策工具。对此，生态环境政策需要因地制宜，针对不同的区域类型，采取不同的生态环境政策工具。良好的生态环境政策可以引起帕累托改进，不但可以保护环境，而且提升收益，甚至完全弥补管制的额外成本，进而提升企业竞争力，最终实现企业与社会环境双赢。

在著述《国家竞争优势》中，波特分析了产业集群竞争特点，在比较产业集群对国家竞争影响的基础上，提出“钻石模型”（图5-8）。

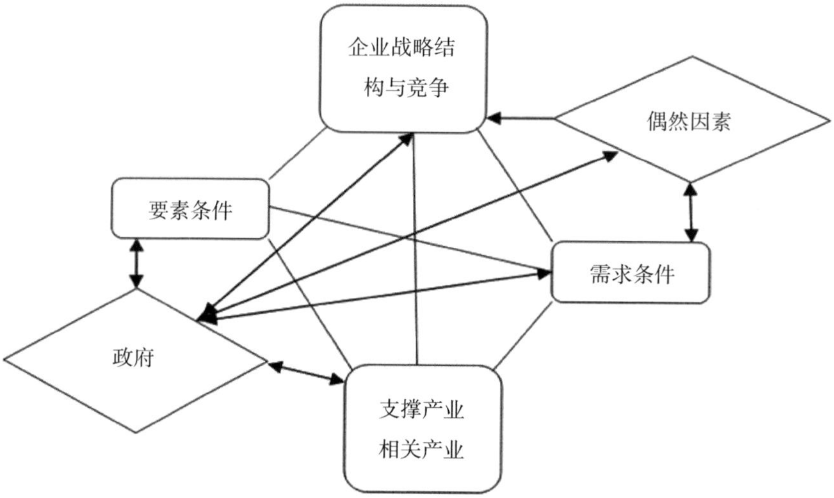

图5-8　波特“钻石模型”

波特理论认为，为企业构建良好发展环境是政府的应有之义，是体现国家（区域）产业竞争力的关键要素。可以从以下四个方面理解：①要素条件包括自然要素和人造要素两个方面，自然要素是基本的生产要素，人造要素是高级的生产要素。竞争优势需要专业化的优势和投资。产业竞争优势的取得关键在于培育高级生产要素和自然要素充分合理的利用。②需求条件是产品和服务的市场要求。需求者的选择推进企业提升产品的质量和服务，进而提高产业的利润率。③上下游企业提升信息交换速率，交易成本大幅下降，企业能够迅速找到配件及原料和市场，提升了企业的国际竞争力。④企业战略选择会影响企业的发展，本地竞争者不断刺激企业低碳创新，并创造低碳产业。上述四个方面互相影响和制约，促进优势产业不断增强。当然，根据木桶效应，一旦有因素落后，创新和产业升级的潜力就会被限制。

第六章 生态环境政策工具对减排效应的观点辨析

中国正迈向工业化和城镇化发展中后期阶段，能源消费增长在相当长的一段时间内还是确定的，碳排放在一定时期内也会相应增长。当前主要任务是控制碳排放增量，促使碳达峰提前，进而转为持续下降趋势，为实现碳中和留出更多时间。生态环境政策工具是政府对产业经济活动进行调节的具体政策和措施，必定会对产业决策和生产具体过程产生直接或间接的影响力，对社会经济成本和交易成本产生影响。生态环境政策工具对"双碳"目标的影响机制问题日益成为社会各界关注的热点话题，同时也是持有不同观点和争议很大的话题，且不同观点均有明确论证和案例，如今也没有确定性的结论和机制。梳理、借鉴生态环境政策工具的"污染避难所"假说、减排技术创新、产业降碳和工艺创新等前期成果和观点，是生态环境政策工具完善降碳减排设计与效率评估的重要内容。

第一节 "污染避难所"效应的问题辨析

随着对产业集聚和技术创新研究的深入，有些学者开始关注生态环境政策工具对产业降碳减排的影响，"污染避难所"验证研究就是典范。"污染避难所"效应是随着世界多极化而产生的一种现象，是指污染密集产业倾向于迁移到环境标准较低的地区，众多学者对此作了大量的验证研究。之后生态环境政策工具对制造业生产率和技术创新的影响等研究大量涌现，到2000年以后，生态环境政策工具对其他产业尤其是环境产业的研究开始兴起，有"支持派""反对派"和"综合性"三种主流观点。

一、"支持派"观点

国内学者对"支持派"观点进行了大量研究，对"污染避难所"效应认同度比较高。杨涛（2003年）① 和吴玉鸣（2006年）② 等先后通过实证研究认为，严格的生态环境政策工具一定程度上阻碍了中国吸引外资与技术引进。郭红燕等（2009年）③ 分析了影响外商直接投资区域分布的因素，发现东部吸引外商投资是因为生态环境政策工具相对宽松。傅帅雄等（2011年）④ 认同污染密集型产业的转移倾向和“污染避难所”效应相似，即产业从生态环境政策工具力度大的省份向力度小的省份转移。史青（2013年）⑤ 基于联立方程模型对生态环境政策工具、环境污染与工业FDI三者之间的互相作用效果进行分析，认为外商的直接投资是受到了国内较为宽松的生态环境政策吸引。李国平等（2013年）⑥ 基于中国37个工业行业的面板数据（2005—2010年）实证分析结果表明，生态环境政策工具对引进外资具有一定的负向效应，且在产业集群、市场化水平等方面效应更为明显，“污染避难所”效应说在生态环境政策方面得到了验证。刘朝等（2014年）⑦ 基于中国工业分行业面板数据（1999—2011年）考察生态环境政策工具强度与外商直接投资之间的互动机制后认为，外商直接投资的动机与生态环境政策工具强度呈负相关。余莱花等（2015年）⑧ 认为生态环境政策工具影响中国制造业的出口，导致中国成为发达国家的“污染避难所”。廖显春等（2015年）⑨ 研究地方政府生态环境政策工具执行力度和腐败程度对外资的吸引程度，发现外资倾向于把污染型企业转移至生态环境

① 杨涛. 环境规制对中国FDI影响的实证分析［J］. 世界经济研究，2003（5）：65-68.

② 吴玉鸣. 外商直接投资对环境规制的影响［J］. 国际贸易问题，2006（4）：111-116.

③ 郭红燕，韩立岩. 环境规制与中国FDI区域分布［J］. 经济问题，2009（11）：13-17.

④ 傅帅雄，张可云，张文彬. 环境规制与中国工业区域布局的“污染天堂”效应［J］. 山西财经大学学报，2011（7）：8-14.

⑤ 史青. 外商直接投资、环境规制与环境污染：基于政府廉洁度的视角［J］. 财贸经济，2013（1）：93-103.

⑥ 李国平，杨佩刚，宋文飞，等. 环境规制、FDI与“污染避难所”效应：中国工业行业异质性视角的经验分析［J］. 科学学与科学技术管理，2013，34（10）：122-129.

⑦ 刘朝，韩先锋，宋文飞. 环境规制强度与外商直接投资的互动机制［J］. 统计研究，2014（5）：32-40.

⑧ 余莱花，崔维军，李廉水. 环境规制对中国制造业出口的影响：基于引力模型的“污染避难所”假说检验［J］. 经济体制改革，2015（2）：115-119.

⑨ 廖显春，夏恩龙. 为什么中国会对FDI具有吸引力?：基于环境规制与腐败程度视角［J］. 世界经济研究，2015（1）：112-119+129.

政策工具执行力低和腐败程度高的省市，因为腐败可变通执行或者关系疏通环境污染问题，中国环境标准执行较低和腐败地区支持了“污染避难所”效应。张宇等（2015年）① 分析结果表明，外商直接投资增加会引起本地生态环境恶化和生态环境监管加强，总体上对区域生态环境状况形成负面影响。余泳泽等（2022年）② 认为，中国式环境规制政策一定程度上促使产业向生态环境政策比较宽松的西部地区转移，并促进了西部技术创新，提高了产业效率，同时，中国式环境规制政策增加了企业生产的环境成本负担，迫使在位企业改进生产与经营方式，实现区域内生态环境质量的提升。

国外学者持相似观点的研究者也不在少数，Xing 和 Kolstad（2002年）③ 研究发现美国污染密集型产业尤其是制造业基本上都转移到生态环境管制较为宽松的国家和地区。Cole 和 Elliott（2005年）④ 研究表明，在污染密集型产业中，资本密集度高的行业往往容易成为外商直接投资的“污染避难所”。Waldkirch 和 Gopinath（2008年）⑤ 考察墨西哥的投资行为认为，污染与外商直接投资存在正相关的统计关系。Dean 等（2009年）⑥ 经过对比发现中国港、澳、台早期合资企业大多被相对较弱的生态环境政策工具所吸引，属于高碳排放、高污染的行业。

二、“反对派”观点

对“污染避难所”效应持反对态度又是另一种“强音”，国内学者对此也进行了相关研究。国内学者研究主要集中在制造业方面，因为制造业尤

① 张宇，蒋殿春. FDI、政府监管与中国水污染：基于产业结构与技术进步分解指标的实证检验［J］. 经济学（季刊），2014，13（2）：491-514.

② 余泳泽，尹立平. 中国式环境规制政策演进及其经济效应：综述与展望［J］. 改革，2022（3）：114-130.

③ XING Y，KOLSTAD C D. Do lax environmental regulations attract foreign investment［J］. Environmental and resource economics，2002，21（1）：1-22.

④ COLE M A，ELLIOTT R J R. FDI and the capital intensity of “dirty” sectors：a missing piece of the pollution haven puzzle［J］. Review of development economics，2005，9（4）：530-549.

⑤ WALDKIRCH A，GOPINATH M. Pollution control and foreign direct investment in Mexico：an industry-level analysis［J］. Environmental and resource economics，2008，41（3）：289-313.

⑥ DEAN J M，LOVELY M E，WANG H. Are foreign investors attracted to weak environmental regulations? evaluating the evidence from China［J］. Journal of development economics，2009，90（1）：1-13.

其是早期的制造业，往往是高耗能和污染严重的企业，与生态环境政策紧密关联。黄顺武（2007 年）① 认为生态环境政策工具与吸引外资的关系不大，也难以证明其存在因果关系。曾贤刚（2010 年）② 研究中国生态环境政策工具与外商直接投资的关系认为“污染避难所”效应在中国并不成立，相反中国生态环境政策工具可能在一定程度上抑制了外商直接投资。彭文斌等（2010 年）③ 采用统计分析方法，基于 1985—2008 年的统计数据研究生态环境政策工具与吸引外资的关系，实证分析结果显示，生态环境政策工具不能成为外商直接投资的格兰杰原因。彭可茂等（2013 年）④ 针对国内工业体系研究结果表明，无论是全国还是东西部地区，并未出现“污染避难所”效应。李真等（2013 年）⑤ 研究表明，外商资本流入国内受多项因素综合影响，国内生态环境政策工具抑制了工业部门的外商直接投资，但该负面影响会逐步转为微弱正向。林基（2014 年）⑥ 认为外商直接投资总体而言有利于降低中国碳排放量。张晓莹（2014 年）⑦ 认为制度差异是企业跨国扩张策略选择的主导因子，生态环境政策工具并非外商直接投资的主要影响因子。赖小东等（2022 年）⑧ 从实证角度验证了“绿水青山”和“金山银山”的兼容性，生态环境政策工具和效率提升并不矛盾，在制定生态环境政策时，需考虑区域间的相互协调和实际产业情况。

---

① 黄顺武. 环境规制对 FDI 影响的经验分析：基于中国的数据 [J]. 当代财经，2007 (6)：87-91.

② 曾贤刚. 环境规制、外商直接投资与“污染避难所”假说：基于中国 30 个省份面板数据的实证研究 [J]. 经济理论与经济管理，2010 (11)：65-71.

③ 彭文斌，田银华. 中国环境规制与外商直接投资的实证分析 [J]. 湖南科技大学学报（社会科学版），2010 (5)：88-90.

④ 彭可茂，席利卿，雷玉桃. 中国工业的污染避难所区域效应：基于 2002—2012 年工业总体与特定产业的测度与验证 [J]. 中国工业经济，2013 (10)：44-56.

⑤ 李真，黄达，刘文波. 中国工业部门外商投资的环境制度约束度分析：基于 1995—2011 年数据分析 [J]. 南开经济研究，2013 (5)：21-32.

⑥ 林基. 外商直接投资对我国碳排放的影响：基于联立方程的经验考察 [J]. 工业技术经济，2014 (11)：94-101.

⑦ 张晓莹. 环境规制对直接投资影响机理研究：基于制度差异的视角 [J]. 经济问题，2014 (4)：29-34.

⑧ 赖小东，王程田，林秀丽. 空间溢出视角下的环境规制与绿色发展：困境还是协调？[J]. 中国环境管理，2022，14 (4)：80-90.

国外学者 Mani 和 Wheeler（1998 年）[①] 基于数据（1960—1995 年）分析结果表明，污染产业转移至发展中国家的现象并不明显，与其他地区转移持平。Letchumanan 和 Kodama（2000 年）[②] 认为跨国公司的示范和带动效应改善了所在地区的生态环境状况。Eskeland 和 Harrison（2003 年）[③] 对不同工业化模式国家的外商投资进行比较研究，认为跨国公司的进入引进了更先进的环保技术和生态环境控制标准，因此改善了当地的生态环境。Merican 等（2003 年）[④] 基于印尼、新加坡、菲律宾、泰国和马来西亚的数据，发现外资的进入显著降低了当地产业的碳排放。Ederington（2004 年）[⑤] 基于美国 1972—1994 年的面板数据分析得出，污染密集型产业并未出现迁移到其他发展中国家的明显趋势。Temurshoev（2006 年）[⑥] 根据中美直接投资数据的计算结果，认为“污染避难所”假说不成立。Perkins 和 Neumayer（2008 年）[⑦] 对 77 个经济体的 1982—2005 年的数据进行分析，发现对外直接投资对东道国碳排放技术的进步有所帮助。

三、“综合性”观点

国内学者对生态环境政策工具的产业影响主要关注产业降碳减排的优化和升级，得出“不确定性”结论，实际上偏向于“综合性”结论。陆菁（2007 年）[⑧] 基于国际生态环境政策工具对中国产业技术升级的影响，

---

① MANI M, WHEELER D. In search of pollution havens? dirty industry in the world economy, 1960—1995 [J]. Journal of environment and development, 1998, 7 (3): 215-247.

② LETCHUMANAN R, KODAMA F. Reconciling the conflict between the “pollution-haven” hypothesis and an emerging trajectory of international technology transfer [J]. Research policy, 2000, 29 (1): 59-79.

③ ESKELAND G S, HARRISON A E. Moving to a greener pastures? multinationals and the pollution haven hypothesis [J]. Journal of development economics, 2003, 70 (1): 1-23.

④ MERICAN Y, YUSOP Z, NOOR Z M, et al. Foreign direct investment and the pollution in five ASEAN Nations [J]. Journal of economics and management, 2003 (1): 245-261.

⑤ EDERINGTON J E. Trade liberalization and pollution havens [J]. General information, 2004, 4 (2): 1 330-1 336.

⑥ TEMURSHOEV U. Pollution haven hypothesis or factor endowment hypothesis: theory and empirical examination for the US and China [J]. SSRN electronic journal, 2006 (12): 292.

⑦ PERKINS R, NEUMAYER E. Fostering environmental-efficiency through transnational linkages? trajectories of CO_2 and SO_2, 1980—2000 [J]. Environment and planning A, 2008, 40 (12): 2 970-2 989.

⑧ 陆菁. 国际环境规制与倒逼型产业技术升级 [J]. 国际贸易问题, 2007 (7): 71-76.

认为国际生态环境政策工具通过贸易战略倒逼政府推动传统产业升级，实施一种“倒逼型”产业升级机制，碳排放效益会呈现倒“U”型。高爽（2012 年）① 以无锡市太湖周边制造业污染造成的水危机进行研究，认为生态环境政策工具增强促进无锡市制造业转型，推进产业降碳减排优化和生产效率提高。查建平和唐方方（2014 年）② 基于 2004—2011 年的省级工业面板数据认为，生态环境政策工具显著促进了东部经济增长，但促进中部、西部则有时滞性。也有学者认为生态环境政策工具对产业降碳减排升级有不确定的影响。李斌等（2013 年）③ 研究表明，生态环境政策工具强度“门槛效应”合理的前提下，可以通过作用于绿色全要素生产率促进产业发展方式的转变。查建平（2015 年）④ 认为生态环境政策工具强度与中国经济增长呈倒“U”型变化关系，中国生态环境政策工具现状位于倒“U”型曲线左侧，即生态环境政策工具增强有助于推动经济生态化、集约化发展。

国外学者 Conrad 和 Wang（1993 年）⑤ 认为生态环境政策工具对污染密集型产业降碳减排有重要的影响，尤其是环境税和减排补贴等市场型工具，影响更为明显。Larsen 和 Nesbakken（1997 年）⑥ 模拟了挪威征收碳税对能源消费及碳排放的影响，发现开征碳税对不同产业的影响是不同的。Hoel（1996 年）⑦ 认为征收的碳税应该一视同仁。Wissema 和 Dellink

---

① 高爽. 环境规制对无锡市制造业结构优化与绩效的影响［J］. 湖泊科学，2012，24（1）：17-26.

② 查建平，唐方方. 中国工业经济增长方式转变及其影响因素研究［J］. 当代经济科学，2014（5）：61-69，126.

③ 李斌，彭星，欧阳铭珂. 环境规制、绿色全要素生产率与中国工业发展方式转变：基于 36 个工业行业数据的实证研究［J］. 中国工业经济，2013（4）：56-68.

④ 查建平. 环境规制与工业经济增长模式：基于经济增长分解视角的实证研究［J］. 产业经济研究，2015（3）：92-101.

⑤ CONRAD K，WANG J. The effect of emission taxes and abatement subsidies on market structure［J］. International journal of industrial organization，1993，11（4）：499-518.

⑥ LARSEN B M，NESBAKKEN R. Norweigian emissions of CO_2 1987—1994：a study of some effects of the CO_2 tax［J］. Environmental and resource economics，1997，9（3）：275-290.

⑦ HOEL M. Should a carbon tax be differentiated across sectors?［J］. Journal of public economics，1996（59）：17-32.

(2007 年)[①] 使用 CGE 模型的研究表明，碳税政策有助于产业向低碳方向的转变。

第二节　生产效率与碳减排问题探索

碳减排是实现碳中和的首要前提，中央经济工作会议提出要加快调整优化产业结构、能源结构，推动煤炭消费尽早达峰，大力发展新能源，并提出完善能源消费双控制度，是当前最为务实的举措，也是最需要解决的问题。到 2030 年，中国非化石能源比例要达到 25% 左右。碳达峰实现时间越早，碳峰值越低，越有利于未来实现长期碳中和目标。为尽早实现碳达峰，“十四五”期间严格控制煤炭消费量的增长，到“十四五”末实现煤炭消费量的稳定达峰并且开始下降。“十五五”期间争取石油消费能够趋于稳定，达到峰值。天然气消费增长带来的碳排放的增加，要由煤炭消费量的减少所降低的碳排放抵消，碳排放才能达峰。关于生态环境政策工具对碳减排效率影响方面，基本上是结合经济效率和产业发展（集群）加以探索，主要包括“无效说”“功效说”和“综合说”三个方面。

一、“无效说”观点

国内外学者不少研究得出生态环境政策工具对生产效率和碳减排有一定的抑制作用的观点，认为生态环境政策对节能减排“无效”，甚至“阻碍”企业生产效率。他们通过实证研究表明，生态环境政策工具会影响生产效率进而影响减排的效率。许冬兰等（2021 年)[②] 基于 2000—2014 年面板数据，分析中国生态环境政策工具对工业生产力的影响，结果表明生态环境政策工具降低了生产率。雷明等（2013 年)[③] 根据 1998—2011 年中国各省域经济碳循环全要素生产率数据，研究产业生产率的影响因素，结果

① WISSEMA W, DELLINK R. AGE analysis of the impact of a carbon energy tax on the Irish economy [J]. Ecological economics, 2007, 61 (4): 671-683.

② 许冬兰，张新阔. 中国制造业服务化的绿色福利效应研究：基于污染改善与环境 TFP 双重视角 [J]. 中国地质大学学报（社会科学版），2021, 21 (4): 56-72.

③ 雷明，虞晓雯. 资本跨期效应下中国区域能源—经济—环境效率研究 [J]. 经济理论与经济管理，2013 (11): 5-17.

表明生态环境政策工具抑制了生产率的增长。对于“无效说”研究，国外学者在 20 世纪 80 年代就提出“阻碍说”观点。Christiansen 等（1981年）① 和 Siegel 等（1993 年）② 的研究结果均认为生态环境政策工具加重了企业负担，技术改进缺乏动力导致减排动力不足。Dennison（1981 年）③ 研究 1972—1975 年 3 年间的美国企业，认为生态环境政策工具降低了美国企业约 16% 的生产率。Gollop 等（1983 年）④ 分析美国二氧化硫排放限制对电力产业生产率的影响，导致其生产率年均下降 0. 59%。Barbera 和 Mcconnell（1990 年）⑤ 量化分析有色金属、造纸、化工、非金属矿物制品等产业绩效，发现污染治理阻碍了企业生产。Jorgenson 和 Wilcoxen（1990 年）⑥ 分析了美国 1973—1985 年的经济发展情况，结果表明生态环境政策工具使 GNP 水平下降 2. 59%。Conrad 和 Wastl（1995 年）⑦ 研究了德国污染密集产业，结果表明生态环境政策工具降低了该产业生产率。Becker（2011 年）⑧ 基于美国制造业样本数据，美国生态环境政策工具在一定程度上制约了生产率。Bromberg 等（2013 年）⑨ 对瑞典生态环境政策工具导致的效率损失对比研

---

① CHRISTIANSEN G B, HAVEMAN R H. Contribution of environmental regulations to the slowdown in productivity growth [J]. Journal of environmental economics and management, 1981, 8 (4): 381-390.

② SIEGEL P B, JOHNSON T G. Measuring the economic impacts of reducing environmentally damaging production activities [J]. Review of regional studies, 1993, 23 (3): 237-253.

③ DENNISON E F. Accounting for slower economic growth: the United States in the 1970s [J]. Southern economic journal, 1981, 47 (4): 1 191-1 193.

④ GOLLOP F M, ROBERTS M J. Environmental regulations and productivity growth: the case of fossil-fueled electric power generation [J]. Journal of political economy, 1983, 91 (4): 654-657.

⑤ BARBERA A J, MCCONNELL V D. The impact of environmental regulations on industry productivity: direct and indirect effects [J]. Journal of environmental economics and management, 1990, 18 (1): 50-65.

⑥ JORGENSON D W, WILCOXEN P J. Environmental regulation and U. S. economic growth [J]. Rand journal of economics. 1990, 21 (2): 314-340.

⑦ CONRAD K, WASTL D. The impact of environmental regulation on productivity in German industries [J]. Empirical economics, 1995 (20): 615-633.

⑧ BECKER R A. Local environmental regulation and plant-level productivity [J]. Ecological economics, 2011, 70 (12): 2 516-2 522.

⑨ BROMBERG T, MARKLUND P O, SAMAKOVLIS E, et al. Testing the porter hypothesis: the effects of environmental investments on efficiency in swedish industry [J]. Journal of productivity analysis, 2013, 40 (1): 43-56.

究表明，工业尤其是在环境恶劣的纸浆和造纸行业效率损失最大。

二、“功效说”观点

生态环境政策工具对节能减排效率的影响，更多研究结果提出与“无效说”相反的“功效说”观点，认为生态环境政策工具对产业效率尤其是工业效率有促进作用。李强等（2010 年）① 根据中国 2001—2007 年 36 个工业行业面板数据，研究工业企业生产率与生态环境政策工具关系，结果表明生产率指数提升和技术的进步会显著降低单位产值二氧化硫的排放。姚昕等（2010 年）② 基于 CGE 模型的研究表明执行碳税之类生态环境政策工具可以有效降低碳排放量。冯榆霞（2013 年）③ 认为生态环境政策工具对全要素生产率增长有促进作用。韩晶等（2014 年）④ 拟合分析了生态环境政策工具与环境效率的关系，结果表明生态环境政策工具有效促进了制造业环境效率的提高。原毅军等（2015 年）⑤ 测算了 2000—2012 年 30 个省份工业生产率，结果表明生态环境政策工具显著提高了生产率。朱智洺等（2015 年）⑥ 测度分析了 2000—2012 年中国工业行业的碳排放政策对生产率的影响，结果表明，碳排放生态环境政策提高了生产率，而且政策越严格，生产率提高的效果越好。屈小娥（2015 年）⑦ 研究表明，中国生态环境政策工具促进了企业的生产率提升。贯君等（2021 年）⑧ 基于双重环境规制与协整分析实证检验表明，高强度生态环境政策工具能提高全要素生产率

---

① 李强，聂锐. 环境规制与中国大中型企业工业生产率［J］. 中国地质大学学报（社会科学版），2010，10（4）：55-59.

② 姚昕，刘希颖. 基于增长视角的中国最优碳税研究［J］. 经济研究，2010，45（11）：48-58.

③ 冯榆霞. 中国省域环境规制与全要素生产率的实证分析［J］. 生态经济，2013（5）：65-70.

④ 韩晶，陈超凡，施发启. 中国制造业环境效率、行业异质性与最优规制强度［J］. 统计研究，2014（3）：61-67.

⑤ 原毅军，谢荣辉. FDI、环境规制与中国工业绿色全要素生产率增长：基于 Luenberger 指数的实证研究［J］. 国际贸易问题，2015（8）：84-93.

⑥ 朱智洺，张伟. 碳排放规制下中国主要工业行业全要素生产率研究：基于方向性距离函数与 GML 指数模型［J］. 资源科学，2015（12）：2 341-2 349.

⑦ 屈小娥. 行业特征、环境管制与生产率增长：基于“波特假说”的检验［J］. 软科学，2015（2）：24-27.

⑧ 贯君，苏蕾. 双重环境规制下政府经济竞争对绿色高质量发展的影响［J］. 中国环境科学，2021，41（11）：5 416-5 426.

的增长率。

国外学者 Barker（1993 年）① 最早研究了碳税方面的生态环境政策工具对经济的影响和减排效率，认为碳税对英国的碳减排效率有促进作用，并且对宏观经济的负面影响也较小。Porter 等在 1991 年②和 1995 年③研究生态环境政策工具企业创新的效能，认为环境规制能够刺激企业提升低碳竞争力。Berman 等（2001 年）④ 考察生态环境政策工具对美国洛杉矶石油冶炼业的影响，认为生态环境政策工具促进了区域的生产率。Domazlicky 等（2004 年）⑤ 针对美国化工产业的研究发现，生态环境政策工具下该化工产业每年实现 2.4%~6.9% 的生产率增长，高于其他产业和平均生产率增长。Floros 等（2005 年）分析了碳税政策与制造业碳排放之间的关联，结果表明碳税政策对碳排放有明显的抑制作用。Baranzini 等（2000 年）⑥ 评估了碳税对生态环境污染的影响，认为碳税有效控制了温室气体的排放。Rennings 等（2005 年）⑦ 对欧盟企业的环境过程创新研究表明，大部分企业通过应对生态环境政策工具而实现了技术创新而减少碳排放。Ambec 等

① BARKER T, BAYLIS S, MADSEN P. A UK carbon/energy tax: the macroeconomics effects [J]. Energy policy, 1993, 21 (3): 296-308.

② PORTER M E. America's green strategy [J]. Scientific American, 1991 (4): 168.

③ PORTER M E, DE LINDE V C. Toward a new concept of the environment-competitive relationship [J]. Journal of economic perspectives, 1995, 9 (4): 97-118.

④ BERMAN E, BUI L T M. Environmental regulation and productivity: evidence from oil refineries [J]. The review of economics and statistic, 2001, 88 (3): 498-510.

⑤ DOMAZLICKY B R, WEBER W L. Does environmental protection lead to slower productivity growth in the chemical industry? [J]. Environmental and resource economics, 2004, 28 (3): 301-324.

⑥ BARANZINI A, GOLDEMBERG J, SPECK S. A future for carbon taxes [J]. Ecological economics, 2000 (3): 395-412.

⑦ RENNINGS K, ZIEGLER A, ANKELE K, et al. The influence of different characteristics of the EU environmental management and auditing scheme on technical environmental innovation and environmental innovation and economic performance [J]. Ecological economics, 2005, 57 (1): 45-59.

(2011 年)[①] 和 Greenstone 等 (2012 年)[②] 研究表明，合理地运用生态环境政策工具能够刺激技术创新，进而促进企业生产率的增长和产业的聚集。Yang C H 等 (2012 年)[③] 研究认为生态环境政策工具对产业升级和集群有促进作用。Sadeghzadeh (2014 年)[④] 研究表明，生态环境政策工具能够诱发技术创新，比其他政策工具更有效提高环境质量。Zarate-Marco 等 (2015 年)[⑤] 研究结果表明，严格生态环境政策工具，特别是环境税收提高了西班牙的产业生产率。

三、"综合说"观点

不少学者研究表明生态环境政策工具对碳排放的影响作用及其机理比较复杂，持"综合说"观点。杜运苏 (2014 年)[⑥] 研究了 2004—2010 年中国制造业数据，结果表明，生态环境政策工具对制造业竞争力和生产效率的影响呈"U"型，在不同阶段体现出不同效果。姜国刚等 (2021 年)[⑦] 基于当前中国碳排放和经济增长的区域差异现状，提出"经济增长对碳排放影响非线性"的推断，选取 1999—2016 年中国 30 个省份面板数据，基于修正后的 STIRPAT 模型进行了面板门限估计及检验，得出 GDP 水平对碳排放的影响存在单门限效应，GDP 增长速度对碳排放的影响存

---

① AMBEC S, COHEN M A, ELGIE S, et al. The porter hypothesis at 20: can environmental regulation enhance innovation and competitiveness? [R]. Resources for the future discussion paper, 2011.

② GREENSTONE M, LIST J, SYVERSON C. The effects of environmental regulation on the competitiveness of U. S. manufacturing [R]. NBER working paper, 2012.

③ YANG C H, TSENG Y H, CHEN C P. Environmental regulations, induced R&D, and productivity: evidence from Taiwan's manufacturing industries [J]. Resource and energy economics, 2012, 34 (4): 514-532.

④ SADEGHZADEH J. The impact of environmental policies on productivity and market competition [J]. Environment and development economics, 2014, 19 (5): 548-565.

⑤ ZARATE-MARCO A, VALLES-GIMENEZ J. Environmental tax and productivity in a decentralized context: new findings on the porter hypothesis [J]. European journal of law and economics, 2015, 40 (2): 313-339.

⑥ 杜运苏. 环境规制影响我国制造业竞争力的实证研究 [J]. 世界经济研究, 2014 (12): 71-86.

⑦ 姜国刚, 左鹏, 陈思文, 等. 中国地区经济增长对碳排放量的非线性影响研究 [J]. 生态经济. 2021, 37 (12): 13-22.

在双门限效应。孙慧等（2022 年）① 基于“波特假说”“庇古税”等相关理论，利用 2008—2017 年中国 30 个省份的面板数据，运用空间杜宾模型考察了生态环境政策“减污降碳”的协同治理效果。研究表明，生态环境政策能够起到“减污降碳”协同治理效果并具有滞后性，但对大气污染物和碳减排效果存在差异；生态环境政策能够通过“源头预防”“过程控制”和“末端治理”抑制大气污染物排放，但只能在“源头预防”和“过程控制”中抑制碳排放；当考虑生态环境政策与低碳政策的混合效果时，发现政策的协同作用并不能进一步减少污染物和碳排放，相反加剧了碳排放。对于不确定问题，最早还源于国外学者的探索，Harford（1978 年）② 研究不同的生态环境政策工具如何影响碳减排效率，得出不同行业和不同时期不确定性观点。后来，Lajeunesse 等（2001 年）③ 以魁北克省为例，实证分析了加拿大制造业与生态环境政策工具之间的关系，结果表明，短期生态环境政策工具会抑制全要素生产率的提高，而长期来看，则有促进作用，且行业的国际竞争力越强，该特征表现更为明显。

第三节　对低碳技术创新功能的影响

当前能源需求不断增长的情况下，要尽快实现碳达峰主要有两个方面的路径：一是使单位 GDP 能耗快速下降，控制能源消费总量增长。通过调整和优化产业降碳减排，优先发展数字经济、高新技术产业和现代服务业，推进产业降碳减排升级，推广先进节能技术，提高能源使用的效率。二是改变能源结构。大力发展新能源和可再生能源，降低化石能源的比例，提高像水电、风电、核电、太阳能发电等这些非化石能源的比例，使得随经济增长新增加的能源需求基本上由非化石能源满足，而碳排放不再增长。无论是 GDP 能耗还是改变能源结构，核心问题仍然是技术问题。当前，生

---

① 孙慧，邓又一. 生态环境政策“减污降碳”协同治理效果研究——基于排污费征收视角［J］. 中国经济问题，2022（3）：115-129.

② HARFORD J D. Firm behaviour under imperfectly enforceable pollution standards and taxes［J］. Journal of environmental economics and management，1978（5）：26-43.

③ LAJEUNESSE，LANOIE R P，PATRY M. Environmental regulation and productivity：new findings on the Porter analysis［J］. Cahiers de recherche，2001，30（2）：121-128.

态环境政策工具对减排技术创新的影响机理主要分为三种，包括“促进说”“阻碍说”和“不确定说”。

一、“促进说”

“促进说”观点是生态环境政策工具的合理实施降低了生产成本、提高了生产效率和利润空间，最终促进了企业的发展和产业技术能力的创新，是企业获得持续竞争力和节能减碳的关键。

国内学者黄德春等（2006 年）① 认为生态环境政策工具严苛虽然给企业带来额外费用，但技术创新受益能抵消生态环境政策工具的成本增加。赵红（2008 年）② 认为中国的生态环境政策工具对于企业技术创新的影响有 1~2 年的滞后，之后会起促进作用。周小玲等（2009 年）③ 对造纸技术创新分析认为，生态环境政策工具适当增强促进了造纸业技术创新，进而提高产出能力。江珂（2009 年）④ 认为生态环境政策工具短期约束技术创新，但中长期可以积极促进技术创新。刘加林等（2011 年）⑤ 研究认为生态环境政策工具显著促进了技术创新。白嘉等（2013 年）⑥ 认为生态环境政策工具对双环节 R&D 创新活动存在显著正相关效应。郭妍等（2014 年）⑦ 通过对国内省际面板数据（1998—2012 年）的实证分析认为生态环境政策工具强度增加促进企业 R&D 投入增加。王峰正等（2014 年）⑧ 利用中国西部 11 省域面板数据（2001—2011 年）实证分析，认为生态环境政策

① 黄德春，刘志彪. 环境规制与企业自主创新：基于波特假设的企业竞争优势构建［J］. 中国工业经济，2006（3）：100-106.

② 赵红. 环境规制对企业技术创新影响的实证研究：以中国 30 个省份大中型工业企业为例［J］. 软科学，2008（6）：121-125.

③ 周小玲，王雪梅，田明华. 环境规制对我国造纸业技术创新影响的研究［J］. 北京林业大学学报（社会科学版），2009（12）：111-114.

④ 江珂. 环境规制对中国技术创新能力影响及区域差异分析：基于中国 1995—2007 年省际面板数据分析［J］. 中国科技论坛，2009（10）：28-33.

⑤ 刘加林，严立冬. 环境规制对我国区域技术创新差异性的影响：基于省级面板数据的分析［J］. 科技进步与对策，2011（1）：32-26.

⑥ 白嘉，韩先锋，宋文飞. FDI 溢出效应、环境规制与双环节 R&D 创新：基于工业分行业的经验研究［J］. 科学学与科学技术管理，2013（1）：56-66.

⑦ 郭妍，张立光. 环境规制对工业企业 R&D 投入影响的实证研究［J］. 中国人口·资源与环境，2014（11）：104-107.

⑧ 王峰正，姜涛. 环境规制对我国西部地区技术创新能力影响研究［J］. 科学管理研究，2014（4）：51-54.

工具是西部地区技术创新能力提升的重要因素。孙伟等（2015 年）① 基于政府和企业博弈模型研究得出，生态环境政策工具和政府投入均对企业的技术创新有明显的正向作用。蒋为（2015 年）② 基于世界银行营商环境调查的中国企业数据进行分析，结果表明生态环境政策工具对中国企业研发创新的扩展与集约具有显著的边际递增作用。王峰正等（2015 年）③ 选取国内 12 个资源型产业为实例，论证了生态环境政策工具强度对资源型产业低碳技术创新的影响，结果表明，生态环境政策工具强度的增加能有效促进资源型产业的技术创新。张倩（2015 年）④ 认为，MBI 生态环境政策工具对绿色产业有很好的促进作用，对绿色技术研发、转化以及绿色工艺、产品创新都有明显的激励作用。郭沛等（2022 年）⑤ 研究认为低碳试点政策能够显著提高城市碳排放效率，对碳排放效率的影响在东西部及非资源型地区更显著。

国外学者 Downing 和 White（1986 年）⑥ 认为 MBI 生态环境政策工具更能激励企业发展与减碳技术创新。Porter（1991 年）⑦ 认为实施生态环境政策工具有利于资源配置的优化，最终提高了企业的利润，此时企业的利润不仅可以弥补生态环境保护的成本，而且比传统生产模式取得的利润更高。Lanjouw 等（1996 年）⑧ 分析了德国、美国和日本的生态环境政策工具对技术创新的影响，结果表明生态环境政策对碳排放技术有滞后 1~2 年的效应，

---

① 孙伟，江三良，韩裕光. 环境规制、政府投入和技术创新：基于演化博弈的分析视角［J］. 江淮论坛，2015（2）：34-38.

② 蒋为. 环境规制是否影响了中国制造业企业研发创新?：基于微观数据的实证研究［J］. 财经研究，2015（2）：76-87.

③ 王峰正，郭晓春. 环境规制强度对资源型产业绿色技术创新的影响：基于 2003—2011 年面板数据的实证检验［J］. 中国人口·资源与环境，2015（5）：143-146.

④ 张倩. 市场激励型环境规制对不同类型技术创新的影响及区域异质性［J］. 产经评论，2015（2）：36-48.

⑤ 郭沛，梁栋. 低碳试点政策是否提高了城市碳排放效率：基于低碳试点城市的准自然实验研究［J］. 自然资源学报，2022，37（7）：1 876-1 892.

⑥ DOWNING P B，WHITE L J. Innovation in pollution control［J］. Journal of environmental economics and management，1986，13（3）：18-29.

⑦ MICHAEL PORTER. The competitive advantage of nations［M］. New York：Free Press，1991.

⑧ LANJOUW J O，MODY A. Innovation and the international diffusion of environmentally responsive technology［J］. Research policy，1996，25（4）：549-571.

此后对碳减排作用逐步显现。Papadikis 等（1997 年）① 基于美国 1975—1991 年的数据研究生态环境政策工具对绿色技术创新的影响，结果表明 R&D 支出有效促进了污染治理成本的提高。Nordberg-Bohm（1999 年）② 认为市场手段的生态环境政策工具促进了企业持续创新和绿色转型发展。Brunnermeier 等（2003 年）③ 认为污染治理成本上升促进了环境专利数量的小幅增加，对技术创新有促进作用。Hamamoto（2006 年）④ 对日本产业发展研究也得出类似结论，随着污染治理成本提高，日本企业技术创新能力逐渐增强，绿色转型能力增强。Arimura 和 Sugino（2007 年）⑤ 对 OECD 国家的生态环境政策工具进行实证研究，结果表明严格生态环境政策工具促进了环保研发。Yang C H 等（2012 年）⑥ 研究了 1997—2003 年台湾产业间的面板数据，结果表明生态环境政策工具越严格，越能够有效刺激技术创新。Mazzanti 等（2014 年）⑦ 对排放密集型行业研究发现，该类企业偏好于采取二氧化碳相关的生态创新。

二、"阻碍说"

"阻碍说"观点是生态环境政策工具阻碍了减排技术的创新，进而阻碍

① PAPADIKIS K, GU S, BRIDGWATER A V. Environmental regulation and innovation: a panel data study [J]. Review of economics and statistics, 1997, 79 (4): 610-619.

② NORDBERG-BOHM V. Stimulating green technological innovation: an analysis of alternative policy mechanism [J]. Policy sciences, 1999, 32 (1), 13-38.

③ BRUNNERMEIER S B, COHEN M A. Determinants of environmental innovation in US manufacturing industries [J]. Journal of environmental economics and management, 2003, 45 (2): 278-293.

④ HAMAMOTO M. Environmental regulation and the productivity of Japanese manufacturing industries [J]. Resource and energy economics, 2006, 28 (4): 299-312.

⑤ ARIMURA T H, SUGINO M. Does stringent environmental regulation stimulate environment related technological innovation? [J]. Sophia economic review, 2007 (52): 1-14.

⑥ YANG C H, TSENG Y H, CHEN C P. Environmental regulations, induced R&D, and productivity: evidence from Taiwan's manufacturing industries [J]. Resource and energy economics, 2012, 34 (4): 514-532.

⑦ MAZZANTI M, MARIN G, MANCINELLI S, et al. Carbon dioxide reducing environmental innovations, sector upstream/downstream integration and policy: evidence from the EU [J]. Empirica, 2014, 42 (4): 1-27.

了企业的发展和竞争力，国内研究者持此观点的不在少数。王鹏等（2013年）[①] 对中部地区技术创新能力进行研究，结果表明生态环境政策工具对专利申请到授权的数量均有显著的负面影响。郭际等（2015年）[②] 基于2003—2012年省级数据进行研究，结果表明生态环境政策工具的执行一定程度上约束了低碳技术的发展创新。陶长琪等（2015年）[③] 基于面板门槛回归模型分析认为，低强度的生态环境政策工具对技术创新起促进作用，但随着强度的增高会对技术创新产生抑制作用。李学迁（2015年）[④] 分析了制造业提升产业创新能力的影响，认为中国生态环境政策工具并未有效促进制造业的产业创新能力。张思思等（2022年）[⑤] 通过面板数据论证认为，有偏技术进步通过能源消费结构推动经济规模效应的链式中介机制，最终对节能产生正向影响，从而对减排产生负向影响，并且数字增强资本节约型技术进步会对节能减排产生负向影响。国外学者在20世纪90年代就有学者提出此观点，Walley等（1994年）[⑥] 研究认为企业的资本是有限的，如果企业在治理污染或碳排放方面投入了资金，就会相应地削减在技术创新方面的投资，间接减缓了低碳技术的研发能力，最终阻碍了企业的发展。美国特朗普政府时期，不少持此观点的学者对特朗普政府的气候政策形成了直接影响，退出《巴黎协定》。

三、“不确定说”

“不确定说”认为生态环境政策工具对技术创新的影响存在不确定性。

---

① 王鹏，郭永芹. 环境规制对我国中部地区技术创新能力影响的实证分析［J］. 经济问题探索，2013（1）：72-76.

② 郭际，张扎根. 环境规制强度对技术创新影响的差异性研究：基于2003—2012年省级数据的实证分析［J］. 工业技术经济，2015（3）：85-90.

③ 陶长琪，琚泽霞. 金融发展、环境规制与技术创新关系的实证分析：基于面板门槛回归模型［J］. 江西师范大学学报（自然科学版），2015，39（1）：27-33.

④ 李学迁. 环境规制对我国制造业产业创新力影响的实证分析［J］. 现代管理科学，2015（1）：51-53.

⑤ 张思思，崔琪，马晓钰. 数字要素赋能下有偏技术进步的节能减排效应［J］. 中国人口·资源与环境，2022，32（7）：22-36.

⑥ WALLEY N，WHITEHEAD B. It is not easy being green［J］. Harvard business review，1994（72）：1-3.

汪婷婷等（2013 年）[①] 基于面板协整和 PVECM 模型，发现生态环境政策工具对技术创新的影响有临界值，当生态环境政策工具超过临界值时，会限制减碳技术创新能力提升。蒋伏心等（2013 年）[②] 基于江苏制造业动态面板数据分析结果表明，生态环境政策工具与技术创新呈“U”型关系。李平和慕绣如（2013 年）[③] 认为生态环境政策工具对技术创新的滞后表现在当期时，阻碍技术创新，在滞后期则有促进作用，滞后二期时促进作用最显著，又基于区域技术创新视角的研究表明，生态环境政策工具的技术创新效应存在显著的行业差异和地区差异[④]。董直庆等（2015 年）[⑤] 基于非线性门槛面板模型研究表明，经济发展水平跨越的门槛值越高，生态环境政策工具对环境技术创新的正向效应越明显；企业的国有性质越明显，生态环境政策工具对低碳技术创新负向作用就越突出。刘伟等（2017 年）[⑥] 基于空间计量模型对政策、行业和技术创新进行分析，结果表明全国、东部和西部的生态环境政策工具强度对技术创新的影响呈“U”型，而中部地区生态环境政策工具与技术创新则表现为线性关系。任亚运等（2022 年）[⑦] 等对比研究认为命令控制型气候政策具有直接减碳效应，但不具有长期减碳效应；市场型气候政策既具有直接减碳效应，亦具有长期减碳效应；两种气候政策实现长效低碳发展的共同作用机制是促进研发投入增加，而对于能源配置与产业升级两种机制，市场型气候政策均优于命令控制型气候政策。

---

① 汪婷婷，韩先锋，宋文飞. 中国工业环境规制政策的技术创新效应：基于面板协整和 PVECM 模型的实证分析［J］. 中国科技论坛，2013（12）：17-23.

② 蒋伏心，王竹君，白俊红. 环境规制对技术创新影响的双重作用：基于江苏制造业动态面板数据的实证研究［J］. 中国工业经济，2013（7）：44-55.

③ 李平，慕绣如. 波特假说的滞后性和最优环境规制强度分析：基于系统 GMM 及门槛效果的检验［J］. 产业经济研究，2013（4）：21-29.

④ 李平，慕绣如. 环境规制技术创新效应差异性分析［J］. 科技进步与对策，2013（3）：98-102.

⑤ 董直庆，焦翠红. 环境规制能有效激励清洁技术创新吗?：源于非线性门槛面板模型的新解释［J］. 东南大学学报（哲学社会科学版），2015（3）：64-74.

⑥ 刘伟，童健，薛景. 行业异质性、环境规制与工业技术创新［J］. 科研管理，2017（5）：1-11.

⑦ 任亚运，余坚，张广来. 异质性气候政策的减碳效应：基于直接与长期对比视角的考察［J］. 环境经济研究，2022，7（2）：11-30.

第四节　促进产业低碳转型的启示与借鉴

前面分析生态环境政策工具对于不同生产力水平的区域或者行业所起的作用不同，有“促进说”“阻碍说”“不确定说”和“综合性”等观点，无论是促进或者阻碍，在政策工具方面做适当调整也是必要的。中央经济工作会议提出要支持有条件的地方率先实现碳达峰，主要有两类地区：一类是东部沿海经济发达的地区，产业转型比较领先，现在有的地区碳排放已进入了峰值平台期，可率先实现碳达峰；另一类是西南水电、风电等可再生能源资源较丰富的地区，可通过大力调整能源结构，发展可再生能源，率先实现碳达峰。无论哪类地区，生态环境政策工具均以支撑低碳产业转型和绿色发展为主要方向。

一、促进产业集群与低碳转型

生态环境政策工具促进产业低碳发展。每种类型生态环境政策工具都包含有多种子类型工具，其适应范围和作用对象也不尽相同，所表现出来的环境治理效果也是不一样的。但目的都是解决产业低碳发展的问题，政策工具主要从动力不足、发展不平衡性、发展不可持续性、发展外部动力问题、发展收入分配等方面进行调节。

首先是培育产业集群与低碳发展新动力。生态环境政策工具推动新技术、新产业发展，引导大力发展节能环保、新信息技术、生物技术、高端装备制造、新能源、新材料等低碳产业发展。基于不同产业间的组合、企业内部价值链和外部产业链的融合，推进行业跨界集群以及嫁接互联网技术或信息服务，形成新型企业、新型商业低碳发展的组织形态，如“互联网+”产业群。

其次是拓展产业集群与低碳发展新空间。统筹实施“三个支撑带”① 和“四大板块”② 战略组合。在“三个支撑带”产业低碳发展的基础上，继续推动实施“四大板块”协同发展。尤其是“一带一路”倡议为沿线国家开启了新的机遇，使产业低碳发展在国际上实现优势互

① “一带一路”、长江经济带和京津冀协同发展。

② 西部大开发、东北振兴、中部崛起和东部率先发展。

补、开放发展，生态环境政策工具应该以更广阔的视野拓展新的空间。

二、 促进低碳产业与区域协调发展

生态环境政策工具引导产业实现区域协调，既包括东中西部地区、革命老区、东北地区等区域协调，也包括这些区域内部的产业低碳发展和协调发展。由于产业政策、地理环境、自然资源、技术水平等方面的异质性，造成了中国产业低碳发展中一直存在明显的地区和区域差异。要实现区域协调发展，最重要的还是生态环境政策工具方面，生态环境政策工具对于不同生产力水平、不同区域或者行业所起的作用不同，无论是在京津冀、长江经济带、长江三角洲、珠江三角洲等城市群区域的深化发展，还是深入实施西部大开发和发展西部特色优势产业，适当调整政策工具也是必要的。同时，推动东北地区等老工业基地振兴，促进中部地区崛起也是如此，政策工具的适当性是关键。当然，经济辐射作用也是生产力发展的必然规律，所以生态环境政策工具大力支持东部地区率先发展，同时也要求更稳定地长久发展，以更好辐射、带动中西部地区、革命老区产业发展。

生态环境政策工具需引导产业优化市场结构。推动大中小企业的生态化集群发展。所谓生态化集群发展，就是要注重产业低碳发展的“食物链”和“生态系统”特征。2020 年统计数据表明，中国中小企业贡献率具有“五六七八九”典型特征（表 6－1），已经成为事实上的经济主体。所以生态环境政策工具的制定与实施，不能“求大舍小”，否则就是“舍本逐末”，生态环境政策工具在促进产业低碳发展以培育一批核心竞争力强的企业集团的同时，还要关注到解决中小企业发展的问题，进一步激发中小企业集群和技术创新，同时加强政策引导，大企业与中小企业通过专业分工和订单生产，或者服务外包等多种方式，建立集群创新、合作共赢的协作关系。

表 6－1 中国中小企业贡献率（2020 年）

贡献项目	税收	GDP	技术创新	新产品开发	城镇劳动就业	企业数量
贡献率（%）	50	60	70	82	80	90

生态环境政策工具引导生产业与服务业协调发展。现代经济社会发展中，生产业与服务业联系越来越紧密，甚至是“共生”关系，生产业拉动服务业的发展，而服务业又是生产业低碳发展和转型的重要推力，因为任何生产企业都要考虑“服务”成本优势。但中国服务业发展相对滞后，还没有形成与生产业互动共进的机制。要实现产业低碳发展与服务业的协调发展，除了进一步提高中国产业低碳发展度与服务业发展水平外，生态环境政策工具可以通过试点示范或者政策鼓励的方式，推动绿色金融政策，积极引导“商业模式创新和业态创新”，促进金融、教育、技术创新等方面服务产业发展。

三、 完善低碳产业转型的政策设计

促使经济社会发展与自然相协调是中国生态环境政策工具的未来走向，需要中国加强顶层设计，制定核心技术突破的路线图。充分发挥体制优势，全国一盘棋，制定能源技术和产业发展路线。既要绿色发展实现“碳中和”，又要促进国家经济社会发展，形成长期的战略安排。产业的低碳发展既要超越又要依赖传统产业发展模式，在此基础上采用合理的生态环境政策工具引导产业低碳转型与绿色发展。

完善产业低碳发展的适度约束政策。对比中外生态环境政策工具的类型、功能效应和发展趋向，结合中国生态环境政策工具现状、国情和历史沿革，中国生态环境政策工具在立法和监管方面有待加强，在运行方面应该体现高效性和灵活性。现行的生态环境政策工具体系，对产业低碳发展和结构升级，既有促进又有约束，存在一定负面影响。因此，更好地对生态环境政策工具进行制度设计，以促进产业低碳发展和结构升级，减少其负面约束，成为生态环境政策工具约束下中国产业低碳发展与结构升级的核心问题。要解决该问题，则需在理清现行生态环境政策工具体系缺陷的前提下，对现行的生态环境政策工具进行完善，同时，加强各种生态环境政策工具的创新与优化组合。

在生产方面，引导企业发展先进节能环保技术，加大工艺和装备的研发力度，鼓励企业进行工艺技术和装备的更新改造，引导传统制造业绿色改造升级，发挥典型示范带动作用，以点带面促进形成全国低碳发展新格局。通过集群优势发展绿色金融和设立绿色发展基金等，推动建立集群内部的绿色循环产业体系，积极引导和促进产业发展的低碳化和集约化，提高产业低碳发展的资源利用效率。

“双碳”目标是“中国制造 2025”和产业集群发展的重要内涵，首先要解决绿色制造和强化产品全生命周期绿色管理的问题，同时需综合考虑自然和生态、环境和资源效益，建立低碳化和现代化的产业集群模式。就制造业而言，生态环境政策工具必须充分考虑产品全生命周期中的各个环节，通过个性化和精细化的生态环境政策工具执行方案，做到对生态环境影响最小和资源利用率最高；就产品全生命周期而言，政策工具设计要从实现绿色设计、使用绿色资源、促进绿色回收处理等方面强化执行方案，比如在包装材料方面，要求健康无害和有效促进循环利用，一般情况下只能使用易降解的包装材料，并实现包装的减量化。

当前“双碳”目标大多基于经济学领域，跨领域跨学科的综合目标较少，需引导学科融合与信息资源共享。如今，国际间的竞争加剧，产业竞争力源于国家或区域产业的升级与转型，主要取决于产业技术创新程度。对此，要加强生态环境政策工具在低碳技术创新方面的研究，以单一学科的视野明显是力不从心的，要综合公共政策学、管理学、经济学、生态学、地理学等跨学科领域，研究生态环境政策工具对产业转型的绿色化引导，系统部署“碳中和”重大科技研发任务，推进跨领域、跨学科综合研究，进而打破能源与其他行业、能源内各分系统间相互独立分割的局面，解决单个领域科技发展难以突破的系统性问题。

“碳中和”是一场广泛而深刻的经济社会系统性变革。需要构建新型创新体系，以充分调动政府、科研院所、企业、社会资本等要素深度参与，加快建成完善的科技金融服务体系，加速成果转化；需要加强科技创新平台建设，促进科技、金融及资本的结合，促进成果转化，同时利用平台促进就业共享，加强对灵活就业、新就业形态的支持。

第七章　生态环境政策工具的“双碳”目标效率机制

中国幅员辽阔，南北差异、东西差异大，产业门类齐全，从区域和产业的发展定位各异、能源禀赋不一，“双碳”目标和降碳减排路线不同。探索生态环境政策工具对“双碳”目标的效率机制问题，对于因地制宜地选择合适的生态环境政策工具，促进区域低碳转型有十分重要的作用。基于机制视角厘清生态环境政策工具对“双碳”目标的影响效果和范围等，是区域政策工具组合与优化的重要基础。

第一节　影响模型推演与碳减排成本

生态环境政策与产业问题研究可追溯至20世纪70年代中期，诸多研究认为生态环境保护成功与否的关键之一就是生态环境政策工具对新技术、新体制的影响效果。因为解决生态环境问题在于生态环境政策工具的有效利用以及所激发出的技术创新和制度创新等，从而降低产业成本或促进贸易并产生利润。生态环境政策工具作为为保护环境而实施的一系列制度、措施。其本身对环境技术发展、体制机制或贸易等有阻碍或激励的双重效应[①]。

一、　模型推演

在全球化进程中，生产要素、产品（商品）与服务可自由地跨国界流动，其中成本、创新和投资是生态环境政策工具对产业集群影响的最关键要素，进而对国家或区域的产业集群结构及其升级产生影响。各国生态环境政策工具强度、类型和组合方式的不同，也会直接影响到生产要素、产品、服务等流动方向。同样，相同的生态环境政策工具强度、类型等，对不同的产业影响也是不同的，对此以设计模型加以具体分析，模型假设

① 沈百鑫，李志林．从中德比较论我国环境许可制度的发展［J］．中国环境管理，2018（4）：47-55.

如下：

假设1：封闭经济条件下A和B两部门经济，A是污染密集度较高的产业，B是污染密集度较低的产业。

假设2：污染包括A和B的产出 S_i^p 和排污的组合产品 Q_i。

假设3：假定A和B的产出是其投入要素的函数。

生态环境政策工具使得A和B都必须投入部分要素在环境成本上。在技术不变、生产要素投入及充分就业的情况下，产出 Sp i 增加会导致环境恶化。因其不但增加了污染排放量，还减少了用于生态环境治理的要素投入。

A为污染密集度较高的产业，B为污染密集度较低的产业（图7-1）。纵坐标 U 是环境质量，横坐标 Q 分别是A和B的产量 Q_1 和 Q_2。当 $Q=0$ 时，U 处于原始状态，环境质量最优，位于 A、B 的位置。现有要素投入，增加产出 Q，且保持环境质量 AA' 和 BB' 水平不变。当产量 Q 超出一定限度后，Q 再增加则会降低 U，图中表示当产量 Q 超过 A' 和 B' 后，U 曲线随 Q 增加而向下倾斜，U 函数的一阶导数为负：$U'(Q_i)<0$；$A\ C'$ 和 $B\ D'$ 分别是A和B以牺牲生态环境治理为代价而增加产量 Q 而达到的生产水平，C'' 和 D'' 是A和B放弃生态环境治理并将所有要素都投入集群化生产所达到的产出水平；$C'C''$ 与 $D'D''$ 则是对应于A和B各自所能够达到的 U 水平。由于 U 会随着 Q 的增加下降速度越来越快，$A'C'$ 和 $B'D'$ 均是凹向原点的函数。又因为A属于污染密集度高的产业，所以将所有要素投入A生产最终所达到的 U 水平要小于将所有要素投入B达到的 U 水平。因此 $C'C''$ 低于 $D'D''$。

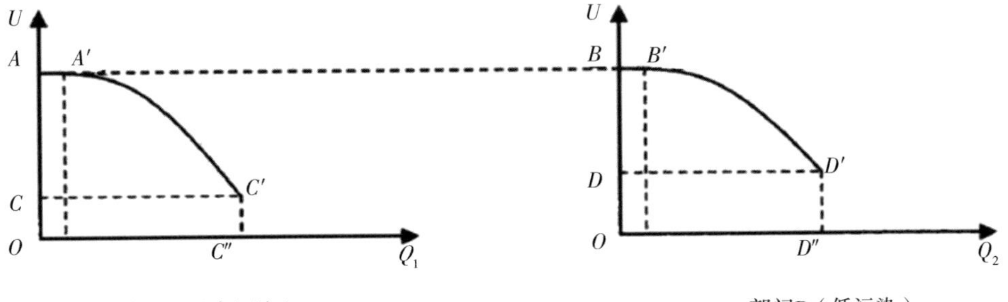

图7-1　生态环境政策工具对不同产业成本影响

二、 影响判断与结果分析

随着生态环境政策工具强度的不断加强，环境标准不断提升，生态环境政策工具必定会对不同产业形成不同影响。环境标准提升可用 U 水平线的上升来表示（图7-2），图7-2（a）中 BB' 上升到 CC' 和图7-2（b）中 FF' 上升至 EE'。环境标准提升，用于治理环境和控制污染投入的要素量相应增加，表现为 AA' 比 AA'' 距离长。对污染型部门 A 而言，Q 会下降，U 升高，表现为 U_1 向左移至 U_2。此变化与产业部门污染密集度呈正相关：A 为污染密集度高的产业，曲线移动幅度大；B 为污染密集度低的产业，曲线移动幅度相对小。

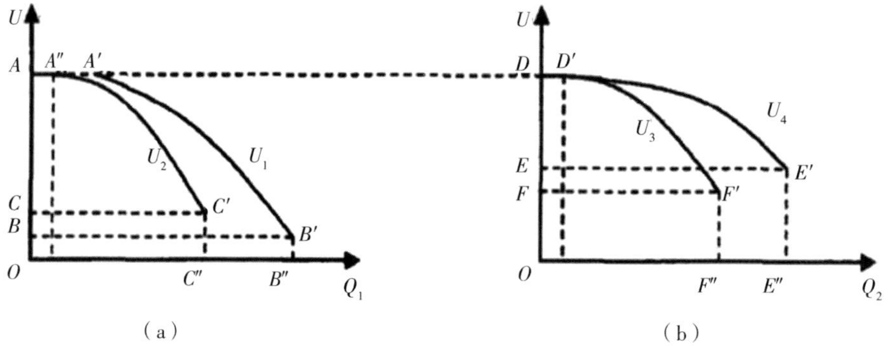

图7-2 生态环境政策工具对不同产业的影响机制

该效应导致要素资源从高污染部门 A 转移到低污染部门 B，如要素资源配置发生部门间流动，那么污染密集度越低的产业将有更大发展空间，产业集群速度也会更快，表现为图7-2（b）中的 U_3 向右扩展至 U_4。Q 增加，环境质量改善，这实质上就是清洁产业或绿色产业集群的原理。生态环境政策工具的发展提升了环境标准，清洁产业将替代污染密集度高的产业，推动产业结构升级和产业集群。

综上分析，生态环境政策工具通过对企业环境成本、技术创新、直接投资等变量施加影响，推动产业结构升级；同时，生态环境政策工具通过对不同污染密度的产业施加不同影响，直接影响产业结构调整和集群发展（图7-3）。

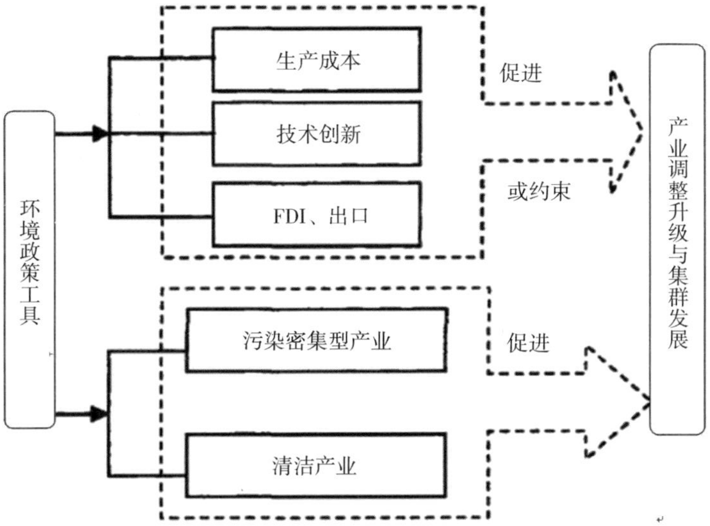

图 7-3 生态环境政策工具对产业集群结构升级的影响机制

三、 减排成本的影响机制

生态环境政策工具影响企业生产降碳成本，保护环境和污染防治必然给集群企业带来环境成本。生态环境保护成本影响到企业生产活动成本和产品价格。

生态环境保护成本（Environmental Protection Costs）是因自然资源的消耗而造成的经济损失，或是为恢复自然资源的数量或质量、改善环境或防止环境污染的环保成本。美国环境管理委员会对其定义进行细化，包括四个方面：①环境污染直接导致的环境损耗成本；②隔离污染而发生生态环境保护成本；③收集环境污染信息并评估污染程度产生的环境事务成本；④消除现有环境污染所需要花费的成本。

企业碳减排成本包括企业活动中与环境有关的费用和对环境产生负面影响的费用。具体包括企业获取环境资源的使用权需支付的费用，企业活动产生的环境负外部性需要弥补或改善所产生的费用。如没有生态环境政策工具约束则无需支付该成本负担，环境成本与生态环境政策工具产生互动机制（图 7-4）。

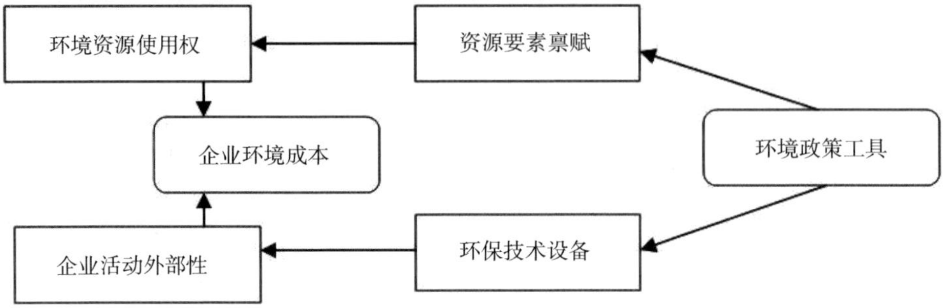

图 7－4　生态环境政策工具对企业环境成本的影响机制

生态环境政策工具通过环境成本的内部化效应影响企业的产品价格。①假设没有生态环境政策工具，如工业社会以前的生产状况［图 7－5（a）］，资本追求利润最大化，边际私人成本（MPC）和边际私人收益（MPB）相等时，即在交叉点处实现生产者均衡。产品价格 P 反映出企业的边际私人成本，P_0＝MPC＝MPB。②生态环境政策工具发挥作用时［图7－5（b）］，因存在边际外部成本（MEC），外部成本内部化成为企业的生产成本，边际社会成本（MSC）大于边际私人成本（MPC），且 MSC＝MPC+MEC。产品价格 P 与企业边际社会成本有关，P_1＝MSC＝MPB，且 $P_1>P_0$，生态环境政策工具会提升产品的价格。

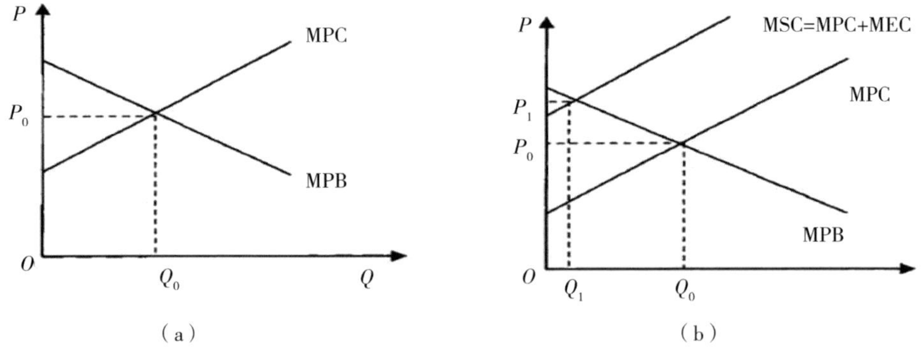

图 7－5　环境成本的内部化效应

根据以上的理论分析可知，对于贸易而言，某国比较优势决定于该国贸易模式。生态环境政策工具的执行增加了企业的生产成本，降低了企业的利润率，间接增加了企业产品出口的价格，进而影响该产业对外贸易中的比较优势，直接导致该产业产品出口数量的减少，进而对出口贸易结构产生影响。

第二节　生态环境政策工具对技术创新的影响机制

企业在生态环境政策工具的作用下进行企业技术创新，主要以节能减排、降低污染为出发点，将减少环境成本、增加企业利润设定为目标。政府及其相关部门就制定生态环境政策的直接目标而言，促进企业生态发展的期望值必然稍大于企业利润增加值，而对于技术创新主体的企业而言，利润目标是任何一个企业营运的基本设定，同时企业减少污染（生态目标）又是企业排放达标（国家或地方排污标准）并得以顺利运营的条件之一。因此，企业进行技术创新的目标设定是利润和达标的平衡，推动力包括企业自身利益需求、生态环境政策的引导和市场竞争下的需求等。尤其是贸易争端、技术壁垒和“双碳”目标对中国技术封锁的今天，如何制定生态环境政策工具引导企业技术创新，是亟待解决的重大课题。

一、 生态环境政策工具与技术创新的内在关系

生态环境政策工具对技术创新的内在影响机制，诸多学者进行了卓有成效的研究。1912 年，Joseph 在《经济发展理论》中认为创新将某种从未有过的“新组合”引入生产体系。1951 年，经济学家 Solo 提出技术创新的前提是新思想的产生与发展。随后，众多学者对技术创新进行了大量研究。弗里曼把技术创新视作技术性的、工艺的以及商业化的创新，此后他又提出技术创新核心是“首次商业性转化”，包括新过程、新服务等方面。从生态环境政策视角研究企业技术创新，在国内外都基本上以工业领域为研究对象，研究工业结构对生态环境造成的污染以及政策层面如何规制企业行为。Grossman 等（1995 年）① 以亚洲国家为例，探讨了生态环境污染与经济增长的内在关系，研究结果表明两者关系呈现倒“U”型趋势。之后

① GROSSMAN G M, KRUEGER A B. Economic growth and the environment [J]. The quarterly journal of economics, 1995, 110 (2): 353-377.

Victor 等（2011 年）[①] 对此却提出异议，不支持上述观点，他们研究发现企业技术创新与生态环境污染程度之间的内生关系，更重要取决于污染物的种类，企业技术创新与生态环境污染之间，因污染物种类不同而呈现不同的相关关系，不一定完全符合倒“U”型关系。Kilian 等（2014 年）[②] 认为政策导向下的企业社会责任是技术创新的关键因素。Günster 等（2016 年）[③] 认为政府尤其是反垄断政策对企业技术创新有很重要的意义。

对此，国内学者借鉴国外成果分析政策工具对技术创新和生态环境污染的正负效应外，还基于中国道路和国情进行了相关研究。一是以生态脆弱区或自然保护区为研究对象，如赵雪雁等（2005 年）[④] 综合评价流域经济政策对技术创新和生态环境产生的效益，发现企业技术创新与环境质量自上而下具有基本一致的协调度，但与政策工具存在不确定性关系。韩峰等（2010 年）[⑤] 应用技术动态计量的方法分析经济结构与生态环境质量的关系，结果表明缺乏技术创新支持的产业结构对生态环境质量综合指数产生了负向作用，随着产业结构在技术创新引导下的优化升级，环境综合质量逐步提高。李芳等（2011 年）[⑥] 以新疆研究标本研究生态环境政策动态变化对产业结构变迁、企业技术创新和转型升级的作用，发现生态环境政策的动态变化受到技术创新效果和产业结构变迁的影响。二是从环境规制的视角验证生态环境政策和技术创新之间的关系。夏春婉等（2011 年）[⑦] 对环境规制政策下不同产业结构模式与污染投资比例，结合技术创

---

① VICTOR B, ROBERT W M, FENG Xiao. Searching for an environmental Kuznets Curve in China's air pollution [J]. China economic review, 2011, 22 (3): 383-397.

② KILIAN T, HENNIGS N. Corporate social responsibility and environmental reporting in controversial industries [J]. European business review, 2014, 26 (1): 79-101.

③ GüNSTER A, VAN DIJK M. The impact of European antitrust policy: evidence from the stock market [J]. International review of law and economics, 2016, 46: 20-23.

④ 赵雪雁，周健，王录仓. 黑河流域产业结构与生态环境耦合关系辨识［J］. 中国人口·资源与环境，2005（4）：69-73.

⑤ 韩峰，王琢卓. 产业结构变迁对生态环境质量的影响研究：以湖南省为例［J］. 科技与经济，2010（4）：12-15.

⑥ 李芳，龚新蜀，张磊. 生态脆弱区产业结构变迁的生态环境效应研究：以新疆为例［J］. 统计与信息论坛，2011（12）：63-69.

⑦ 夏春婉，林勇. 我国工业化进程中实现经济、环境双赢的环境规制力度的测定［J］. 生态经济，2011（11）：78-81.

新、经济发展与生态环境保护之间的关系进行研究，发现生态环境政策与技术创新紧密相关，并定量研究当工业污染治理投资额的数值不大于生态环境政策力度临界值 10.3 时，可实现经济发展、技术创新与生态环境质量的共赢。王青等（2012 年）① 分析产业政策与技术创新和污染排放量之间的关系，发现彼此存在稳定协同效应。徐福英（2012 年）② 通过研究技术创新优化率和升级率对生态环境污染和监督治理等政策工具之间的关系，发现企业技术创新优化率提升均可以改善生态环境条件。张晓娣（2014 年）③ 在减排目标和经济政策等约束条件下，建立技术创新模型，测算了实现国民经济最小波动和产业结构最优的技术创新速度。

二、 生态环境政策工具对技术创新的影响路径

探索生态环境政策工具对企业技术创新的影响路径，奥地利经济学家 Joseph 认为科技成果到商品的转换过程就是技术创新的体现，生态环境政策对企业技术创新的积极影响主要在两个层面：一是生态环境政策实施后企业经营利润有所提高；二是企业在生产过程中所产生的污染有所减少。Porter 等（1995 年）④ 认为政策工具影响生态环境技术创新会产生两方面的正面效果：一是采取技术创新的企业资源利用率得到提升，进而使得产品获得成本优势；二是企业因采取技术创新使得企业在生产过程产生的污染减少，进而有利于生态环境的保护。从生态环境政策的目标设定和企业技术创新的关系出发，企业技术创新包括企业在产品设计、原材料选取或制造、生产工艺、废弃物处置等环节中，以提升企业利润和减少企业污染为最终目标所采取的一系列技术上的措施、手段。企业技术创新的一个最根本的指标就是研究与开发（R&D）投入。以工业企业为例，中国 2008—2017 年有 R&D 活动的工业企业比例增长较快，从 2008 年的 6.5% 增长到

① 王青，赵景兰，包艳龙. 产业结构与环境污染关系的实证分析：基于 1995—2009 年的数据 [J]. 南京社会科学，2012（3）：14-18.

② 徐福英. 城市产业结构调整与资源环境关系的实证研究：基于青岛市 2001—2010 年的数据分析 [J]. 城市可持续发展，2012（12）：83-87.

③ 张晓娣. 增长、就业及减排目标约束下的产业结构优化研究 [J]. 中国人口·资源与环境，2014（5）：57-68.

④ PORTER M E, CLAAS V D L. Toward a new conception of the environment-competitiveness relationship [J]. Journal of economic perspectives, 1995, 9（4）：97-118.

2017 年的 24.7%，但投入强度不如人意（表 7-1），中国规模以上工业企业中仍然有 75% 以上的企业没有 R&D 活动。

表 7-1　规模以上工业企业 R&D 活动综合情况（2008—2017 年）

年份	有 R&D 活动企业占比（%）	R&D 投入经费（亿元）	R&D 投入强度（%）
2008	6.5	4 616	0.65
2009	8.5	5 802	0.66
2010	9.2	5 897	0.68
2011	11.5	5 994	0.71
2012	13.7	7 201	0.77
2013	14.8	8 318	0.80
2014	16.9	9 254	0.84
2015	19.2	10 014	0.90
2016	23.0	10 945	0.94
2017	24.7	12 013	1.06

注：数据来源于《全国科技经费投入统计公报》（2008—2017 年）

三、生态环境政策工具对技术创新影响的双重性

生态环境政策工具对技术创新的影响是一柄双刃剑：①消极“资源挤占”效应。前面生态环境成本分析可知，企业使用环境资源以及改善外部性环境都必须支付额外费用。技术创新必定要企业投入人、财、物，企业资源有限时，环境成本会压缩技术创新资源，此时生态环境政策工具抑制了企业技术创新。②积极“创新补偿”效应。生态环境政策工具对企业带来成本增加，技术创新可以有效降低成本。为应对生态环境政策工具，企业通过采取技术革新尤其是绿色技术创新，以及强化生产管理等措施降低污染治理成本，并且技术创新能提升生产效率，产生“创新补偿”效应。

生态环境政策工具对技术创新的综合影响，取决于积极效益和消极作用的大小（图 7-6）。如生态环境政策工具的“资源挤占”效应较大，则阻碍企业的技术创新，影响产业集群；如生态环境政策工具的“创新补偿”效应较大，则促进企业技术创新作用，进而加速产业集群效益。

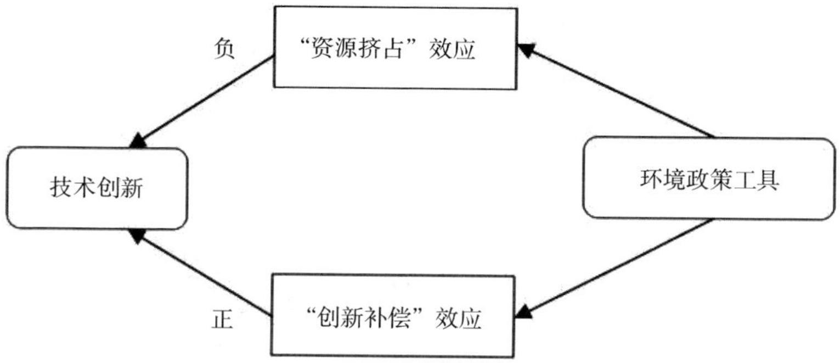

图7-6　生态环境政策工具对企业技术创新的影响机制

四、 生态环境政策工具对企业技术创新的供需影响

生态环境政策工具通过直接或间接对企业施加影响引导其技术创新的供需关系。政府通过搭建创新技术的供给和需求平台，促使企业采用创新技术；或通过经济政策刺激企业竞相采取先进技术或者创新自身技术；或直接设定企业排污标准、技术标准要求企业进行技术创新以达到排放许可。

生态环境政策工具影响创新技术的供给和需求。生态环境政策工具最初的作用点在于增强公众生态意识，生态意识的提高会直接导致社会公众的绿色消费观，对环保产品的需求加大。环保产品有了市场需求，便会拉动市场供给的动力，环保产品的供给便会直接给企业带来利润，倒逼企业在生产的各个阶段采取生态环境创新技术，企业只有采取技术创新手段来回应公众需求，这就是需求供给的连锁反应逻辑。市场促使企业采取技术创新，且市场需求越大，企业技术创新效果就越明显。生态环境政策工具通过引导创新技术的供给和需求，对企业技术创新产生间接影响。对其逆向分析可知，创新技术源于社会公众对于环保产品的追求。要使生态环境政策工具能有效促进企业技术创新，倡导社会公众的绿色消费观念，加强绿色环保产品消费的政策支持是关键。企业也通过积极的环保技术创新，才能够保持企业的稳定运行。

政府通过经济政策刺激企业采取先进技术或创新。政府通过直接财政手段，如补贴、税收优惠甚至直接投入等措施，对采取环保技术创新的企业进行激励，以此引导企业采取环保技术创新以强化市场竞争，迫于竞争压力，未采取技术创新的企业不得不选择环保技术创新之路，否则将面临淘汰的命运。而获得竞争优势最直接、最有效的方式便是通过产品创新、生产工艺创新、生产污染处理创新等提高产品环保质量、提高资源利用率、减少排放等，使得企业获得生产成本、环保等方面的市场竞争优势。这样，生态环境政策便在市场上形成一种长久的激励竞争循环，不仅促使企业积极进行技术创新，而且企业技术创新减少了企业排污量，有利于生态环保产业的长足发展，这也正是生态环境政策最初的直接目标任务。

设置企业技术标准、排污标准来促进企业技术创新。生态环境政策直接设置企业技术标准、排污标准、生态标记等指标和方式，强制性地要求企业为达到标准和追求品质而进行环保技术创新。生态环境污染具有外部性特征，政府必须采取有效措施引导“外部成本的内部化”，控制和改善企业生产排污和提升产品质量，这也是政府的公共职能所在。政府直接制定与采取环境规制迫使企业为了能够保持正常运营、能够有利润或者产生更大的利润，不得不采取环保技术创新手段以达到国家、地方规定的企业排污标准或者企业技术标准，这也是生态环境政策直接作用于企业使其进行技术创新的影响路径。此种直接影响所产生的推动力的大小，取决于特定生态环境政策的执行力度、严格程度。同时，实践中企业对于既定的排污标准、技术标准的执行程度，也会对推动企业创新产生不可忽视的影响。

第三节　生态环境政策工具对投资贸易的影响机制

生态环境问题是经济全球化进程中各国长远发展所面临的现实挑战。面对日益严峻的环境污染与气候变化问题，国际社会都在积极采用生态环境政策工具进行干预，力求环境负外部性问题得到有效解决。环境产业以其巨大的发展潜力和利润空间，成为各国谋求贸易份额和经济发展的关键产业。毋庸置疑，环境产品与其他产品一样，未来发展毫无例外地在于政策引导和技术创新，无论是降低关税还是促进环境产品的国际认证，均符合“技术—贸易—环境”的链式逻辑。

一、 贸易投资逻辑

“污染避难所”效应表明，污染密集型的产业更偏向转移到环境标准相对较低的地域。简单的环境 *H—O* 模型能阐明“污染避难所假说”的国际贸易规则（图 7－7）。

假定 1：商品 *A* 和商品 *B*，其中 *B* 为环境资源密集型产品；

假定 2：国家 1 和国家 2，其中国家 1 是环境标准较低国家（环境富裕型）。

在 *OR* 线上，国家 1 和国家 2 生产 *A* 和 *B* 两种产品的比例相当。*OR* 线与国家 1 和国家 2 的转换曲线相交于 H_1、H_2。因为国家 1 的价格边际转换率（H_1P_1 切线斜率）大于国家 2 的价格边际转换率（H_2P_2 切线斜率），商品 *A* 的价格在国家 1 要低于在国家 2。反之，商品 *B* 的价格在国家 2 要低于国家 1。依据新古典经济学比较优势理论，则国家 1 将在 *A* 产业进行集群化生产并组织贸易，而国家 2 将在 *B* 产业进行集群化生产并组织贸易。

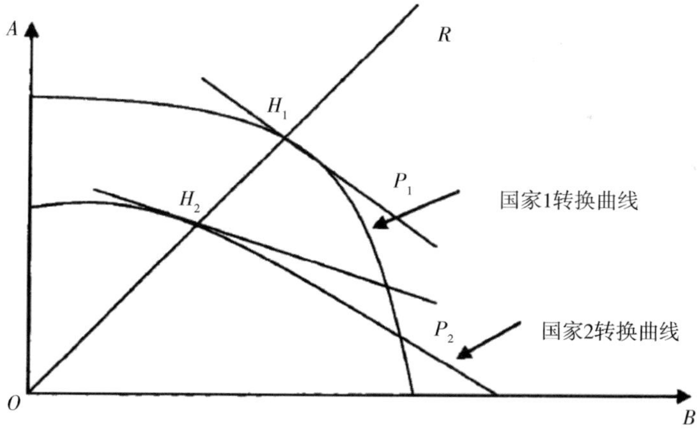

图 7－7　简单的环境 *H—O* 模型

根据以上理论模型，下述二、三、四的内容以亚太经合组织（APEC）54 个 6 位税号环境产品（表 7－2）的贸易与投资为例，分析生态环境政策工具对环境产品集群的影响机制。

表7-2 APEC环境产品清单下HS编码对照简表

	HS	简要说明
1	441872	已拼装竹制多层地板
2	840290	生物质锅炉
3	840410	集中供暖用热水锅炉及其辅助设备
4	840420	水及其他蒸汽动力装置的冷凝器
5	840490	集中供暖热水锅炉辅助设备的零件
6	840690	汽轮机用的零件
7	841182	功率>5000kW的其他燃气轮机
8	841199	燃气涡轮机
9	841290	燃烧调节装置
10	841780	放射性废物焚烧炉
11	841790	分解炉炉体构件
12	841919	太阳能热水器
13	841939	微空气流动陶瓷坯件干燥器
14	841960	液化空气设备
15	841989	环境监测评估设备
16	841990	太阳能热水器配件
17	842121	家用型过滤或净化水的机器及装置
18	842129	全自动层析系统
19	842139	空气清洁机
20	842199	活性炭滤芯
21	847420	垃圾压实机
22	847982	绞绳破碎回收系统
23	847989	废物压实机和传输设备
24	847990	空气加湿器或除湿机
25	850164	大于750 kV·A冷却塔三相异步电动机

续表1

	HS	简要说明
26	850231	风力发电设备
27	850239	生物发电机组
28	850300	风力发电设备的零件
29	850490	电力变压器，静止变流器和电感器配件
30	851410	可控气氛热处理炉
31	851420	真空感应炉或受控环境感应炉
32	851430	催化焚化炉
33	851490	工业电阻加热炉零件
34	854140	太阳能电池组件
35	854390	水消毒设备
36	901380	太阳能定日镜
37	901390	集中式太阳能发电系统
38	901580	臭氧层和监视设备
39	902610	测量、检验液体流量或液位的仪器
40	902620	废气检测器
41	902680	测量气体流量的仪器及装置
42	902690	液体检验仪器零件
43	902710	用于连续操作的气体检测器
44	902720	气相色谱分析装置
45	902730	分光仪、分光光度计及摄谱仪
46	902750	全自动细菌分枝杆菌培养监测系统
47	902780	集成电路生产用氦质谱检漏台
48	902790	试剂转盘
49	903149	影像检测器
50	903180	水浸超声波 C 扫描自动探伤系统

续表2

	HS	简要说明
51	903190	惯性测量单元稳定元件加工夹具
52	903289	三坐标测量机用自动控制柜
53	903290	排气控制组件
54	903300	集成振动速度传感器

二、 生态环境政策工具差异对贸易的影响

生态环境政策工具及其差异性在经贸活动中有重要的影响。政府为实现本国（本区域）政治经济利益，对一定时期或某区域内的贸易活动制定的法律、规章、条例和措施，既属于宏观经济政策，也是对外政策的基本框架。在世界各国日益关注生态环境问题的背景下，生态环境政策工具必定影响贸易模式进而影响贸易政策，且不同时期和不同区域（国家）都存在明显的差异性。Martin Weitzman 等（1974 年）① 认为有关消费者偏好而产生对产品价格体系的认同，与国际贸易有十分密切的关联；Mendelsohn 等（1986 年）② 认为在生态环境政策管制污染者的背景下，经济实体的成本与收益差异是紧密关联的。李丽平（2014 年）③ 以 2012 年亚太经合组织（APEC）54 个 6 位税号环境产品清单及降税情景为研究对象，研究 APEC 环境产品清单与环境影响的链状逻辑，并结合中国税率、经贸等生态环境政策工具的影响得出结果，认为中国环境产品关税降税压力巨大，国内生态环境政策的调整箭在弦上。周沂等（2022 年）④ 研究表明：清洁生产标准政策实施显著改善了企业出口产品结构。

多数学者从静态经济效率视角对生态环境政策工具进行比较探索，一般

① WEITZMAN M L. Price vs quantities [J]. Review of economic studies. 1974, 41 (4): 477-491.

② MENDELSOHN R. Regulating heterogeneous emissions [J]. Journal of environmental economics and management. 1986, 23: 301-312.

③ 李丽平，张彬. APEC 环境产品清单对中国的影响及其战略选择 [J]. 上海对外经贸大学学报，2014 (5): 5-15.

④ 周沂，郭琪，邹冬寒. 环境规制与企业产品结构优化策略：来自多产品出口企业的经验证据 [J]. 中国工业经济，2022 (6): 117-135.

以排除时间因素和技术进步因素为前提，比较相同生态环境目标过程中，差异性生态环境政策工具的实施所付出的不同成本，得出不同的生态环境政策工具对于目标产业培育与发展的影响程度等一般性结论。Copeland 和 Taylor 等（1994 年）① 在严格假定的基础上，对比不同政策工具对生态环境产业的影响，发现国家执行生态环境政策工具不同，往往导致国际贸易也会随之发生改变，这很大程度上会使得环境监管弱的国家被高污染产业包围。生态环境监管政策相对严格的国家能够在环境产业上占据竞争优势，被转移国家则面临环境质量下降的治理难题，导致触发国际贸易摩擦的可能性增大。

国内学者杨洪刚（2009 年）② 通过定量与定性相结合的方法对不同生态环境政策工具的实施效果进行比较分析，得出因技术与制度等因素约束以及区域资源禀赋不同，生态环境政策工具对投入的影响存在差异性。龚清华（2014 年）③ 以世界银行（World Bank）发布的《气候变化行动计划》和气候变化有关的 43 项环境产品为研究对象，使用国际基本达成共识的瑞士公式对环境产品进行关税削减，并多角度综合评估其国际竞争优势，结果表明，对依靠资源尤其是稀有矿产资源和环境资源获取优势的产业体系应采取谨慎发展的态度，而对依靠技术创新取得竞争优势的产业体系应当鼓励，对发展前景广阔的却存在技术劣势的行业应当扶植。罗良文等（2016 年）④ 通过一般均衡分析法研究生态环境政策是如何影响污染密集型企业进行生产转移，并比较企业之间如何更好地承接先进技术与管理经验，得出差异性生态环境政策工具可以倒逼环境产业的创新与绿色生产技术的研发，并以此通过调整产业结构解决经济发展与生态环境治理之间的矛盾。

基于上述分析，不同生态环境政策工具的实施效果，因时因地是有显著差别的，现有研究大多只针对生态环境政策工具采取比较性探索，其结论在经济发展的实际过程中的应用性也难以操作，生态环境政策工具的理论探索

① COPELAND, TAYLOR. North-South trade and the environment [J]. Quarterly journal of economics, 1994, 10 (9): 755-787.

② 杨洪刚. 中国环境政策工具的实施效果及其选择研究 [D]. 复旦大学, 2009.

③ 龚清华. 中国环境产品的国际竞争优势评估 [J]. 对外经贸实务, 2014 (2): 37-39.

④ 罗良文, 雷鹏飞, 孟科学. 企业环境寻求、污染密集型生产区际转移与环境监管 [J]. 中国人口·资源与环境, 2016 (1): 113-120.

应进一步精细化，以达到其应用价值。鉴于此，通过对生态环境政策工具和环境产品贸易现状进行比较，从技术创新视角采用宏观定量分析方法，考察不同生态环境政策工具对环境产品贸易的影响，以探求不同类型生态环境政策工具对中国环境产业影响的机制，以期针对性地提高生态环境政策的创新效应，为环境产业的培育与发展提出富有实践价值的政策建议。

三、 中国环境产品贸易的比较分析

中国是 APEC 主要成员，APEC 成员一直是生态环境政策工具的先行者与鼓舞者，2012 年在 APEC 会议上历经拉锯式的磋商和谈判，达成包含 54 个 6 位税号环境产品清单。21 个 APEC 成员承诺对环境产品清单的税率按照≤5%实施①。通过对 APEC 成员的生态环境政策工具倡导下的环境产品贸易现状分析，可明晰中国在宏观贸易政策影响下的环境产业发展状况，更能厘清中国生态环境政策工具对环境产品贸易的影响。APEC 环境产品清单（表 7－2）大致可分为五大类（表 7－3），以气体和固体废弃物处置、垃圾处置和环境监测设备为主（表 7－4）。该五大类商品关税最大值可达 20%～30%，远高于现行 WTO 关于工业制成品的平均关税税率②。相关贸易与税率等数据在 2017 年以前是比较齐全的，为能更准确说明问题，本节都以 2017 年以前的统计数据为样本。

表 7－3 APEC 环境产品分类

类别	代表设备	涉及技术
一类	太阳能电池板、气体和风力涡轮机	可再生能源和清洁能源技术
二类	过滤器和紫外线（UV）消毒设备	废水处理技术
三类	油烟器和催化转换器	大气污染控制技术
四类	废物焚烧炉，粉碎和分选机器	固体和危险废物处理技术
五类	质量监控器、测量压力、水输送系统	环境监测和评估技术

① 耿楠. APEC 贸易投资自由化：进程、挑战与展望［J］. 国际贸易，2020（3）：63-72.
② 温珺，尤宏兵. 环境产品贸易自由化：中国企业的竞争力与决策选择［J］. 国际经济合作，2015（2）：36-40.

表 7－4　APEC 环境产品的主要领域及占比

环境产品主要领域	占比（%）
大气污染控制设备	9.30
气体过滤或净化设备，固废及危废处置设备	22.20
垃圾焚烧的装置，可再生能源设备	27.80
太阳能、风能、生物气、生物质、地热等发电装置，水处理设备	9.30
臭氧和紫外线消毒设备，污泥干燥设备，液体过滤或净化装置	1.90
调研设备及装置，环境监测及分析设备	27.80
气体烟气分析仪，压力计，光谱色谱分析仪	1.90

全球 54 个环境产品贸易额由 2002 年的 1 566 亿美元增至 2017 年的 5 102 亿美元，整体呈快速上升趋势。2008 年的大规模全球金融危机中，APEC 环境产品全球贸易也毫无例外受到猛烈冲击，之后贸易规模显著扩大。自 2012 年开始，全球在 54 个环境产品上的贸易增长态势放缓且有轻微下降态势。APEC 全球出口占比从 2006 年的 57% 上升至 2017 年的 61%，表明 APEC 整体上在该类商品的贸易优势依然显著。全球环境清洁类商品进口总额由 2002 年的约 1 627 亿美元上升至 2017 年的约 4 974 亿美元，APEC 环境产品的整体进出口呈波动上升态势（图 7－8、图 7－9）。

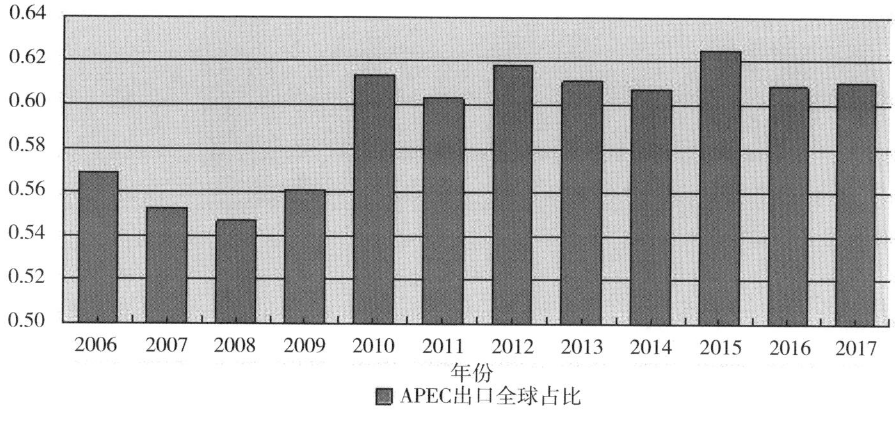

图 7－8　APEC 环境产品整体在全球出口市场中的占比变化

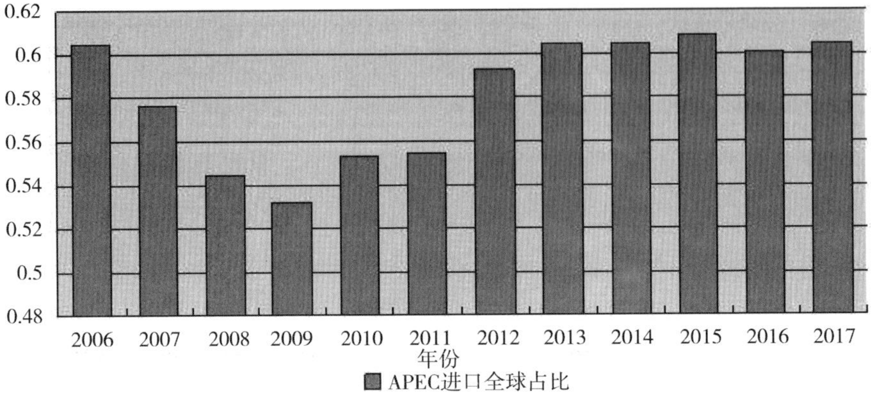

图 7-9　APEC 环境产品整体在全球进口市场中的占比变化

2002—2017 年，21 个 APEC 成员的环境产品贸易差额分析：APEC 成员中有 7 个呈现顺差状况，其他成员均为逆差。顺差成员中以日本额度最大，达 217.2 亿美元，其次为韩国（163.2 亿美元）、中国台北（92.9 亿美元）、菲律宾（60.7 亿美元）、新加坡（50.5 亿美元）、马来西亚（10.4 亿美元）、泰国（0.54 亿美元）；逆差最大的成员为俄罗斯（-103.4 亿美元）和中国（-89.3 亿美元）。就世界比较而言，2002 年以来中国在环境产品上一直是逆差状态，逆差额度 2006 年高达 406.9 亿美元，之后呈波浪式下降趋势，2017 年为 89.3 亿美元（图 7-10）。2016 年逆差额最小，为 62.2 亿美元。2002—2017 年年均逆差额为 212.4 亿美元。与 APEC 成员比较而言，中国在

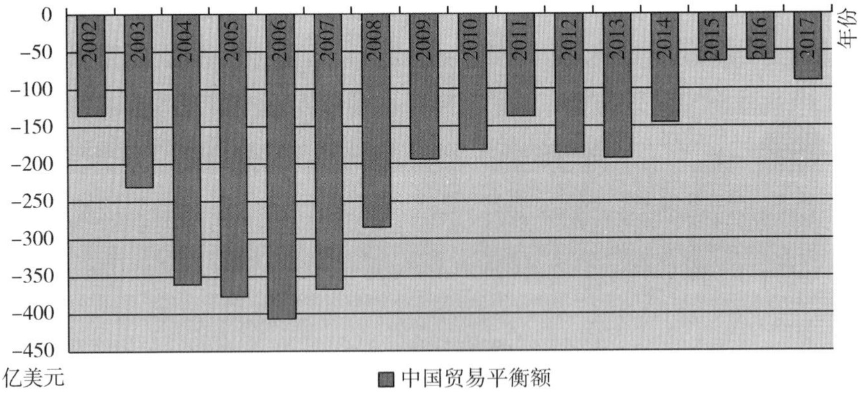

图 7-10　中国在环境产品上的贸易平衡状况（2002—2017 年）

环境产品上的贸易往来表现频繁。

四、 环境产品贸易的生态环境政策工具效应分析

中国在 APEC 的清洁产品贸易总体占据比较大的优势空间，但在 APEC 之外的清洁产品贸易总体处于劣势①，这与中国生态环境政策工具的变迁有着密不可分的关系。

首先，CAC 政策工具对环境产品贸易的影响。CAC 是政府通过发布强制性政策指令管制不同类型的生态环境污染企业，必须遵守国家的产品目标、要求，迫使企业采取先进清洁技术以达到低碳排放标准。在 CAC 政策工具指引下，企业和政府是被动地增加生态环境治理成本，随之企业研发投入资金缩减，这种链式反应影响行业研发能力与产业规模。在 CAC 政策工具强势的情形下，国家会相应地扶持环境清洁型产业的发展，而在 CAC 政策工具宽松的国家污染型产业大行其道。在生态环境政策的影响下，不同产业的发展呈不均衡式扩散，这在一定程度上解释了产业转移现象。目前国内庞大工业体系正处于转型阵痛期，面对环境与经济的两难选择，政府与企业都面临“刮骨疗伤”，不得不进行低碳技术的创新，从而在宏观层面完成当前产业的低碳升级，也是目前突破产能过剩问题的关键。从 2020 年中国与 APEC 成员间环境产品贸易平衡情况可以得出，中国清洁产品有逆差的绝大多数是技术含量比较高的诸如 901380、903149、902780、902750 等类别，而 850300、842139、854390、8541290 等技术含量低、生产“三高”的产品是顺差主打品，这与中国 CAC 政策工具技术标准有天然联系。因此，CAC 政策工具应该结合区际间的要素禀赋差异，比较区域竞争特质以实现对国内工业结构的优化重整，通过 CAC 政策工具优化进出口产品的规模比例。国家通过政策扶持、统一技术标准等，提高环境清洁技术产品中的高技术、高附加值产品在进出口中的比重，进而优化进出口产品的结构，驱动环境产业的技术创新升级，实现国内经济高效能、可持续化发展。

其次，MBI 政策工具对环境产品贸易的影响。MBI 政策工具属于生态环境政策中的经济手段，政府基于宏观经济通过发出税收、信贷、补贴等繁

① 孙玉红，尚玉，姜宏玉. RTA 中环保条款的深化与环境产品出口研究：基于 APEC 成员的分析［J］. 亚太经济，2021（2）：55-64.

多的市场信号，引导经济主体基于成本或利益考虑转向绿色低碳。典型 MBI 政策工具诸如研发、生产、进口等补贴政策以及许可权交易、押金返还等政策，培育与扶持战略性产业的发展壮大。相对而言，MBI 政策工具创新激励效果强于 CAC 政策工具，因为 MBI 可使经济主体获得多种选择和行动自由。如 CAC 政策工具对于污染排放指标通常采取量化指标，那么企业一旦达标就失去了进一步治理的驱动力，MBI 政策工具则基于市场调节机制解决资源配置问题，企业污染与能耗等方面的回收、降低或削减，都可以通过税赋或许可权交易等形式取得回报，该驱动力贯穿企业价值链的始终，既可提升企业的获利能力，更缓解甚至解决环境污染问题。日本、韩国和中国台北等 APEC 成员，倾向于通过开放市场中许可权交易和拍卖式许可权交易等 MBI 政策工具，大大提升企业的研发实力以及开展创新活动的主动性和积极性，渐进性提高企业的环境污染处理能力。在 APEC 成员和世界贸易体系中，环境产品顺差基本上是凭借技术产品的高附加值带来的，而中国在高附加值产品上基本都是进口，这与中国以 CAC 政策工具为主有密切关系。中国的 MBI 政策工具主要停留在进口和生产补贴阶段，还有很大发展空间，也是中国开拓环境产品贸易的有效路径。

最后，EIT 政策工具对环境产品贸易的影响。EIT 政策工具又被誉为环境“软”措施，区别于 CAC、MBI 政策工具，EIT 政策工具依靠社会公众或第三方机构施加影响，充分调动公众参与环境事业的热情，尤其是大众传媒手段，形成对环境污染企业和地方政府的强大舆论压力，迫使其在技术与政策上实施改进措施。欧盟、日本、韩国和美国等对 EIT 政策工具十分重视，也有成熟的操作规范和流程，在环境产品贸易中占有绝对优势。前面分析可知，中国环境产品贸易无论在世界范围还是 APEC 成员中，都是逆差，到 2020 年数据显示在技术性产业方面逆差更严重，这与中国其他方面在国际上的“位势”完全背离。如今美国挑起的贸易战，其基本立足点也就是“技术”，我们应该要重视 MBI 和 EIT 政策工具，激励企业技术创新，推进环境产品国际认证。EIT 政策工具应该十分重视信息披露，统一环境产品质量标准，重视优秀人才引进，推动环境产业技术研发，促进绿色、清洁的生产技术在实际中运用；还要重视技术创新对环境产业的影响，实现产品的成本优势，增强产品竞争力。李勃昕等（2013 年）① 根据超越对数型随机前沿模型，针对生态环境政策工具对中国工业环境清洁细分产业技术创新效率的影响进行了量化分析和经验总结，发现生态环境政策工具的执行，有助于技术创新，但该促进作用具有明显的异质性，遵循“U”型的适度原则，相对于整个工业环境，生态环境政策工具对清洁生产型产业技术创新效率具有更大的驱动作用。当然，过度的生态环境政策也会消磨企业的积极性，整个社会的生产成本被迫提升，压制技术创新的效率。对此，中国应结合实际，权衡环保标准、行业异质性以及企业的承载能力之间的关系，动态、适度地调整生态环境政策工具的作用范围与力度。

① 李勃昕，韩先锋，宋文飞. 环境规制影响清洁生产型产业技术的创新效率吗［J］. 中国科技论坛，2013（5）：68-75.

第八章　生态环境政策工具对产业低碳转型的计量分析

前述定性和宏观分析了生态环境政策因素对碳排放的影响，以及政府选择生态环境政策工具实现碳减排政策目标的路径，基于技术创新的视角探索有益于促进“双碳”目标的政策措施。本章基于前面的定性分析，在借鉴已有成果的基础上构建生态环境政策工具对碳中和的影响机理并进行定量分析，在定量和微观层面分析生态环境政策工具对低碳转型的量化关系，在定性与定量、宏观与微观、抽象与具象层面探讨生态环境政策工具与“双碳”目标的内在联系。

第一节　计量分析的意义与计算式

从 18 世纪中叶至今，人类社会经过三次工业革命（科技革命）进程，取得了巨大的历史进步，尤其是 20 世纪 40 年代后的信息科技革命，更是人类历史发展的里程碑。但人类社会迅猛发展也带来了全球性问题，诸如温室气体排放与气候变暖、经济全球化导致世界分工与中国制造业崛起、如今的“双碳”目标等，都剑指碳排放及其定量分析与论证。因此，挖掘大量产业数据和国内外环境数据，结合有关经济理论，采用比较直观的统计描述方法，建立生态环境政策工具影响碳中和的计量模型并进行实证检验，以便定量对比分析生态环境政策工具的碳减排效益，同时增强中国在“双碳”理论与测度实践方面在国际社会的发言权。

一、　全球性生态环境问题的碳量化分析

在信息技术的助力下，能源的快速开采与利用率的提升以及能源利用的多样化，使现代人的生活方式发生了翻天覆地的变化。人类生产生活的资源耗费量猛增也给地球自然环境带来了前所未有的影响，伴随而来的生态环境问题和能源危机一直是世界各国面临的共同挑战。比如温室气体大量排放，使全球变暖，导致两极冰川融化，造成海平面上升，以及各种气

候和自然灾害问题。这些问题如得不到及时合理的解决，将在未来打破生态平衡，加速物种灭绝，使人类“与星球的自然环境和谐相处前提下的种族可持续发展”成为泡影。

近20年是20世纪初以来的最暖时期。根据中国气象局国家气候中心向社会发布的《中国气候变化蓝皮书（2020）》，2019年，全球平均温度较工业化前水平（1850—1900年平均值）高出约1.1℃，是有完整气象观测记录以来的第二暖年份。尽管2022年是否超过2019年的程度还没出炉，但根据相关最新数据，有明显迹象显示出2022年是比2019年更暖的年份。由于科技发展导致大量化石燃料的使用，温度变化在进入21世纪后更是进入加速度轨道，20世纪80年代以来，每个连续的10年都比前一个10年更暖，2015—2019年是有完整气象观测记录以来最暖的五个年份。值得一提的是，包括中国在内的世界各国，碳排放量还在逐年升高。以中国为例，《中国气候变化蓝皮书（2020）》显示中国是全球气候变化的敏感区和影响显著区。从1990年28万吨二氧化碳当量增长到2018年117万吨二氧化碳当量，占世界总排放量的比例也是比较高的，2018年占世界总排放量的23.90%。1951—2019年近七十年间，中国年平均气温每10年升高0.24℃，升温速率略高于同期全球平均水平。

全球变暖引发了剧烈的气候变化及自然灾害。21世纪以来，各种极端天气出现频率显著增加，带来农业减产和粮食供应紧张的问题；美国加利福尼亚州和澳大利亚山火频繁发生，持续时间更长；欧洲与中国遭遇极端天气和暴雨洪水；海平面不断上升威胁太平洋岛国的生存空间。频繁猛烈的自然灾害造成巨额的生命和财产损失，显示生态系统已经受到了巨大的破坏，威胁到人类社会的发展。为了共同应对气候变暖的环境危机，实现人类社会的可持续发展，减少温室气体排放，已成为了国际社会的共识。各国也不断探索合作减排的模式，试图达成符合各方利益的碳减排国际协议。但关于碳排放量化测评与政策工具效率及其内在关系，世界各国尚未有权威的统一答案。本著作拟通过生态环境政策工具对绿色技术创新、企业减排的影响等量化关系，构建生态环境政策工具强度公式、产业间和产业内高度公式方程，量化测算生态环境政策工具与碳效益的内在联系。

二、生态环境政策工具强度（ERI）公式

衡量生态环境政策工具的强度，目前尚未有权威的和统一的衡量方法。但国内外学者们更多基于污染治理效果和污染治理支出（成本）两个角度来衡量生态环境政策工具的强度。

就生态环境污染结果而言，基于污染物排放量（或视作碳排放当量）现实状况，生态环境政策工具宽松必定会导致污染物排放量增多，反之则污染物排放量减少或停止，对此观点，国内大多数学者是认同的，并对此作出定量分析与比较。张红凤等（2009 年）①、傅京燕等（2010 年）②、朱平芳等（2011 年）③、张中元等（2012 年）④、郑石明等（2017 年）⑤ 都以污染物排放量为基础，构建生态环境政策工具强度指标。也有学者将污染物的排放量视作生态环境政策工具强度。尹显萍（2008 年）⑥、白雪洁等（2009 年）⑦、张倩倩（2018 年）⑧ 以二氧化硫和二氧化碳等排放量来衡量生态环境政策工具强度。

就环境污染治理的支出而言，衡量生态环境政策工具的标准则基于以下考虑：生态环境政策工具严格时，企业会花费更多成本去治理污染，环境成本和支出随着生态环境政策工具强度的提高而增加。Ambec 等（2011

---

① 张红凤，周峰，杨慧，等. 生态环境保护与经济发展双赢的规制绩效实证分析［J］. 经济研究，2009（3）：14-26.

② 傅京燕，周浩. 贸易开放、要素禀赋与环境质量：基于我国省区面板数据的研究［J］. 国际贸易问题，2010（8）：84-92.

③ 朱平芳，张征宇，姜国麟. FDI 与环境规制：基于地方分权视角的实证研究［J］. 经济研究，2011（6）：133-145.

④ 张中元，赵国庆. 环境规制对 FDI 溢出效应的影响：来自中国市场的证据［J］. 经济理论与经济管理，2012（2）：28-36.

⑤ 郑石明，罗凯方. 大气污染治理效率与环境政策工具选择：基于 29 个省市的经验证据［J］. 中国软科学，2017（9）：184-192.

⑥ 尹显萍. 环境规制对贸易的影响：以中国与欧盟商品贸易为例［J］. 世界经济研究，2008（7）：42-46.

⑦ 白雪洁，宋莹. 环境规制、技术创新与中国火电行业的效率提升［J］. 中国工业经济，2009（8）：68-77.

⑧ 张倩倩. 我国能源消费总量控制的经济及环境影响与优化研究［D］. 济南：山东大学，2018.

年)[①] 采用污染治理投资占工业总产值的比重来衡量生态环境政策工具的强度；王国印等（2011 年)[②]、沈能等（2012 年)[③] 以单位产值的污染治理成本来衡量地区生态环境政策工具强度；赵红（2007 年)[④]、李小平等（2012 年)[⑤]、蒋伟杰等（2018 年)[⑥] 根据工业废水或废气治理的运行费用作为生态环境政策工具强度衡量指标。此外，Gray 和 Deliy（1996 年)[⑦] 以环境稽查次数作为生态环境政策工具强度的衡量指标；张三峰等（2011 年)[⑧] 采用政府环保检查次数作为生态环境政策工具的代理变量；江珂等（2014 年)[⑨] 用 GDP/Energy 度量生态环境政策工具的严格程度等。

当然，要比较准确量化生态环境政策工具强度，须针对具体“事件”和情景。为能更明确说明政策工具强度问题，本著作以制造业集群产业间结构高度（Industrial cluster structure height，下简写 $ICSH_1$）与生态环境政策工具强度（Environmental policy tool strength，下简写 EPTS）进行研究。综合中国处于工业化中期产业阶段特征，基于以上学者们的研究成果，以工业污染治理强度（ERI）来衡量生态环境政策工具强度。

ERI＝工业污染治理投资额（万元）/工业总产值（亿元）

---

① AMBEC S，COHEN M A，ELGIE S，et al. The porter hypothesis at 20：can environmental regulation enhance innovation and competitiveness?［R］. Resources for the future discussion paper，2011.

② 王国印，王栋. 波特假说、环境规制与企业技术创新：对中东部地区的比较分析［J］. 中国软科学，2011（1）：100-112.

③ 沈能，刘凤朝. 高强度的环境规制真能促进技术创新吗?：基于“波特假说”的再检验［J］. 中国软科学，2012（4）：49-59.

④ 赵红. 环境规制对中国产业技术创新的影响［J］. 经济管理，2007（21）：57-61.

⑤ 李小平，卢现祥，陶小琴. 环境规制强度是否影响了中国工业行业的贸易比较优势［J］. 世界经济，2012（4）：62-78.

⑥ 蒋伟杰，张少华. 中国工业二氧化碳影子价格的稳健估计与减排政策［J］. 管理世界，2018（7）：32-49，183-184.

⑦ GRAY W B，DELIY M E. Compliance and enforcement：air pollution regulation in the U. S. steel industry［J］. Journal of environmental economics and management，1996，31（1）：96-111.

⑧ 张三峰，卜茂亮. 环境规制、环保投入与中国企业生产率：基于中国企业问卷数据的实证研究［J］. 南开经济研究，2011（2）：129-146.

⑨ 江珂，滕玉华. 中国环境规制对行业技术创新的影响分析：基于中国 20 个污染密集型行业的面板数据分析［J］. 生态经济，2014（6）：90-93.

其中，ERI 越大，表示生态环境政策工具强度越大。

量化计算的原始数据主要来源于历年的《中国统计年鉴》《中国环境统计年鉴》和《中国高技术产业统计年鉴》等以及部分官方网站数据，补充一些学术论文研究数据。

三、 产业结构低碳化程度公式

中国碳排放主要在于能源结构问题，归根到底是一个产业能耗的问题。产业能耗与产业集群高度、能源利用存在着内在紧密的关系，故以产业集群高度代表产业结构低碳化程度来设计量化模型，以补充验证碳排放效率与产业低碳转型问题。产业集群是产业从低级、分散形态向高级、集中形态转变的过程，表现在集群结构的紧凑性和集群高度上，即产业结构由低到高、由分散向集中的转变过程。生态环境政策工具对产业集群低碳化影响的量化分析，是衡量生态环境政策工具对产业集群的影响方向和影响大小，包括产业内集群结构高度和产业间集群结构高度两个方面。

根据郭克莎的理论中制造产业结构指标①，结合产业集群理论对指标加以改进，以此构建产业间结构高度指标 $ICSH_1$。采用产业集群产值结构、产业集群劳动力结构高度、产业集群技术结构高度和产业集群资产结构高度 4 个指标来作为产业集群结构高度的单项指标（X）。用 X_{it} 表示第 i 个指标在第 t 年的数值，则产业间结构高度可以表示为：

$$ICSH_{1i} = \sum_{i=4}^{4} X_{it}$$

$ICSH_1$ 数值变化，体现了产业集群结构的调整。若数值变大，表明产业集群结构高度的提高，即产业集群结构升级。

考虑到指标的可获得性和连续性，采用制造业集群产业内产值结构高度（新产品主营业务收入/当年主营业务收入）、产业内劳动力结构高度（R&D 人员数/全部从业人员数）、产业内技术结构高度（R&D 经费内部支出/主营业务收入）和产业内资产结构高度（R&D 资产性支出/新增固定资产投资）4 个单项指标（Y）。

① 郭克莎，彭继宗. 制造业在中国新发展阶段的战略地位和作用［J］. 中国社会科学，2021（5）：128-149，207.

$$ICSH_{2i} = \sum_{i=4}^{4} Y_{it}$$

用 Y_{it} 表示第 i 个单项指标在第 t 年的数值，构建产业集群产业内结构高度指标 $ICSH_2$ 来表示产业集群产业内结构的高低。$ICSH_2$ 越大，表明产业集群产业内结构越高级。

四、 产业内不同行业 ERI 公式

产业低碳化是一场“没有硝烟”的博弈，企业要从技术和经济两个维度同时发力才可能抢下“战争高地”。企业是碳排放主体，同时又是实现碳减排愿景、催生碳中和技术的主体，无论从哪个角度都是助推中国产业低碳转型的中坚力量。对生态环境政策工具的响应，不同产业间是不一样的，各自产业内部也不一样。2013 年《中华人民共和国煤炭法》修订后，对煤炭挖掘和生产产业影响比较大，但对其他产业影响就很平淡。为更好测度生态环境政策工具对产业结构的影响，并结合目前国内产业低碳转型，下面第二节将选取中国制造业 8 个最典型的产业进行测算和量化分析。基于前面产业间的影响分析，生态环境政策工具的影响具有滞后性，选用较早期的“既成事实”数据分析生态环境政策工具强度对产业集群内部结构升级的影响。选取 8 个制造业产业 2009—2013 年的数据建立 Panel Data 模型，$ICSH_2$ 代表产业集群产业内结构高度指数，ERI 代表产业的生态环境政策工具强度。数据来自历年《中国环境年鉴》《中国工业统计年鉴》《中国科技统计年鉴》，这也是基于数据的可获得性。

生态环境政策工具强度（ERI）= 污染治理投资额/每万元工业总产值

污染治理投资额=产业废水污染治理运行费用+废气的污染治理运行费用

在后面的测算中，污染治理投资额不计入固体废弃物的污染治理费用，是因为一方面相关数据国家早期尚未完全公布，另一方面对分析结果的影响不大。

第二节　生态环境政策工具强度与低碳化测算

为更加精确量化说明生态环境政策工具与碳排放之间的内在联系，第一节运用了计算式进行量化关系计算。需要说明的是，计算只是为了说明其中的量化关系，并非要作出新的验证或预测，故采用早期较为完整的数据更为可靠。

一、 生态环境政策工具强度测算

通过对1996—2018年规模以上工业企业的指标数据进行计算，得出生态环境政策工具强度（ERI）的数值（表8-1）及变化走向图（图8-1）。需要说明的是，统计口径选择规模以上工业企业，基于两个方面考虑：一是规模以上工业企业最具有中国产业的代表性，同时数据相对齐全；二是体现“双碳”目标产业集群特征，中国制造业总产值占工业总产值90%以上，如此处理更能体现中国产业实质性状况尤其是制造业状况。基于1996—2018年数据分析，从1996年开始，中国生态环境政策工具强度起点比较高，在2000年以前也是逐渐提高，到2000年达到最高强度；此后，生态环境政策工具强度整体上呈现下降的趋势（个别年份如2004—2005年除外），直到2011—2012年，生态环境政策工具强度走到低谷。2012年党的十八大召开，对生态环境保护上升到史无前例的高度，生态环境政策工具再次显著增大。

表8-1 生态环境政策工具强度（1996—2018年）

年份	ERI	年份	ERI	年份	ERI
1996	1.5	2004	1.52	2012	0.52
1997	1.72	2005	2.1	2013	0.91
1998	1.79	2006	1.5	2014	2.12
1999	2.21	2007	1.38	2015	1.86
2000	2.78	2008	1.12	2016	1.94
2001	1.54	2009	0.86	2017	2.03
2002	1.53	2010	0.53	2018	1.86
2003	1.51	2011	0.51		

原始数据来源：历年《中国统计年鉴》。

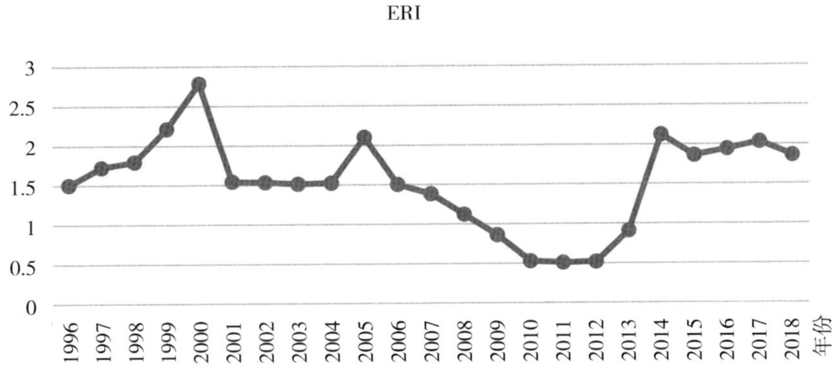

图 8－1　生态环境政策工具强度（ERI）变化

二、 产业结构低碳化程度测算

根据前面分析的产业间结构高度指标和设计公式，基于历年高技术统计及相关年鉴数据，可得出历年的产业间结构高度的数值（表 8－2）及变化走向图（图 8－2）。如图分析，产业间结构高度表现出“N”型演化趋势。自 1996 年以来，产业间结构高度逐渐提高，在 2002 年达到峰值后逐渐下降，2009 年降到最低，然后产业间结构高度再次小幅稳定提高。

基于前面 ERI 的数值与走势，比较 $ICSH_1$ 数值与趋势，不难得出生态环境政策工具强度对产业间结构高度的影响是滞后的，且滞后对应时间为 3~5 年。

表 8－2　产业间结构高度（1996—2018 年）

年份	$ICSH_1$	年份	$ICSH_1$	年份	$ICSH_1$
1996	0.47	2004	0.71	2012	0.63
1997	0.49	2005	0.69	2013	0.64
1998	0.62	2006	0.67	2014	0.68
1999	0.64	2007	0.63	2015	0.69
2000	0.72	2008	0.6	2016	0.72
2001	0.76	2009	0.58	2017	0.75
2002	0.78	2010	0.6	2018	0.79
2003	0.72	2011	0.61		

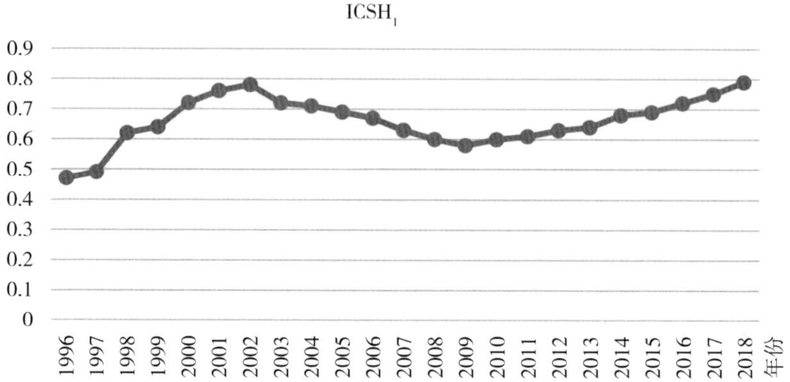

图 8－2　产业间结构高度（ICSH$_1$）变化

三、　制造业生态环境政策工具强度测算

计算 8 个制造业产业的生态环境政策工具强度，并按照生态环境政策工具平均强度从小到大排序（表 8－3）。因为制造业产业门类众多，且产业异质性差异明显，所以不同产业的生态环境政策工具强度差异很大。最典型的 8 个制造业产业中，生态环境政策工具强度最小的是“专用设备制造业”，其平均生态环境政策工具强度仅为 1.41；生态环境政策工具强度最大的是“造纸及纸品制造业”，其平均生态环境政策工具强度达到 67.2，这一水平是“专用设备制造业”产业生态环境政策工具强度的 48 倍。

表 8－3　选取样本产业的生态环境政策工具强度（ERI）

样本产业	统计年份					平均值
	2009	2010	2011	2012	2013	
专用设备制造业	2.01	1.51	1.35	1.06	1.09	1.41
橡胶和塑造制品业	3.17	3.09	3.48	3.30	3.27	3.26
计算机、通信设备制造业	4.04	5.53	4.70	8.05	7.32	5.93
纺织业	24.52	28.58	19.64	16.73	15.03	20.90
有色金属冶炼及加工业	34.05	27.19	23.05	23.15	21.00	25.89
石油加工及炼焦业	24.70	29.67	32.76	24.15	24.54	29.16

续表

样本产业	统计年份					平均值
	2009	2010	2011	2012	2013	
黑色金属冶炼及加工业	60. 47	58. 58	63. 70	61. 38	60. 39	60. 90
造纸及纸品制造业	73. 54	75. 80	70. 96	59. 92	55. 64	67. 17

原始数据来源：《中国环境年鉴》。

四、 制造业产业内结构高度计算

中国正在奔向“中国制造 2025”，制造业在相当长一段时间内仍是中国的主导产业，制造业产业的多样性和异质性决定了不同产业结构高度肯定存在显著差异，即碳排放差异性是十分巨大的。根据前述计算公式，得出2009—2013 年制造业产业内结构高度（表 8 - 4），结果也得以证实。8 个典型制造业产业中，产业内结构高度最低的为“石油加工及炼焦业”，高度仅为 0. 16；而产业内结构高度最高的产业为“计算机、通信设备制造业”，其产业内结构高度达到 0. 80，是“石油加工及炼焦业”的 5 倍。

表 8 - 4　产业集群样本的产业内结构高度（$ICSH_2$）

产业集群样本	统计年份					$ICSH_2$ 平均值
	2009	2010	2011	2012	2013	
石油加工及炼焦业	0. 11	0. 16	0. 17	0. 19	0. 17	0. 16
造纸及纸品制造业	0. 23	0. 21	0. 22	0. 24	0. 30	0. 24
纺织业	0. 26	0. 25	0. 26	0. 26	0. 26	0. 26
橡胶和塑造制品业	0. 27	0. 32	0. 27	0. 31	0. 30	0. 29
有色金属冶炼及加工业	0. 31	0. 31	0. 34	0. 34	0. 37	0. 33
黑色金属冶炼及加工业	0. 41	0. 41	0. 41	0. 43	0. 41	0. 42
专用设备制造业	0. 55	0. 51	0. 51	0. 52	0. 53	0. 52
计算机、通信设备制造业	0. 73	0. 88	0. 80	0. 77	0. 80	0. 80

第三节　实证分析与回归验证

影响产业低碳转型的重要因素除了生产和需求两方面基础性因素外，还涉及经济水平、人口结构（劳动力）、环境（资源与地形）、制度等多方面的因素。生产效率和技术进步是产业结构低碳化升级和集群的推动力，劳动力（劳动者）和资本要素（生产资料）是最基本的供给因素。需求要素包括需求结构和需求总量，是产业集群低碳化发展的原动力。前述设计的公式和测度的量化关系，其可靠性如何，能否论证生态环境政策工具与碳排放之间内在关联性问题，需要进行实证分析与回归验证。

一、　产业集群低碳化实证分析

中国仍处于体制转轨时期，改革已进入深水区。党的十八大以来，政府对经济和生态环境干预的力度比较大，出台了史上最严厉的生态环境政策工具。适当的制度因素和生态环境政策工具会促进产业发展，超过适度则会起到抑制作用。生态环境政策工具作为最经典和有效的制度因素之一，影响中国式现代化的各个方面，尤其是生态文明建设。以对外开放对产业集群低碳化的影响为例，其影响则主要通过 FDI 和国际贸易，主要路径是通过弥补资金缺口和竞争效应以及技术外溢等来影响产业集群低碳化发展。经济危机、金融危机和自然灾害等外部冲击会对产业集群起到外部作用。改革开放以来，中国经济遭受较大的外部冲击，基本上每 10 年左右有 1 次，诸如东南亚经济危机（1997 年）、美国次贷危机引发的全球金融危机（2008 年）和中美贸易对抗甚至脱钩和疫情（2019 年）等，这些外部因素都对中国经济产生了巨大的冲击力。2008 年金融危机以来，宁波、温州等区域产业集群遭受重创，如今面临“死地后生”的产业转型和低碳化发展。

基于上述分析，选取产业间结构高度（$ICSH_1$）、人均 GDP（生产力因素）、生态环境政策工具强度（政策因素）和外部冲击四个变量对产业的影响进行分析（表 8－5）。

表 8-5 变量的选取及含义

变量	名称	符号	含义
产业间结构高度	产业升级程度	$ICSH_1$	高技术产业/集群产业
生产力因素	人均 GDP	GDP	人均 GDP 基本反映生产水平
制度因素	生态环境政策工具强度	ERI	环境污染治理投资强度
外部冲击	金融危机	CRI	设 1998 年和 2008 年为 1，其他年为 0

对获取的数据进行对数化处理，以提高数据的平稳性，根据前期研究成果，考虑到生态环境政策工具对产业集群影响的滞后性，建立多元回归模型如下：

$$\ln ICSH_1 = \beta_1 \ln ERI_{(-2)} + \beta_2 \ln GDP + \beta_3 \ln CRI + \varepsilon$$

传统时间序列分析的前提是假定产业变量都满足平稳性要求，但实际上绝大部分并非平稳，这导致回归必定虚假回归，故必须进行单位根检验以判别其平稳性。根据 ADF 检验法（AIC 规则）进行单位根检验，选用 Eviews 8.0 软件对各变量单位根进行检验，结果为各变量在 5% 的水平下一阶单整，表明各序列是平稳序列，可继续协整检验（表 8-6）。

表 8-6 各变量 ADF 检验表

原序列	特征值	一阶差分	特征值
$\ln ICSH_1^{***}$	0.483（0.805）	$\Delta ICSH_1$	-2.247（0.029）
$\ln ERI^{*}$	0.560（0.983）	ΔERI	-3.117（0.049）
$\ln GDP^{**}$	-0.102（0.965）	ΔGDP	-4.945（0.011）
$\ln CRI^{*}$	-2.593（0.116）	ΔCRI	-5.014（0.002）

注：***代表检验方式为无截距和趋势项；**代表检验方式为截距和趋势项；*代表检验方式为截距项。

协整分析各变量，验证是否存在长期稳定性关系。采用 E-G 两步法，对残差进行 ADF 检验（截距项），得出特征值为-3.235，P 值为 0.04。可见残差序列平稳，说明各序列之间存在长期稳定性关系。

然后，对各变量进行 Granger 因果检验，以验证各变量之间因果关联，结果发现在滞后 1 期情况下：生态环境政策工具（ERI）、人均 GDP 均是产业集群低碳化发展的 Granger 原因，外部冲击如金融危机（CRI）不是产业集群低碳化的 Granger 原因（表 8－7）。需要说明的是，因为生态环境政策工具都有一定的滞后性，为相对准确验证问题，一般采用提前 1 期的数据，本著作采用 2009—2013 年面板数据，验证生态环境政策工具与产业集群的关系与影响机制。

表 8－7　滞后 1 期情况下 Granger 因果检验结果表

假设	F 值	概率	结论
ERI 不是 $ICSH_1$ 的 Granger 原因	3.500 76	0.085 9	拒绝
$ICSH_1$ 不是 ERI 的 Granger 原因	0.546 67	0.473 9	接受
人均 GDP 不是 $ICSH_1$ 的 Granger 原因	6.923 29	0.021 9	拒绝
$ICSH_1$ 不是人均 GDP 的 Granger 原因	1.211 62	0.292 6	接受
CRI 不是 $ICSH_1$ 的 Granger 原因	0.289 21	0.600 6	接受
$ICSH_1$ 不是 CRI 的 Granger 原因	9.202 94	0.010 4	拒绝

为判断实证结果的有效性和优劣，对自变量和因变量进行回归分析（表 8－8），对线性回归结果进行检验，结果如下：

（1）拟合优度检验。从回归结果看，如精确到 6 位有效数，则 R^2 = 0.913 169，调整后的 R^2 = 0.913 264。R^2 越接近 1，则表明回归方程拟合优度越高，且调整后 R^2 值越大越好。由此可判定生态环境政策工具、生产力发展变量对产业集群的线性回归拟合程度好。

（2）自相关检验。回归变量从回归结果看，DW = 2.003 199，接近于 2，检验通过，说明各随机变量之间不存在自相关。

（3）显著性检验（t 检验）。ERI 的 t 值为 3.199 027，对应 P 值为 0.015 1；人均 GDP 的 t 值绝对值是 3.279 273，对应 P 值是 0.013 5。两个变量均通过 5% 的显著性检验。

表 8-8　回归模拟结果表

变量	系数	特征值	P 值
$\ln ERI_{(-2)}$	0.187	3.199	0.015
ln GDP	-3.338	-3.279	0.014
ln CRI	-0.051	-1.457	0.188
C	-2.784	-2.862	0.024
R^2	0.913		

二、产业内部集群低碳化实证分析

考虑到生态环境政策工具对产业内结构升级与低碳化影响的滞后性，生态环境政策工具强度变量定为滞后 1 期，以从业者的平均工资（wage）作为模型的控制变量。从业者工资是生产投入的重要因素之一，构成企业成本，其水平必定对产业内部结构产生影响，是产业集群的十分重要因子；同时，从业人员工资转化为劳动者可支配收入，又从需求角度影响产业集群低碳化。根据《中国劳动统计年鉴》得到“从业者平均工资”数据。对现有数据取对数化，以提高数据的平稳性，根据已有的相关研究建立模型：

$$\ln ICSH_{2it}=\delta+\beta_1\ln ERI_{i(t-1)}+\beta_2\ln Wage_{it}+u_{it}$$

其中，i（i=1，2，…，8）表示 8 个制造业产业样本，t（2009—2013 年）表示年份时间。

对各变量进行面板数据单位根检验（fisher 检验），以验证各检验序列是否平稳。结果各变量原序列单整（表 8-9），说明单位根检验通过，可继续进行协整检验。

表 8-9　样本面板数据单位根检验结果

	LLC 检验	ADF 检验	PP 检验
$\ln ICSH_2$	-29.389 8（0.000 0）	82.090 1（0.008 2）	91.191 2（0.001 2）
$\ln ERI_{(-1)}$	-111.932（0.000 0）	94.009 2（0.000 6）	128.448（0.000 0）
ln Wage	-61.615 0（0.000 0）	104.601（0.000 0）	177.210（0.000 0）

注：括号内对应的 P 值和 $\ln ERI_{(-1)}$ 代表滞后 1 期生态环境政策工具的强度。

协整检验选用 Kao 检验和 Pedroni 检验。Kao 检验在 5% 的水平下通过；Pedroni 检验在截距项、趋势项的方式下，全部检验都在 1% 的水平下通过。检验结果（表 8－10）数据表明，模型各变量的协整检验通过，变量之间确实存在长期稳定的协整关系。

表 8－10　Pedroni 检验和 Kao 检验结果表

Pedroni 检验方式	t 值	P 值
Panal V-Statistic	−1. 707 482	0. 092 9
Panal RHO-Statistic	4. 169 505	0. 000 1
Panal PP-Statistic	−9. 351 392	0. 000 0
Panal ADF-Statistic	−18. 237 8	0. 000 0
Group RHO-Statistic	5. 878 277	0. 000 0
Group PP-Statistic	−17. 774 96	0. 000 0
Group ADF-Statistic	−152. 075 1	0. 000 0
Kao 检验方式	t 值	P 值
ADF	−2. 059 417	0. 019 7

根据面板数据模型，首先检验设定形式。根据 Hansman 检验结果（P=0. 010 3)，模型为个体固定效应模型。

对线性回归结果进行检验，判断实证结果的有效性，结果如下：

（1）拟合优度检验。R^2=0. 982 809，调整后 R^2=0. 986 717，通常认为 R^2 越接近 1，回归方程拟合程度越高，调整后的 R^2 越大越好。可知生态环境政策工具与其他控制变量对制造业产业集群内结构升级与低碳化的线性回归拟合程度好。进一步计算和分析其他产业也是如此。

（2）t 检验，即回归系数的显著性检验。ERI 系数的 $|t|$ =2. 661 950，对应的 P 值为 0. 009 4，小于 0. 01；Wage 系数的 t=2. 599 202，对应的 P 值

为 0.010 0，小于 0.05，说明各变量的回归系数都通过显著性检验。

三、 生态环境政策工具对产业低碳化实证分析结论

首先，生态环境政策工具（ERI）是产业集群的 Granger 原因，且与产业集群显著正相关。从协整关系上看，滞后 2 期的生态环境政策工具强度每提高 1%，会使产业集群结构升级 0.19%。严格的生态环境政策工具能促进产业集群结构升级。

其次，人均 GDP 是产业集群的 Granger 原因，且与产业集群显著负相关。其中，人均 GDP 每提高 1%会约束产业集群结构升级 3.34%。分析原因也许是生产力提高和宏观经济运行良好，各行业各企业经济效益不错，从而增加企业不愿意“改变”的信心，而不会促使企业离开原行业而进入高技术和产业集群发展。

再次，生态环境政策工具与产业集群的产业内结构升级呈负相关性，即生态环境政策工具一定程度上制约了集群产业内结构升级。生态环境政策工具强度每提高 1 个百分点，会约束集群产业内结构高度约 0.09 个百分点的提升。根据前面章节的机理分析，生态环境政策工具通过企业成本、技术创新以及 FDI 等外部变量对集群产业内结构施加影响。生态环境政策工具强度的提高，一方面增加了企业成本，存在阻碍技术创新的可能，对技术创新产生不利影响，但也可能会引发企业技术创新以应对严格的生态环境政策工具，从而对技术创新起到促进作用。另一方面，生态环境政策工具可能会导致“污染避难所”效应，阻止或减少 FDI 流入，导致 FDI 附加的“技术溢出”减少，进而影响产业技术进步。生态环境政策工具对集群产业内结构升级的实际影响则取决于各变量的综合效应。该实证结果表明，生态环境政策工具通过对此类变量施加直接或间接的影响，对中国集群产业内结构升级的负面影响，在短期内超过了正面影响，正面影响要较长时间逐渐推进。

最后，劳动者工资与集群产业内结构的升级呈正相关性，即从业者工资的提高促进了集群产业内结构的升级。其中，从业者工资每提升 1 个百分点，会促进集群产业内结构升级 0.16%。该结果可基于“收入-供给”和“收入-需求”机制加以解释。古典经济学派理论认为，工资水平会通过

“人均可支配收入水平变动—生产要素供给结构变动—产业集群结构变动”的响应链对集群产业结构产生影响，工资越高越能吸引高技术人才，进而促进集群产业内结构升级；凯恩斯主义“收入-需求”理论认为，消费结构的变化决定于收入水平的提高与否，而消费提升可以拉动集群产业内结构的升级。

第九章　生态环境政策工具的类型与比较

生态环境政策工具是人们为解决生态环境问题或达成一定的生态环境政策目标采取的手段。自20世纪50年代以来，全球生态环境问题的凸显促使世界各国政府寻求各种各样的政策工具加以遏制和约束本国生态环境恶化的趋势。如今，世界各国已经设计和制定出多元化的生态环境政策工具。良好的生态环境政策工具包括政治理性、技术理性和制度理性三个维度：政治理性体现在政策工具的行政性；技术理性体现在先进性和实用性，即市场激励发挥作用；制度理性引导、鼓励公众的自觉自愿行为。生态环境政策工具的类型与发展历程和生态环境政策工具的内在理性维度密切相关。

第一节　生态环境政策工具的分类

生态环境政策工具的分类有其影响机理，从历史的角度看，生态环境政策工具经历了三代演变：第一代工具是强制性的命令控制型，第二代工具是市场激励型，第三代工具是自愿型。该三代演变过程实际上是政府介入程度由大到小的转换过程。如今关于生态环境政策工具划分也大多沿用政府介入程度来划分。其理论依据是科斯经济学和资源分配的新古典理论，政府可通过对庇古税的外在环境进行征税，或者按照科斯定律，对其进行产权界定，从而制定相应的生态环境政策工具。

一、 生态环境政策工具分类的不同观点

早期的生态环境政策工具主要是管制和税收，其范围比较狭窄，Atkinson和Lewis（1974年）[①] 将其分为命令控制型与市场激励型两种。伴随着工业化进程的不断深入，资源与环境的承载力已接近极限，生态环境

① ATKINSON S E，LEWIS D H. A cost-effectiveness analysis of alternative air quality control strategies [J]. Journal of environmental economics and management，1974 (1)：237-250.

政策工具已成为学术界关注的焦点。托马斯·思德纳（2005年）[①] 把生态环境政策的手段看作是直接的环境管制、可交易的许可证、税收、补贴和押金、产权、法律规范、国家政策和计划。张金俊（2018年）[②] 认为，中国的环保政策制度是党的各项政策、法规、实施标准、规范计划等综合的环保政策。

目前的分类方法有二分、三分、四分和五分法。二分法是将生态环境政策工具划分为命令控制型和基于市场的市场激励型；经济合作与发展组织（OECD）采用的是三分法，将其划分为命令控制型工具、市场激励型工具、自愿型工具三类；世界银行（World Bank）采用的是四分法，将其划分为利用市场、创建市场、环境管制与公众参与四类；五分法则分为法律手段、行政手段、经济手段、技术手段和宣传手段。还有学者提出不同的分类，李翠英（2018年）[③] 按照中国政府机构的参与度，分为直接型与间接型；赵玉民等（2009年）[④] 将生态环境政策工具分为显性工具与隐性工具，显性工具包括命令控制型、市场激励型和自愿型，使用主体为国家、企业、产业协会，隐性工具指内在于公众的环保思想、观念、意识、态度、认知等；Howlett 和 Ramesh（1988年）[⑤] 依据生态环境政策政府干预性的强度，分为自愿型（非强制性）政策工具、强制型政策工具和混合型政策工具。

二、 生态环境政策工具分类的功能偏向

当前中国的生态环境治理形势十分严峻，需要众多的社会团体参与，因此，各级政府履行生态环境保护责任不能局限于单一的行政职能或组织，要与相关行政部门或组织协调，科学重构与界定政策工具的行政职能，积

① 托马斯·思德纳. 环境与自然资源管理的政策工具 [M]. 张蔚文，黄祖辉，译. 上海：上海人民出版社，2005：102.

② 张金俊. 我国农村生态环境政策体系的演进与发展走向：基于农村生态环境治理体系现代化的视角 [J]. 河南社会科学，2018（6）：97-101.

③ 李翠英. 政策工具研究范式变迁下的中国生态环境政策工具重构 [J]. 学术界. 2018（1）：122-136，286-287.

④ 赵玉民，朱方明，贺立龙. 环境规制的界定、分类与演进研究 [J]. 中国人口·资源与环境，2009，19（6）：85-90.

⑤ HOWLETT，RAMESH M. The theory of environmental policy [M]. Cambridge：Cambridge University Press，1988.

极嵌入新生行政职能。无论哪一种分类方式都难以将所有的生态环境政策工具涵盖其中，其涵盖的是主要的功能偏向。正如格林所说："不幸的是，我们不得不得出这样的结论，在这些分类中，没有一种是穷尽且互相排斥的。"[①] 在既有成果中，不同学者所采用名称稍有区别，也尽力朝穷尽及排斥方向努力。但总体而言，生态环境政策工具是培育产业成长、发展、贸易的有力手段，也是全球有效治理环境污染关键举措，尤其是有效推动绿色创新技术的研发、促进与扩散。

生态环境政策工具的实现要依赖于一定程序和手段，目前相关指标尚未确立，量化标准更是难以建立起来，环境产品贸易的生态环境政策工具效应分析也偏向于定性的功能判断。

三、 生态环境政策工具"三分法"为主流

随着生态环境治理外部从政府绝对主导走向政府、市场和社会多元共治，经合组织的三分法逐渐受到主流观点的青睐。本著作结合中国生态环境政策实践，从发挥作用的主体性角度和各种政策工具的强弱性特征出发，延续了生态环境政策工具的三分法划分方式，即命令控制型（Command and Control，CAC）、市场激励型（Market-Based Incentive，MBI）和自愿型（Voluntary Type，WT）。其中，CAC是通过制定法律制度、政策以及环境质量标准等措施，对市场主体在生产经营活动过程造成的环境污染进行控制，对那些没有履行和实现环保要求的污染者进行经济或行政处罚，企业主体在响应措施时只有很小的或者没有自由裁量的余地，不利于整体绿色全要素生产率水平的提高，在实施CAC生态环境政策工具时，无意中加重了企业主体的生产成本，为技术创新活动和行为的发生带来了一定的阻力。MBI是通过影响产品成本，引导生产者减少污染物的排放，以实现环境目标，具有一定的灵活性，对非国有企业的激励作用更明显，对市场化程度较强地区的促进作用也更显著；WT是指由政府或其他机构主导的政策，通常采取合作的形式，使企业自愿参加环保工作，大大提高了排污主体的灵活性。但现阶段WT政策工具的现实表现并不突出，从整体来看WT环境规划政策

① LESTER M S. The tools of government: an introduction to the new governance [M]. New York: Oxford University Press, 2002: 207.

需要结合企业自身的创新能力，因此需要政府完善政策设计，持续长期跟踪，企业也应加大对生态环境治理体系的重视和投入，只有两者有机结合才能推动WT环境规划政策的有效实施。不同类型生态环境政策工具对环境产业的影响机制呈现出显著差异（表9-1）。

表9-1 生态环境政策工具分类

CAC	MBI	WT
产品标准	环境税（费）	信息披露
市场准入	环境补贴	自愿协议（契约）
产品禁令	排污权交易	技术条约
生产工艺的管制	押金返还制度	建立网络
环境绩效标准	执行鼓励金制度	创新弃权书
技术标准	—	环境标志

第二节 CAC生态环境政策工具

中华人民共和国成立以来，中国的政治、经济和文化体制以及市场经济制度已经形成了相对稳定的由国家向地方的线性管理模式，随之也形成了“命令控制”式的生态环境政策规制。CAC生态环境政策工具的精细调整方式包括：自上而下的行动会议、自下而上的适应性实施和合约式的弹性调节机制，可有效地解决“一刀切”的管制观念中僵化、不协调和效率低下的问题。CAC生态环境政策工具一般以既有政策手段、现行的法律法规或公序良知为基础，这是其威慑性、权威性的合法来源。所以在其内在属性中就决定了要有相应的惩罚措施，明确对相关主体不履行行为而采取的相应强制性惩处。

一、CAC生态环境政策工具逐渐完善

从最初“命令控制”式生态环境政策工具到现在CAC生态环境政策工具体系，无论从内容还是实践方式都日趋完善。尤其是近年来，已有多名学者开始从行政规制的理性视角出发进行研究，从“改革”和“重构”角度出发，以及从公共利益、社会福利和行政绩效等角度出发，对历史进行

回顾和尊重，并在此基础上，提出了许多具有建设性意义的改革建议。

在生态环境治理问题、促进环境污染外部性转向内部化进程的初期，CAC生态环境政策工具由行政管理部门实施，所采取的手段一般是借助于政府的行政、法规等强制手段，如设定排放标准、确定排污权、制定生产设备标准、生产技术指标等，以此达到一定的生态环境控制目标（表9-2）。

表9-2　CAC生态环境政策工具与主要内容

年份	生态环境政策工具	主要内容
1973	《关于保护和改善环境的若干规定（试行草案）》	设立惩治措施，引入环境评价的概念
1978	《环境保护工作汇报要点》	实行排污收费制度的设想
1979	《中华人民共和国环境保护法(试行)》	拟定了生态环境保护标准，要求排污主体都必须严格遵守该标准
1981	《基本建设项目环境保护管理办法》	规定了环境影响评价的范围、程序、方法、费用和审批等环节
1982	《征收排污费暂行办法》	明确了保护与惩治的要求
1983	《中华人民共和国环境保护标准管理办法》	严格限定了生态环境保护标准、污染物排放标准，并对相关条文的制定、实施和管理作出详细规定
1986	《建设项目环境保护管理办法》	扩展环境影响评价的范围
1993	《国家计委、财政部关于征收污水排污费的通知》	对企业排放污染物的总量进行把控，进一步完善了中国的排污收费制度
2012	《中华人民共和国清洁生产促进法》	利用两道防线进行污染管控，分别是达标排放和排污总量控制
2014	《中华人民共和国环境保护法》	从信息公开、社会监督的角度为公众参与奠定了法律基础
2018	《环境影响评价公众参与办法》	对社会公众行动机制和参与决策机制加以明确，在生态环境保护意识指导下，社会公众自觉地采取环保行动
2019	《大型活动碳中和实施指南（试行）》	为推动践行低碳理念，弘扬以低碳为荣的社会新风尚，规范大型活动碳中和实施

续表

年份	生态环境政策工具	主要内容
2019	《产业结构调整指导目录》	推动制造业高质量发展，促进形成强大国内市场，大力破除无效供给，提升科学性、规范化水平
2021	建设项目环境影响报告表	深化建设项目环境影响评价“放管服”改革，优化和规范环境影响报告表编制，提高环境影响评价制度有效性
2022	《企业环境信息依法披露格式准则》	深化环境信息依法披露制度改革，细化企业环境信息依法披露内容，规范环境信息依法披露格式准则，从而便于社会面监督

二、 CAC生态环境政策工具的优缺点

CAC生态环境政策工具的优势是在应对棘手的生态环境问题时，可以在环境标准合理的情况下强制污染者采取必要的行动，直接有效地实现生态环境政策的目标。特别是在我国特殊的国情下，具有强烈执行力，使生态环境得以明显改善，并进一步促使我国经济发达地区迅速转型，使得经济社会得到更好发展。当然，CAC生态环境政策工具还有以下几个方面需加以完善：

一是CAC生态环境政策工具虽然能够有效抑制环境污染和生态破坏，但政策的有效执行与制定科学合理的政策息息相关，需要政府了解每个企业的成本与开支，有效的实施有赖于对相关信息的获取，因此交易成本过高，容易导致降低CAC政策工具的实际执行效率。

二是生态环境管理体制的分割使得中央政府与地方政府之间存在潜在的冲突。中国政府长期实施的管理体制，是CAC生态环境政策工具运作的重要制度依据。行政机关在保护自然资源、环境污染治理等方面起到了积极作用，但中国实行省、市、县、乡镇四级行政机构，从中央到地方建立了多层次的行政主体，命令、政策等需要层层传递，不可避免地会受到地域意识限制。由于信息不对称、管理职责差异、主观因素诱导等因素往往导致执行不到位，对跨区域、易扩散、多源性生态环境污染无法有效作为。

体制上过于约束也间接阻碍了企业的技术创新和机制创新，难以推动市场对资源的优化配置。

三是经济发展和生态环境保护相比具有一定的优先性，且人力和财政的短缺、机构不完善和环保监督力量薄弱等因素也在一定程度上制约了政府生态环境管理能力的发挥。随着环境污染和生态破坏问题的日趋复杂化，CAC生态环境政策工具没有根据减排的成本确定使成本最小化的污染水平，导致企业即使有意愿进行减排，也缺乏去寻找低成本、高效益的削减方式。

基于此，必须认识到生态环境保护和修复不是一个简单的概念，不能简单地按照土地、森林、河湖等自然资源类型来进行行政管理，而是要按照自然生态系统的整体性、多系统性和内在的规律，实行区域、部门的整体保护、系统修复和综合整治，需要更多的、更灵活的政策工具组合使用。

三、CAC生态环境政策工具的优化

政策目标的合理确定。在优化CAC生态环境政策工具时，应以政策目标为原则，避免因为偏离目标而导致政策工具的制定失败。在合理设定生态环境政策目标的前提下，政府运用命令和控制手段来执行生态环境政策，才能促进经济社会健康发展。经济增长仍然是官方绩效考核的关键指标，可以带来直接的经济效益，如果地方政府继续坚持以经济发展为优先的政府治理目标，CAC生态环境政策工具将难以实现保护和改善环境质量的最终目标。另外生态环境政策目标的确定还需要将地区差异性作为重要的参考因素，不可忽视各地区在经济基础和环境基础方面的差异，避免实施“一刀切”的生态环境政策。所以，政府在生态环境政策上采用指挥控制手段的选择时，应首先考虑合理的生态环境保护目标。

改革与完善生态环境管理机制。根据我国生态环境管理制度的现实情况，必须对现有的生态环境管理制度进行积极而及时地改革，以增强CAC生态环境治理机构的地位和公信力。中央政府应继续坚持环保督察和环保约谈为主要形式的生态环境治理行为，充分发挥其对生态环境效应的促进作用。但也不能忽视环保督察和环保约谈对能源消耗的负面影响，避免生态环境治理流于形式，造成环保不节能的不经济情况。目前，中国生态环境管理部门的权限有所提升，比如原国家环境保护总局改为中华人民共和国生态环境部，但权力界定和政策工具还有待进一步加强。合理界定中央和地方的生态环境管理权限，充分考虑各地区在经济发展水平、工业规模、环保投入等方面的差异，实施差异化的生态环境政策，将生态环境监管力度控制在合理的范围内，既要避免因监管力度不足导致的环境污染肆意，也要避免因监管力度过强导致的产出下降。

CAC 生态环境政策工具主要由地方政府直接实施，但由于地方政府在治理生态环境方面经常出现“政府失灵”现象，有必要通过完善生态环境管理制度来强化地方政府对环境的监管，明确地方政府在生态环境管理中的责任。国家生态环境保护政策的制定要在生态环境治理、河流治理、生态环境保护设施建立等方面加强中央政府的责任。地方政府的首要任务就是改善当地的生态环境、基础设施、环境状况。合理确定中央政府与地方政府对生态环境治理的权力，使其能够更好地发挥作用，增强 CAC 生态环境政策工具在指挥、控制中的有效性。

中国现行的环保管理制度是非常松散的。参与人很多，权利也很分散，甚至有矛盾和竞争，各部门之间的交流和协调不足。因此，在市场经济条件下，政企分开和政府职能的转变，必须对原有的生态环境功能进行调整。重构生态环境格局的体系特征，使政府、企业、环保中介机构各自发挥作用，互相监督，保证 CAC 生态环境政策工具有效实施，避免生态环境政策工具在实施过程中遇到分权、责任不清等问题。

CAC 生态环境政策工具的有效实施必须得到相关法律法规的保护，如果 CAC 生态环境政策工具在实际实施过程中缺乏法律依据或保障，就需要积极完善相关法律法规，如依照法律法规对企业落后的生产技术设备和工艺进行淘汰。只有在充分的法律保护下 CAC 生态环境政策工具才能有效地执行。此外，生态环境政策面临的实际挑战之一是缺乏有效监测和控制环境污染的能力，各级生态环境部门的规模和资金有限，直接从事生态环境管理的人数有限。对违反环保法律法规的企业或其他责任主体，CAC 生态环境政策无法完全落实，且随着市场经济的发展和各类市场主体的快速增加，这种情况越来越明显，应探索采用不同的市场型生态环境政策工具组合，优势互补，以期最大程度地发挥政策工具的效用。

地方政府也应根据当地经济、生态特色制定符合本地情况的地方性 CAC 生态环境政策工具。中央需要加强地方政府在生态环保领域的政策能力建设，除了为地方政府提供必要的资金、人员等实物保障外，还需要一定的政策支撑或放权。地方政府应明确并细化各自的生态环境职能和责任，强化部门间的信息共享和工作衔接，在出台生态环境政策时尽量避免政策内容的重复和冗余，最大程度地发挥政策的效用，实现各部门的有效联动和高度协调。

当然，生态环境治理不是一朝一夕可以完成的，政府在制定环保政策时，要从长远的眼光来看，不能以短期的利益为出发点。政策工具要转变成为市场导向的政策手段，不要仅仅依靠指令来约束，还要让市场来解决生态环境问题。由此引导出市场激励型生态环境政策的提出。

第三节　MBI 生态环境政策工具

CAC 生态环境政策工具是政府对所有企业采取相同标准，迫使企业采取环保的生产经营模式，是一种具有显著刚性的政策工具。CAC 生态环境政策工具所产生的过高的成本，促使世界各国在控制碳排放总量的前提下，综合考虑减排、监督和惩罚三类成本，探索新的生态环境政策工具以实现治理成本的最小化。而 MBI 生态环境政策工具主要采用环保补助，通过排污费与环保税的方式引导和鼓励企业进行绿色投资，相比之下具有更大的灵活性[①]。市场机制具有实现资源有效配置和建立正确激励的优势。

一、 MBI 生态环境政策工具的分类

MBI 生态环境政策工具通过利用政府的调节功能，以潜在的利益奖励或处罚机制引导人们改变生产和生活方式，从而把生态环境污染外部性内部化，达成经济、环境、社会可持续协调发展。Bordnetze（2018 年）从功能角度出发，认为 MBI 生态环境政策工具是通过改变市场价格、改善市场运

① 甘远平，上官鸣. 环境管制对企业环保投资的影响研究［J］. 生态经济，2020（12）：97-100.

作、从无到有创造市场等方式来实现生态环境保护的目的①。Nikoleta Jones 等（2008 年）从政策工具实施途径的角度出发，认为 MBI 生态环境政策工具发挥作用前提是要有充分的经济刺激，并将经济刺激分为三类：碳税补贴等积极手段，征收环境税、垃圾税等消极手段，使用押金-返还系统等混合型手段②。丁文广（2009 年）从经济调节机理的角度出发，认为 MBI 生态环境政策工具的实质是为了环境物品的私有化，依据经济成本效益原则，利用经济调节激励生产者控制污染排放，以实现环境质量的改善③。

国际上通常采用的 MBI 生态环境政策工具有环境税费、环境补贴和可交易许可证三类（表 9-3）。中国基本上采用国际惯行的 MBI 生态环境政策工具（表 9-4），归属于为改善自然环境、优化资源配置、提高经济效益的政策手段。一般认为环境税费和环境补贴是政府利用经济引导的手段进行生态环境治理，是利用市场的政策工具，而可交易许可证（排放权交易）属于创建市场的政策工具。由于 MBI 生态环境政策工具更易服务于“双碳”目标的实现，相对而言碳交易比碳税能够更有效地提升资源配置效率，为减排带来正向激励，同时设定合理的碳税税率是比较困难的，中国选择碳交易作为减排的主要手段，同时碳税也是重要手段，因为碳税更能体现公平性。

按照对市场的利用程度，将 MBI 生态环境政策工具分为两类：利用市场型和创建市场型。环境税费、碳补贴等是较为常见的利用市场型，排污权交易制度、碳汇交易市场等是创建市场型。

---

① BORDNETZE. A theoretical foundation of the porter hypothesis [J]. Economics letters, 2018, 75 (3): 355-360.

② NIKOLETA JONES. Relationships between environmental impacts and added value along the supply chain [J]. Technological forecasting and social change, 2008, 65 (3): 281-295.

③ 丁文广. 资源环境管制与工业竞争力关系的理论研究 [J]. 中国工业经济, 2009 (3): 5-17.

表 9-3　MBI 生态环境政策工具及主要功能

类型	概念	主要功能
环境税费	通过增加企业生产成本倒逼企业发展创新低碳技术，包括产品税费、使用者税费和排污税	产品税费是对生产、消费过程中使用污染产品征税；使用者税费是对污染者使用公共治污设施征收费用；排污税是对排污行为征税费
环境补贴	政府采取干预措施将环境成本内化，对企业清洁生产、环保行为及相关产品等进行补贴	在实际运行中，大部分垃圾处理厂或污水处理厂的煤电价格补贴即属于环境补贴
可交易许可证	在满足排放指标的前提下，建立合法的排放权利，并提供良好的市场保障机制，保障稀缺资源的有效配置，剩余指标可以转让	转让价格由市场决定，提高资源配置效率，允许剩余排污权的出售可对企业形成激励

表 9-4　中国 MBI 生态环境政策工具

类别	形式		开始年份
利用市场型	税收	环境资源税（仅限于矿产资源税）	1993
		环境税	2018
		对环保企业实行“三免三减半”税收优惠	2007
	补贴	对电价和煤炭价格的补贴	1982
		脱硝电价补贴政策	2011
		脱硫电价补贴政策	2004
	信贷刺激	对严重污染的企业限制贷款；对绿色产业给予重点支持（绿色信贷）	2007
	押金、保证金及环境保险	“三同时”保证金、治理设施运行保证金等	1989
		污染责任保险、环境损害保险等	1991
		桶装水等行业押金	
创建市场型	排污权交易制度	二氧化硫排放权交易、二氧化碳排放权交易、水污染权交易等	1987
	生态补偿	森林生态补偿、流域生态补偿等	1998
	碳排放权交易	在北京、上海、天津、重庆、湖北、广东和深圳开展碳交易试点	2011
		在全国启动碳排放交易权市场	2021

二、 从环保补贴投资到碳税

MBI 生态环境政策工具是充分利用市场机制释放价格信号，把外部性纳入内部成本，激励排污主体选择成本最小化的选项，以调节企业的污染行为和创新行动，即改变其生产及消费行为，间接地实现环境污染外部性成本的内部化，达到所需要的环境效果并实现资源的最优配置，而非使用直接明确的规章制度来约束污染者的行为。主要采用生态税（包括排污费和环境税）、可贸易排放许可、政府补贴和押金返还等方式。企业在满足生产过程符合环境标准的同时，尽可能降低了自己的运行成本、提高了利润率。政府也通过激励企业发展绿色低碳技术，节省了财政支出。在实施中，也存在环境产权界定较为困难、无法立即产生效果等问题。

环保补贴是国家利用资源重新配置对实体经济进行绿色运营和投资的一项重要的政策措施。原因在于政府补助具有激励和约束的双重效应，资源补偿与约束条件的变动将促使企业自主调整经营或投资行为[①]。创新补贴作为一种激励政策有助于企业从事绿色创新活动，且通过对生态环境保护的进一步加强，可推动企业的绿色发展。目前，高污染工业大多是国家的支柱产业，但高污染工业的排污环节众多，污染物成分复杂，处理难度大，高污染、高排放成为目前生态环境治理问题的重点。根据耶鲁大学 2020 年全球环境绩效指数，中国在 180 个国家和地区中排名第 120 位[②]。根据全球统一的国家生态环境绩效评价标准，中国生态环境绩效排名靠后，这表明中国在生态环境绩效方面还有很长的路要走。改革开放以来，粗放式的发展模式造成了严重的资源浪费和污染。在新的发展理念下，高污染产业的转型升级离不开绿色发展和相应的生态环境政策。推进绿色发展的关键是绿色科技，而与之配套的新型现代科技则需要大量的投资。根据学者马骏的预测，中国绿色工业每年要投入大约 2 万亿~4 万亿美元。但在目前的发展阶段，国家对生态环境保护的投入只有总投入额的 15% 左右[③]，单靠国家

① 周燕，潘遥. 财政补贴与税收减免——交易费用视角下的新能源汽车产业政策分析［J］. 管理世界，2019（10）：171-189.

② 林婷. 清洁生产环境规制与企业环境绩效——基于工业企业污染排放数据的实证检验［J］. 北京理工大学学报（社会科学版），2022，24（3）：43-55.

③ 马骏. 构建绿色金融的理论框架［J］. 金融市场研究，2016（2）：72-81.

的环保补贴很难支持环保投资，环境税应运而生。

碳税是庇古税理论在生态环境政策中的实践，目的是治理环境污染、保护生态资源、改善环境状况。碳税是通过税收手段，将因碳排放带来的环境成本转化为生产经营成本，因其兼具环境法与税法双重属性，以及市场与政府两方面机制功能，正日益受到世界各国重视[①]。

碳税设计与征收应以本国碳减排责任与目标设定为基础，同时必须考虑本国经济发展所处阶段，以及经济发展和人民生活水平提升的合理要求。依据“共同但有区别的责任”原则，中国作为世界人口最多、出口量最大，并且正处于工业化上升时期的发展中国家，本无强制性减排义务与责任，在国际层面也不应承担硬性指标[②]。但作为负责任的大国，同时也出于保障我国经济可持续发展和人民健康福祉的考量，中国始终与世界各国合作减少碳排放和遏制气候恶化。中国将加大政府的投入，加大与之相关的政策和措施，力争在2030年之前实现碳达峰，在2060年之前实现碳中和。2021年10月，《2030年前碳达峰行动方案》正式发布，方案包括总体要求、主要目标、重点任务、国际合作和政策保障，并强调建立健全有利于绿色低碳发展的税收政策体系，更好发挥税收对市场主体低碳发展行为的促进作用。

碳税具有固定价格，一般体现为每吨二氧化碳征收固定的碳税金额，已经被世界各国广泛使用。通过对国际碳税制度建立与发展历程的梳理不难发现，碳税制度设计不是一蹴而就的，应当是在国际公约框架下，选择合理的计征方式，时刻根据本国发展情况进行动态调整。近年来，我国在低碳环保绿色发展方面取得了长足的进步，在经济始终保持中高速发展的同时，我国的能源消费总体呈缓慢增长态势，能源消费结构不断优化，煤炭消费占比持续下降。但我国依然是世界最大的发展中国家，现代化尚未完成，生产发展和生活改善对于能源依赖短时期内难以改变。在我国能源结构中，煤炭依然处于主体性地位。开征碳税相当于实施更严格的碳定价

① 陈渊鑫. 全球环境正义视域中的国际碳税制度研究［D］. 武汉：武汉大学，2012.

② 董静，黄卫平. 我国碳税制度的建立：国际经验与政策建议［J］. 国际税收，2017（11）：71-76.

政策，必将深刻影响经济社会发展和人民生活水平提升。因此，设计碳税制度必须结合我国经济社会发展实际，审慎选择计征方式，合理控制税率水平，坚持税收中性原则，注重分配公平，在不影响节能减排目标实现的同时，保证经济社会平稳较快发展。

三、MBI 生态环境政策工具的优化

政府应当加大经济资源支持力度。在碳排放权交易制度下，由于没有足够的经济资源来进行生态环境治理，企业对生态环境保护的投入力度还不够大。在运用市场机制指导生态环境治理，优化环境投资结构的基础上，应该进一步加大政府对环境投资的支持力度，有效地解决资金“瓶颈”问题，通过环保补贴等经济手段支持企业绿色转型，充分提高企业环保投资的意愿。

引导企业积极参与碳排放权交易。中国企业预防性环保投资水平总体仍低于治理性环保投资，需要企业积极参与碳排放权交易，推动清洁生产，减少污染，将“前端预防”和“全程预防”的环保理念贯彻到生产全过程，从源头上进行污染治理。同时内陆企业要加强与沿海企业的技术经济合作，要勇于突破传统的路径依赖。

政府应采取差异化的 MBI 生态环境政策工具。不同地区不同规模的企业在执行 MBI 生态环境政策时会表现出不同的效果，需要各级政府要根据不同的经济发展程度和资源禀赋、不同规模企业的生产方式与特点，制定差异化的 MBI 生态环境政策工具，以达到最大程度的市场效果。

第四节 WT 生态环境政策工具

长期以来，CAC、MBI 等生态环境政策工具在国内外的生态环境治理理论与实践领域均占据主导地位，但此类规制依从“自上而下”的刚性治理思路，行政成本高，灵活性较差[①]，生态环境治理效果往往不如预期。随着企业对长期利润的关注及公众环保意识不断提升，自愿性环境行为开始受

① JIANG Z Y, WANG Z J, ZENG Y Q. Can voluntary environmental regulation promote corporate technological innovation [J]. Business strategy and the environment, 2020, 29 (2): 390-406.

到各国政府与社会组织的重视①，人们意识到激发企业主动的生态环境保护意愿与行为同样是一条行之有效的生态环境治理路径②，WT 生态环境政策工具越来越受到关注，并逐渐成为生态环境政策工具发展的新方向。

一、 WT 生态环境政策工具产生的政策背景

CAC 生态环境政策工具更加依赖于政府监管的强度，执行成本较高，最终产生了事倍功半的效果。而 MBI 生态环境政策工具对市场体系的健全性等方面的要求更加严格，且经济主体的反应存在一定的时滞，政策效果也会存在滞后性。因此，新型高效的政策工具成为政府、企业和公众共同的迫切需求③。在此背景下，中国从 2004 年开始实施政府节能采购政策，该政策依托于第三方认证机构制定的节能环保条款，企业只有满足条款中的要求，才能获得节能认证，从而进入“节能产品政府采购清单”（以下简称清单），获得政府部门的优先采购权。通过政府优先采购并引导社会大众优先选择节能产品，激励企业为获得节能认证并进入清单而主动改变生产行为，包括生产材料、生产工艺、产品包装、运输和储存等环节符合环境监管要求，最终实现生态环境保护的目标。政府节能采购政策通过优先采购措施，激励企业自愿承担环保责任。既能减少政府的能源费用开支，节省财政资金，又能通过发挥政府的带头表率作用，增强全社会的资源忧患意识，并引导企业自愿采取污染减排措施，推动企业技术进步，扩大节能产品市场，对于实现经济社会可持续发展具有十分重要的意义。

在中国的生态环境治理领域，WT 生态环境政策工具理论与实践相对匮乏，相关研究尚处于起步阶段，考虑我国 WT 生态环境政策工具发展的现实情境与阶段性特征，WT 生态环境政策工具参与不足是现阶段最为突出的问题，有限的应用规模难以发挥 WT 生态环境政策工具的特定优势，探究如何促进企业更广泛、深入地参与 WT 生态环境政策工具尤显必要，但目前我国

① GOULDEN S，NEGEV M，REICHER S，et al. Implications of standards in setting environmental policy [J]. Environmental science & policy，2019，98：39-46.

② BU M L，QIAO Z Z，LIU B B. Voluntary environmental regulation and firm innovation in China [J]. Economic modelling，2020，89：10-18.

③ 周海华，王双龙. 正式与非正式的环境规制对企业绿色创新的影响机制研究 [J]. 软科学，2016，30（8）：47-51.

企业参与WT生态环境政策工具的动机及机制尚不明晰。

参与WT生态环境政策工具是一种多元压力下的非完全自愿行为①，外部压力缺失可能导致企业参与度低下，或是采取表面上参与但并不实质性推进的机会主义行为②，尤其在中国现阶段从强制型规制为主导向混合规制协同的过渡型治理场景下，外部压力如政府监管压力、利益相关者压力等对企业的生态环境参与行为的影响不容忽略。外部压力如何影响企业参与WT生态环境政策工具，企业参与决策在外部压力作用下会发生怎样的动态变化，多重外部压力对参与决策的交互作用如何，目前鲜有文献对上述问题开展系统研究。厘清企业参与WT生态环境政策工具动态决策机制，引导更多企业参与WT生态环境政策工具，拓展生态环境治理思路与视角，促进尽快实现从"要我环保"到"我要环保"的转变，具有十分积极意义。

二、 WT生态环境政策工具的优点与启示

与政府行政干预的CAC生态环境政策工具相比，WT生态环境政策工具的优势在于具有灵活自治度、快速调节潜力和响应效率高等③。与MBI等单边市场治理组织相比，WT生态环境政策组织一般属于双边或者多边治理组织，具有信息价值高、供需匹配度高和规制成本较低三大优势④。在信息方面，WT生态环境政策工具往往能掌握比较充分的专业技术知识，控制和实施成本比较低；在规制的供需匹配方面，WT生态环境政策工具涵盖范围更加全面，规制标准与实际执行间的契合度高，能够及时有效地发现违规行为，并进行相应惩罚⑤；在规制成本方面，由于WT生态环境政策工具的规范性较低，所以其修正标准的成本也较低，而且通过自愿参与型生态环境政策通常能实现规制管理成本的内部化。此外，供需匹配度高导致生态

① 王建秀，赵梦真，刘星茹. 中国企业自愿环境规制的驱动因素研究［J］. 经济问题，2019（7）：87-94.

② 潘翻番，徐建华，薛澜. 自愿型环境规制：研究进展及未来展望［J］. 中国人口·资源与环境，2020，30（1）：74-82.

③ 殷继国. 论创新友好型规制模式的逻辑意蕴与路径选择［J］. 华南师范大学学报（社会科学版），2019（2）：142-148.

④ 徐飞. 日本食品安全规制治理评析：基于多中心治理理论［J］. 现代日本经济，2016（3）：26-36.

⑤ 殷继国. 论创新友好型规制模式的逻辑意蕴与路径选择［J］. 华南师范大学学报（社会科学版），2019（2）：142-148.

环境政策工具的社会总成本降低。

WT生态环境政策工具体现了生态环境多主体协同治理的思路，对传统生态环境政策工具形成有益的补充，对拓展我国生态环境治理路径具有较大的创新空间。企业出于对外部压力或内部动力的响应做出参与WT生态环境政策工具的行动，环境负外部性决定了政府或其他利益相关者等外部压力出台WT生态环境政策工具的必要性。由此得出以下启示：

（1）政府环境监管及使用者关注等外部压力对企业参与WT生态环境政策工具具有必要性，将有效提升企业参与WT生态环境政策工具的意愿，且二者结合的影响效应将进一步放大。同时，随着政府实施环境监管或使用者施加关注的概率提升，企业将会越快参与WT生态环境政策工具。由此可通过合理设计环境监管政策、鼓励使用者监督等复合手段促进企业自愿的生态环境行为。

（2）企业参与WT生态环境政策工具反过来也有利于减少政府对生态环境治理的干预程度，降低政府的监管成本，减少生态环境治理的“刚性”，体现出WT生态环境政策工具的既有优势，与传统生态环境政策工具结合使用有助于弥补传统规制工具的缺陷。同时对外释放出“环境友好”“积极履行环境社会责任”等积极信号，使用者通过WT生态环境政策工具参与情况识别、认证企业的环境表现，增强对企业的信任感，从而减少使用者监督行为及相应的成本支出，提升使用者效用。

（3）政府环境监管与使用者关注的效果具有一定的差异性。政府环境监管将令企业更快地参与WT生态环境政策工具。使用者关注压力与政府环境监管压力间存在一定的可替代性，意味着生态环境治理并非只能遵循以政府权力为主导的“自上而下”的治理路径，激发使用者等社会主体参与生态环境行为监督，对拓展生态环境治理实现路径具有积极意义，为环境多主体协同治理提供了有效依据与思路。

（4）政府环境监管中奖惩力度、使用者声誉评价等因素正向影响企业参与WT生态环境政策工具的概率。合理设计奖惩方式及力度，加强社会环保氛围，强化社会对企业环境行为的声誉评价与约束机制将有利于促进企业的自愿环境行为。此外，政府对使用者监督的激励正向影响使用者关注度，加强对使用者监督的激励将有利于促进使用者等公众参与生态环境治理。

三、 WT 生态环境政策工具的优化

生态环境政策工具的抓手应从“是否实施”向“综合实施”转变。WT 生态环境政策工具作为近年来企业自主推动加强绿色管理和绿色创新的重要手段，现阶段的现实表现并不突出，从整体来看 WT 生态环境政策工具需要结合企业自身的创新能力，才能为推动绿色发展起到积极作用，否则沦落为“口号创新”“数字创新”和“运动式创新”。对此，政府部门应完善政策设计、加大创新激励力度、提升创新能力，推动企业从传统创新向绿色创新换挡升级。

完善激励政策，对绿色创新政策进行长期跟踪。绿色创新激励政策需要持续长期跟踪，推动以三年为滚动周期的连续评审制度，落实企业从策略性绿色创新到实质性绿色创新。因此，在完善 WT 生态环境政策工具设计的过程中，应进一步加强对创新能力的关注。同时，WT 生态环境政策工具的实施效果有赖于自身的创新能力，企业应加大对创新工作的投入力度和重视程度，创新能力与生态环境管理体系的结合才能推动绿色创新行稳致远。

企业应制定绿色差异化战略，积极主动承担环保责任。随着“双碳”目标的提出，不论是政府部门还是社会公众，生态环保需求都日益增强。而作为生态环境保护的重要微观主体，企业更应制定符合自身发展特点的绿色差异化战略，积极主动承担差异化的环保责任。包括企业通过研发环境友好型产品，抢占绿色消费市场，提高市场占有率和竞争力；采用绿色创新技术，承担环保责任，实现污染减排。这也是为实现我国“碳中和”目标而应做的努力和贡献，进而有利于企业长远发展。

规范并鼓励权威认证机构与生态环境政策工具有机结合。政府可通过引入第三方监管机构对整个生产过程进行监督，突破了原有生态环境政策的片段性和静态性，增强了监管的整体性和动态性；通过制定契约书、协议书等文本来规范企业的生产行为，企业根据自身发展情况和经营现状决定是否履行协议，从而增加了协议履行的弹性，有效避免了“一刀切”式

生态环境政策工具的弊端。诸如引入更多的节能认证或绿色认证的权威机构，倒逼企业采用更加先进的环境友好型生产技术，从而更加高效地促进企业污染减排。

第十章　中国生态环境政策工具的演变历程

政策工具是指执政党和政府部门为了解决社会公共问题或实现一定的政策目标而引导或确定政策对应者采取预期行为的具体方式和机制①。生态环境政策工具是为了协调生态发展权和资源再分配的一种经济手段，也是实现生态公平性的一种有效途径。中国的生态环境政策大多是由政府部门直接操作，在政府制度下进行的，带有浓厚的行政色彩。从时间跨度上看，我国生态环境政策的演变历程具有长期性，并且演变历程具有复杂性，通过历史叙事能够更加直观地表现出政策变迁的全貌。因此，在对制度变迁进行理论分析之前，有必要对制度在长时段中变迁的时间序列进行研究。随着我国生态环境政策的变化，政府、企业和社会公众的生态环境保护意识不断深化。如今，生态环境政策工具历经新中国七十多年的发展，已形成了比较完整的政策体系。对中国生态环境政策工具发展的历史进程进行梳理，将其演进过程大致分为起步阶段、构建阶段、完善阶段、全面与纵深发展阶段四个历史阶段。

第一节　起步阶段

中华人民共和国成立以来，中国完成社会主义改造（1956 年）之后步入经济发展的大潮，对生态环境也逐步关注。尽管中央政府在生态环境保护方面进行了大量投资，此阶段中国的年度环境目标几乎没有实现。高层决策者往往难以认识到的是，生态环境治理体系如此复杂，以至于包括法律、政策、行动者和生态环境问题在内的多个因素交织在一起。如不知道系统元素的作用、位置和互连，人们很难找到进一步改进的关键点。面对挑战，中国政府对生态环境治理政策开始进行艰难探索。此阶段是生态环

① 杨洪刚. 中国生态环境政策工具的实施效果及其选择研究［D］. 上海：复旦大学，2009.

境政策的起步阶段，界定的时间节点为1949—1978年。

一、经济建设对资源环境的冲击

公共政策的变迁不是随意发生的，而是在特定历史背景和社会环境下产生的，在分析政策变迁问题时，必须坚持历史观和发展观，将分析的问题置于所处的时代背景，才能更好地对生态环境政策变迁进行全面地认识①。在生态环境政策的起步阶段，改革开放的实施加快了我国生态环境政策的产生，该时期经济的快速发展以及生态环境问题的大量出现是其主要的社会背景。从国际上看，发达国家和地区实施战略转移，并抓住我国面临着经济发展的压力，以及对经济发展的渴求这一特点，向我国转移高污染和高消耗产业。在生态环境政策尚未成型的状态下，加剧了经济与环境污染的矛盾。该时期，我国的首要任务是经济建设，而第一选择则是国家的工业化建设，战略重心是重工业的发展，尤其是钢铁行业的资源生产需求急剧增加，木材、煤炭和铁矿等自然资源的需求量和消耗量直线上升。同时由于在社会主义建设初期，急于求成的心态难以压制，经济的快速增长带来的是资源与环境的严重破坏，工业污染由于缺乏管制而任意排放，导致各种环境污染事件层出不穷。

在生态环境政策起步阶段，土壤侵蚀、植被破坏、河流污染等问题是我国面临的主要问题，同时大气和河流的质量也急剧下降。据统计，当时我国的一些主要城市以每月每平方千米为单位，降尘量平均水平达到100~400吨，更有甚者达到上千吨。新中国成立以来，地下水遭到污染的城市高达90%，有22%的城市地下水已经是严重污染的程度②。因此，在生态环境问题的现实困境下，我国的生态环境理念开始提升，在借鉴西方生态理论的基础上思考我国的生态环境问题，此时期逐渐形成了保护环境、节约资源等生态环境理念，同时逐渐将生态环境保护和生态建设提上政策议程。

新中国成立之初，百废待兴，为尽快恢复经济和改变落后状况，大力

① 丁元竹，沈艳，刘培林，等. 积极响应习近平总书记号召把论文写在祖国大地上［J］. 管理世界，2021，37（9）：1-35.

② 李东松，张恒力. 生态政策的六十年发展轨迹：以党的历次代表大会（1949—2009）报告为基础［J］. 北京行政学院学报，2010（1）：71-75.

发展经济，重工业化成为发展的重点，生态环境保护成为中国的社会问题。但由于环境污染问题中污染程度不深、范围较小，环保理念尚未形成，只在矿产资源和食品等领域有一些零星的法律规范（表10-1）。1965年爆发“文化大革命”，法制步伐停滞。1971年冬，北京官厅水库水源因工业废水排放导致大量鱼类死亡和食用者中毒现象，引起国家高度重视。直到20世纪70年代后期，中国生态环境政策工具开始进入构建阶段。

表10-1 新中国早期的环境法规（1949—1978年）

时间	环境法规	备注
1951	《中华人民共和国矿业暂行条例》	首部矿产资源保护法规
1953	《国家建设征用土地办法》	这一时期开始注意工业生产引起的环境污染，并颁布了一些与防治污染环境有关的法律法规
1956	《矿产资源保护试行条例》	
1956	《工厂安全卫生规程》	
1957	《中华人民共和国水土保持暂行纲要》	
1959	《生活饮用水卫生规程》	
1961	《化学危险物品储存管理暂行办法》	
1965	《食品卫生管理试行条例》	
1973	《关于保护和改善环境的若干规定（试行草案）》	生态环境保护基本法雏形
1973	《工业“三废”排放试行标准》	
1974	《中华人民共和国防止沿海水域污染暂行规定》	首个防治沿海水域污染法规

二、污染问题开始引起重视与国际接轨

1972年，中国参加了在瑞典斯德哥尔摩举行的联合国人类环境会议，极大推动与鼓励了中国在生态环境保护政策上迈出最重要的一步。斯德哥尔摩会议第一次对人类生态环境问题进行全面阐述与影响评估，目的是在如何应对保持和改善环境的挑战上取得一致意见。《联合国人类环境会议宣言》基本上是支持广泛的生态环境政策目标和各国具体行动目标，而不是

详述规范性的立场[①]。《联合国人类环境会议宣言》引起国际社会显著提高对生态环境问题的认识，对我国而言，标志着中国开始参与当代国际生态环境保护，由此融入全球生态环境政策之中。但此阶段中国一直实行“以粮为纲”方针，在保证农业生产的同时，实行以优先发展重工业的战略布局，忽视生态环境和自然资源的制约因素。为实现中国粮食的预产量，围湖造田、砍伐森林和土地复垦是当时的政策和政绩。过度放牧破坏的天然草原多达1亿~1.67亿公顷，占天然草原面积的20%~30%[②]。因森林砍伐、过度采矿等原因而引起的水土流失面积由116万平方千米扩大到153万平方千米，荒漠化损失将近400万公顷的土地资源[③]。20世纪50年代，全国年平均受灾面积不到2 668万公顷，到20世纪70年代，全国范围内年平均灾面积达到4 000万公顷[④]。欧美和日本等出现的环境污染和生态破坏问题逐步在中国重演，引起政府和民众的高度担忧。当时中国还是农业国家非工业国家，生态环境问题大多源于肆意破坏和科技落后的原因。在联合国人类环境会议之后，我国开始设立环保组织，进行废水、废气、固体废弃物等防治工作。

借鉴发达国家环境理论和总结国内法制实践，中国相继出台了多项生态环境政策工具。周恩来总理于1973年组织召开了第一次全国环境保护会议，会议的成果是审议并通过了新中国第一个具有法规性质的生态环境保护文件——《关于保护和改善环境的若干规定（试行草案）》[⑤]，这部法规具有明确的法律性质，且此次会议的召开标志着生态环境保护事业在中国奠基，从此开始了中国的生态环境保护道路。1979年《中华人民共和国环境保护法（试行）》的颁布标志着中国环境管理走上法治道路。同时，中国积极开展环境外交，加强国际间的生态环境合作，参加生态环境保护类

① 管少平. 设计要在驱动商业发展和保护生态环境可持续之间获得平衡［J］. 设计，2019，32（16）：46-53.

② 佟乌云，陈有君，李绍良，等. 放牧破坏地表植被对典型草原地区土壤湿度的影响［J］. 干旱区资源与环境，2000（4）：56-61.

③ 杨朝飞. 中国土地退化及其防治对策［J］. 中国环境科学，1997（2）：1-5.

④ 工业化与环境代价课题组. 中国土地退化及其防治对策［J］. 管理世界，1991（6）：1-9.

⑤ 张连辉，赵凌云. 1953—2003年间中国生态环境保护政策的历史演变［J］. 当代中国史研究，2008（1）：122-123.

的国际履约项目和跨区域合作项目，如保护臭氧层行动、生物多样性项目等[①]。改革开放以来，我国重工业的发展战略逐步被现代化发展所代替。1973—1978 年是中国生态环境保护事业发展的第一个关键时期。

三、 生态环境政策工具倾向于行政手段

生态环境政策的起步阶段，对生态环境保护重视不足，更多还停留在政策工具层面。尽管对部分重点污染源、企业的治理工作也取得了一定的成效，但还远远达不到生态环境保护的要求，此时的生态环境政策工具带有明显的行政命令色彩。

1. 生态环境政策工具的供应和实施基本上由中央政府承担

政府管理的介入和行政命令，使生态环境政策工具有更强的目标性和规划性。政府以外的其他主体虽有参与，但所处地位比较被动，并未对生态环境治理活动提供有效帮助。此阶段，政府不仅是生态环境政策工具供给的主体，也是生态环境政策工具实施过程中的“监察员”，即既是运动员又是裁判员。

2. 生态环境治理活动指导性原则：“谁开发谁保护，谁污染谁治理，谁破坏谁恢复”

生态环境治理活动指导性原则源于国际经验和非政府组织提出的“污染者负担原则”。20 世纪 70 年代后期，经过不断打磨，以法律形式对此做出明确规定。根据该原则的具体要求，企业必须通过技术改造或设备更新或新工艺等，以减少自然资源、能源的损耗，最大限度地减少企业生产过程中的环境污染，并利用一定经济手段使排污企业缴纳一定的生态环境治理补偿费，这是中国生态补偿机制的开端。坚持“谁开发谁保护，谁污染谁治理，谁破坏谁恢复”原则主要有以下四个方面的原因：①如果在开采过程中，不注意保护生态环境，那么以后的管理及治理费用将会大大增加，资源利用率也将会大大降低。②通过界定污染责任主体，加强污染治理的责任，可以促使各企业在治理过程中，充分认识到治理污染的成本，增强对生态环境保护的认识。若能采取有效的减排措施，还能推动产业的绿色

---

① 朱达俊. 联合国三大环境宣言的发展及对中国的影响 [J]. 资源与人居环境，2013（9）：57-59.

转型及升级。③有利于维护社会公平公正。生态环境的污染与破坏不仅会给人类带来人身威胁，而且往往会导致环境修复、预防、污染防治等方面的巨大投资，增加了国家财政的压力。随着生态环境日益恶化，政府在生态环境的恢复和治理上投入了巨额资金，使其成为一个沉重的包袱，而这些成本最终归咎于纳税人。④资源开发具有一种很强的代际效应。如果一个时代的人滥用资源，那么后代的资源就会被压缩，而如果当代的环境污染不及时治理，就必须由下一代来承担。

3. 重点关注工业“三废”污染及治理问题

“三废”指的是废气、废水、废渣，其主要来源于化学反应不彻底或发生副反应。因工业发展越来越快，中国生态环境政策工具自然而然转向工业污染方向，主要是废气、废水、废渣等“三废”问题的处理政策措施。但在此过程中，中国在执行上存在偏差甚至错误，仅关注工业污染治理的相关处理和补救措施，忽视污染源的控制及其检测问题，因而未能达到治理的最终良好效果。

总之，中国早期缺乏自主研究与制定生态环境治理的经验与能力，生态环境政策工具都是在借鉴国外的经验。国内严峻的生态环境问题，使得生态环境政策工具在短短几年时间里便“赶鸭子上架”式地迅速制定并使用，生态环境政策工具原则性强于它的实际操作性。由于生态环境政策全权交由政府执行，企业等环境活动的主体长期处于生态环境政策工具的管制和严控之下，没有机会也没有足够的积极性参与生态环境政策工具的设计与实践。所以此时的生态环境政策比较缺乏实施的基础，从而缺乏一定的经验累积。

第二节 构建阶段

构建阶段为 1978 年至 1991 年。1978 年，党的十一届三中全会是一个转折点，自此中国逐步实施了以现代化为主的发展战略，并逐步推进以“计划经济为主，市场调节为辅”的经济体制改革，开始认可与接受市场经济。随着中国经济体制改革的深入，生态环境保护事业也出现了巨大而深刻的变革。1979 年，《中华人民共和国环境保护法（试行）》建立起环境法规等正式制度，生态环境治理问题有了法律保障。1982 年，《中华人民共和国宪法》再次明确生态环境保护这一基本国策，并推进以市场为导向的经济体制改革。至此，生态环境政策工具有了一个“有法可依”的基本框架，但以 CAC 生态环境政策工具为主。

一、 保护环境是必须长期坚持的一项基本国策

1983 年 12 月，第二次全国环境保护会议在北京召开，时任国务院副总理李鹏在会议上宣布：保护环境是我国必须长期坚持的一项基本国策。环境保护确立为基本国策，极大地增强了全民的环境意识，并把环境意识升华为国策意识[①]。此前，国家并未把生态环境保护真正作为国家重点关注对象，此次会议实实在在地反映了党和国家对于生态环境保护以及治理的决心，最终确定生态环境治理在国家发展中的关键作用。在此次会议的正确思想指导下，中国的生态环境治理才能又快又稳地进行。

1984 年，城市改革全面铺开，乡镇企业迅猛发展起来。经过前期不断摸索，总结生态环境政策初创时期的弊端与不足，此阶段制定和修订了一系列的国家环保政策和法律、法规，标志着中国生态环境政策工具进入构建阶段。之前，1978 年第五届全国人民代表大会第一次会议通过的《中华人民共和国宪法》和 1979 年颁布的《中华人民共和国环境保护法（试行）》，引导生态环境政策工具体系全面展开。1983 年到 1987 年相继出台多部生态环境保护的相关法律（表 10－2），指引环保事业朝着生态环境保护的方向前进，为今后的生态环境法治建设打下坚实的基础。截至 1991 年，国家制定和发布了资源环境法 12 部，行政法规 20 余项，部门规章 20 余项，地方性法规 127 件，地方规章 733 件以及大量的规范性文件，初步形成了生态环境保护的法规体系，为强化环境管理奠定了法律基础[②]。正因为有了正确的战略方针和法治轨道，生态环境保护才真正成为中国社会经济发展中的有机组成部分，实现了思想上、实践操作上的大突破、大转变。

---

① 郑石明. 改革开放 40 年来中国生态环境监管体制改革回顾与展望［J］. 社会科学研究，2018（6）：28-35.

② 周宏春，季曦. 改革开放三十年中国生态环境保护政策演变［J］. 南京大学学报（哲学·人文科学·社会科学版），2009，45（1）：31-40，143.

表 10-2 改革开放初期主要的生态环境保护法规（1983—1987 年）

时间	生态环境政策工具	备注
1979	《中华人民共和国环境保护法（试行）》	标志环境法体系开始建立
1979	《中华人民共和国水产资源繁殖保护条例》	
1981	《关于在国民经济调整时期加强环境保护工作的决定》	综合性生态环境保护法规
1982	《中华人民共和国海洋环境保护法》	1999 年修订
1982	《农药登记规定》	
1982	《水土保持工作条例》	
1983	《国务院关于结合技术改造防止工业污染的几项规定》	
1983	《中华人民共和国环境保护标准管理办法》	
1984	《中华人民和国水污染防治法》	1996 年第一次修正，2008 年修订，2017 年第二次修正
1984	《中华人民共和国森林法》	
1985	《中华人民共和国草原法》	2002 年修订
1986	《中华人民共和国土地管理法》	
1987	《中华人民共和国大气污染防治法》	1995 年修正，2000 年第一次修订，2015 年第二次修订

二、 成立国家环境保护局和修订环境保护法

1988 年 7 月，国务院机构改革，将环保工作从城乡建设部分分离出来，成立独立的国家环境保护局①，避免以往生态环境治理活动长期依附其他部门。国家环境保护局的成立，极大地强化了政府对生态环境治理工作的管理与指导职能，把生态环境治理工作制度化和法制化。第七届全国人民代表大会常务委员会第十一次会议明确提出《中华人民共和国环境保护法》是中国生态环境政策中的基本法，并加以修订。修订后内容条款更加规范，

① 孙佑海. 我国 70 载环境立法的回顾和展望［J］. 中华环境，2019（10）：32-36.

其法律责任更为明确更为具体，可操作性也大大增强。此阶段生态环境政策工具具备以下特点：

（1）将生态环境政策纳入国家政策，体现出国家对生态环境的高度重视。政府对生态环境治理的制度设计、政策工具细化、资金投入以及专业工作人员储备都有了进一步的强化。

（2）扩大生态环境治理工作的范围，不再局限于工业生产的污染治理，而是拓展至生态环境要素方面，生态环境政策工具涉足的范围和方式都有了重大改进。治理工作中的严要求和规范性、科学性，不再是以前的局限性管理。这标志着中国生态环境治理的工作实质上进入到控制污染源的新阶段，进一步促进了国家生态环境治理工作的发展。

（3）政策制度与法令工具较之前有进步与优化，但仍存在许多明显不足。生态环境治理主体仍然是政府单一主体，无论在形式上还是内容上都带有强烈的计划经济色彩。企业、民众和民间组织等作为政府之外的环境行为者，被视为环境管理的对象，必然导致公众参与的缺失。企业各种生产行为和民众的各自消费行为，都必须按照生态环境政策工具的“条条框框”被迫强制性执行，完全忽略公众行为及其利益关系和诉求。因此，生态环境政策和法律工具无法与公众较好融合，具有较大的局限性。

（4）生态环境政策与法律法规实际操作性有待提高，这关系到生态环境政策工具的实施效果和作用。中国生态环境政策工具在一定程度上已经形成了一套完整体系，且在各个环境立法工作中不断得到强调和重申。实际上只有少数政策工具通过行政规章或条例得到了具体化。因此，由于专门的执行法规与规章规定的缺乏，政策工具往往流于法律条文的形式之中，实际效果和作用并不令人满意。

三、 对生态环境政策工具的本质及内容的认识全面深化

成立国家环境保护局和颁布《中华人民共和国环境保护法》之后，在生态环境保护实践中对生态环境政策工具的认识有了质的提升。截至 1992 年，中国已颁布了 10 余部与环境治理相关的国家法律，由此产生了近 100 项生态环境政策。但这些生态环境政策在时间顺序上分布不均。在改革开放之前，中央政府基本上忽视了生态环境治理。唯一的法律事件是中国宪

法的调整，将生态环境保护作为基本的国家原则，很少有生态环境政策出台。

在改革开放初期（1978—1992 年），1978 年对宪法进行了修改，开始关注生态破坏与环境治理，宪法的修改为中国环境法的诞生提供了巨大动力。根据宪法的修改与调整，该时期的生态环境政策集中于国家努力构建监管框架。该时期中国有三类控制污染的政策：①以环境质量监测技术和污染行为标准的形式建立标准，对这些标准的一个重要补充是环境影响评估的要求（EIA）用于城市经济发展项目；②“三个同步”政策，该政策规定，污染防治措施应在企业活动的三个阶段（规划、建设和运营）与生产同步；③“污染物总量控制”政策，旨在制定可排放污染物总量的上限。该政策是通过实施排放许可证制度，使工业企业在排放前必须进行登记并申请排放许可证。

尽管中央政府在制定法律方面做出了巨大努力，但并非所有这些法律都具有制定新政策的同等权力。构建阶段，建立生态环境政策窗口方面最强大的 5 部法律——《中华人民共和国环境保护法》《中华人民共和国海洋环境保护法》《中华人民共和国大气污染防治法》《中华人民共和国水污染防治法》《中华人民共和国环境影响评价法》。

1989 年正式颁布的《中华人民共和国环境保护法》（以外部性衡量）是产生新政数量最多的一部。通过引入环境标准，并将环境标准问题提上政府议事日程，建立了各行业 70 项污染物排放标准出台的政策窗口。第二部强势法律《中华人民共和国海洋环境保护法》的颁布，开辟了 56 项陆基污染物和沿海工程项目排放标准的窗口期。《中华人民共和国大气污染防治法》和《中华人民共和国水污染防治法》的外部性分别排名第三和第四，出台了 57 项大气排放标准和多项水管理限期改正政策，特别是流域间水域。排在第五位的《中华人民共和国环境影响评价法》规定了环境影响评价的实施程序和方法，由此产生了 17 个不同领域的环境影响评价方案和方法。

第三节　完善阶段

完善阶段为 1992 年至 2012 年。这一阶段我国生态环境政策的发展是在国际国内大背景下实现的。从国际上看，社会进步同时也带来了经济与环境的深刻矛盾，生态环境问题的不断加深对全球发展产生了巨大的压力，引起了全球各个国家的深刻反思，带来了全球环保运动的兴起和发展。从国内看，1992 年的联合国环境与发展会议成为中国政府正式采纳可持续发展战略的契机，同年，党的十四大进行了具有历史意义的经济体制改革。

一、 国内外环境形势对生态环境政策工具的促进

以罗马俱乐部的诞生为标志，国际社会各类环保组织开始涌现，他们以提高人们的环保意识为宗旨，通过各种宣传方式来呼吁全球生态的健康发展。与此同时，国际上开始举行重要的生态环境会议，颁布了一系列的环保文件，极大提高了人们的环保意识与环境治理积极性，为提升全球环保意识做出了重要贡献。全球生态保护运动的兴起和发展，为人类实现可持续发展打下了坚实的基础。

党的十四大以来，中国确立了社会主义市场经济体制，从高度集中的计划经济体制向社会主义市场经济体制转变①。但在此阶段，中国一方面要实现经济持续发展，另一方面要面临严峻的生态环境问题，在双重压力下，生态环境问题的严重性日益显现。以社会主义市场经济体制的确立为基础，我国开始积极探索适合中国国情的环境和经济发展模式。

20 世纪 90 年代是中国生态环境治理制度全面形成和完善阶段。1992 年 6 月，中国参加联合国环境与发展会议。此次会议无论是全球国家和国际组织的参会数，还是国家元首的参会数，都是以前无法比拟的，充分体现出会议的重要性。中国在这次会议上承诺实施《21 世纪议程》，并提出可持续发展战略，提高生态环境保护的地位，生态环境政策工具开始进入完善阶段。同年，国务院通过了十条关于中国环境与发展的对策。从此，基于现代化战略中国逐渐确立了经济与环境协调发展的可持续发展战略，中国的生态环境政策进入了一个新的阶段。1994 年 3 月，制定了《中国 21 世纪议程》，此议程提出利用市场机制来促进生态环境保护的建议。该时期的生态环境政策工具也日益受到重视，出台和完善了一系列法律法规，环保投资

① 程建华，卫颖. 公有资本与社会剩余价值［J］. 新乡师范高等专科学校学报，2007（1）：18-21.

和环保绩效有明显提高。

二、 现实问题对生态环境政策工具形成了挑战

20 世纪 90 年代，生态环境治理工作出现了许多新问题和挑战，现有生态环境治理法律法规已经无法满足全面生态环境治理的需要。1996 年，召开第四次全国环境保护会议，第一次对环境安全和生态安全做出界定。会议明确了今后生态环境保护工作的要求和目标：稳步控制环境污染与生态破坏，改善部分地区城市的环境质量；生态环境恶化的形势将根本扭转，城乡环境将得到进一步改善。此阶段生态环境政策工具的显著特点是经济手段明显，诸如开展大气排污交易政策试点工作、建立环保投资公司、全面推行排污许可证制度、开征二氧化硫排污费等①。同时，本着实事求是、与时俱进的原则，为实现社会和经济发展的目标，修订了一系列关于水、大气和土壤污染防治行为相关的法规。第八届全国人民代表大会常务委员会发布《中华人民共和国固体废物污染环境防治法》和《环境噪声污染防治法》，中国生态环境政策工具不断得到完善，尤其是第四次全国环境保护会议（1996 年）起到了很大的推动作用，出台一系列生态环境政策工具（表 10－3），1996 年，在生态环境政策工具发展的历程中，是里程碑式的年度。完善阶段，在具体实施过程中体现出实践性和科学性的特点。

表 10－3　完善阶段颁布的主要环境法规（1993—2003 年）

年份	生态环境政策工具
1996	《国务院关于环境保护若干问题的决定》
1996	《中华人民共和国煤炭法》
1996	《中华人民共和国矿产资源法》
1996	《中华人民共和国环境噪声污染防治法》
1996	《中华人民共和国野生植物保护条例》
2000	《中华人民共和国水污染防治法实施细则》

① 白永秀，李伟. 我国环境管理体制改革的 30 年回顾［J］. 中国城市经济，2009（1）：24-29.

续表

年份	生态环境政策工具
2000	《中华人民共和国渔业法》
2002	《危险化学品安全管理条例》
2002	《排污费征收使用管理条例》
2004	《危险废物经营许可证管理办法》
2004	《中华人民共和国固体废物污染环境防治法》
2004	《中华人民共和国野生动物保护法》
2005	《国务院关于落实科学发展观加强环境保护的决定》
2006	《环境影响评价公众参与暂行办法》
2008	《中华人民共和国水污染防治法》
2009	《中华人民共和国森林法》

改革开放后，中国经济以每年 10% 以上的速度高速发展。GDP 从 1978 年的 3.36 万亿元上升到 2016 年的 74.41 万亿元，同期人均 GDP 从 379 元上升到 5.4 万元①。中国经济摆脱了 1997 年亚洲金融危机，并从 2008 年全球金融危机中迅速复苏②。

尽管中国经济持续增长，人均收入提高，但伴随着经济增长，中国在温室气体排放的问题上面临着越来越大的全球压力③，中国面临的严重生态环境问题包括水（包括饮用水源和海洋）和空气污染、垃圾堆积、生物多样性减少、砍伐森林、土壤侵蚀、草原退化、盐碱化、湿地消失以及包括人类在内的自然灾害日益频繁④。根据 2010 年的环境绿皮书数据，世界卫

① 俞可平. 中国治理变迁 30 年（1978—2008）[J]. 吉林大学社会科学学报，2008（3）：5-17，159.

② GUO X，MARINOVA D，HONG J. China's shifting policies towards sustainability：a low-carbon economy and environmental protection [J]. Journal of contemporary China，2013，22（81）：428-445.

③ HOLDAWAY J. Environment and health in China：an introduction to an emerging research field [J]. Journal of contemporary China，2010，19（63）：1-22.

④ DIAMOND J. China's environment in a globalizing world：how China and the rest of the world affect each other [J]. World environment，2005.

生组织针对世界各国的控制质量，提出了空气质量标准，以我国地域面积前500个城市为样本，达到标准的城市不足1%①。表明生态环境已成为制约我国经济社会发展的重要障碍。现代化建设涉及社会各个层面，与生态环境建设是离不开的，生态环境建设是现代化发展的基础。我国充分认识到这一点，并开始进行探索生态环境建设的现代化道路。

三、 生态环境政策工具功能的延伸与完善

20世纪90年代开始，中国各地在治理水土流失过程中，大力改革关于荒地、荒坡、荒沙、荒滩资源的产权制度，借此极大地调动了广大农民群众治理荒地等资源的热情。该产权制度改革，其核心内容在于通过承包、租赁、拍卖等方式实现荒地等自然资源的充分与合理配置。该治理制度因其所带来的显著的经济效益和生态效益而受到了群众的认可，保证了公众参与的合法性，在全国各农村地区皆受欢迎。

随着政策工具的不断修改和完善，由政府设计的外在制度统治生态环境治理的格局发生了转变，促进了生态环境治理活动的深入发展。由于体制的许可性，公众生态环境治理意识越来越强，通过对生态环境治理的知情权、监督权的使用，真正参与到生态环境治理的实际工作中来，促进生态环境治理。从制度角度分析，公众参与将为政策供给提供了源源不断的内生动力，并以此改变了以往在生态环境治理政策工具安排中仅以政府为核心、以外在制度为主导的局面。

随着经济全球化迅猛发展，国际竞争与国际贸易原则发生重大改变。发展中国家和发达国家在国际贸易竞争中开始分化，发展中国家停留在许可证和配额等非关税壁垒方面，而发达国家却抢先一步转向技术壁垒方面。所以在非关税壁垒慢慢弱化的形势下，发展中国家的竞争地位越来越不利。2001年，中国加入WTO，出口贸易无时无刻不遭受发达国家的严峻挑战，许多产品受到直接的环境标准冲击，严重阻碍中国原有出口贸易的发展计划，但这在一定程度上促进中国产品的创新发展。

① ZHOU X. E-government in China: a content analysis of national and provincial web sites [J]. Journal of computer-mediated communication, 2004.

四、 生态环境政策工具功能开始由治理走向保护

自 2000 年以来，中国经济经历了快速的增长。在此时期，生态环境政策不再仅仅集中于制定标准，而是强调发展基于市场的自愿文书。基于市场和自愿的方法不仅限于生态环境机构，而且与许多政府部门有关，包括税务、财务、定价和采购机构等公共部门，共同制定综合政策。

至此，中国已经有了绿色政府采购、绿色信贷、绿色税收、绿色安全和绿色定价政策，为行业提供了清洁和绿色的经济激励，例如政府优先采购和发放银行贷款、减税和能源消费优惠价格。此外，还提出了一些 WT 政策工具，包括生态标签和环境友好证书，以鼓励企业生产清洁产品。但在刺激基于市场或自愿的工具方面的法律还是缺乏的。仅在近十年来，颁布相关法律之后才出现了一些市场化和自愿性的政策。《中华人民共和国节约能源法》和《中华人民共和国循环经济促进法》共同倡导采用市场激励和财政激励的方式，鼓励企业节约能源和采用清洁生产工艺，还为出台包括绿色税收、绿色政府采购、绿色电价、绿色银行贷款在内的 71 项“绿色”政策创造了契机。而《中华人民共和国清洁生产促进法》则推动行业自发采用清洁产品和清洁工艺。

2005 年，国务院发布《促进产业结构调整暂行规定》，是贯彻十六届五中全会精神和推行“十一五”发展的一项重大举措，对于全面落实科学发展观、强化和改进宏观调控、加快转变经济增长方式、促进产业结构调整和优化升级、保持国民经济平稳较快发展具有重要意义。同年 12 月，国务院发布《国务院关于落实科学发展观加强生态环境保护的决定》，在特定区域，要坚持生态优先、保护优先，并执行优化开发、限制开发和禁止开发①。表明中国决心扭转重经济、轻环境的趋势，通过产业结构调整和加强生态环境保护，坚持节约发展、清洁发展、安全发展，实现可持续发展。

2008 年，国务院机构改革，组建中华人民共和国环境保护部，不再保留国家环境保护总局，目的是加强生态环境保护工作的力度，中国生态环境政策工具发生了重大的战略性转变。将生态环境政策工具的重点放在强

① 张坤民，温宗国，彭立颖. 当代中国的生态环境政策：形成、特点与评价［J］. 中国人口·资源与环境，2007（2）：1-7.

化执行部门的环境责任，将环保纳入官员政绩考核的范畴；对高污染企业在投资与信贷方面进行控制，推进产业结构升级优化与产业集群。此阶段生态环境政策工具开始从治理走向防治与保护。

第四节　全面与纵深发展阶段

党的十八大以来，中国特色社会主义进入新时代，人们对环境质量有了更高的要求，中国生态环境政策工具进入深化发展时期，出台了新中国成立以来最严厉的生态环境政策工具。法律法规与政策文件是生态环境政策工具最主要的构件，但两者在手段和效率上是有所不同的。法律为政策制定创造了机会之窗，当政府希望引导社会行为走向绿色低碳化，启动新生态环境政策工具时，生态环境法规为政策和文件出台创造了一个机会之窗。

一、　三个“十条”政策的横空出世

水、土壤、大气环境的质量直接关系到人民生活的切身利益，事关人民群众对美好生活的需要。对此，针对水、土壤、大气的专项治理，区别于以往的统一处理，更加具有针对性与实效性，出台了中国有史以来最严厉的生态环境政策工具，也是政策工具发布最密集的时期（表 10－4）。主要成果体现在“大气十条”、“土十条”“水十条”以及“蓝天保卫战”，在实践基础上诞生了新的生态环境理论——以“两山论”为核心的习近平生态文明思想。

表 10－4　主要生态环境政策工具（2013—2018 年）

年份	生态环境政策工具	制定机构
2013	《大气污染防治行动计划》（“大气十条”）	国务院
2015	《水污染防治行动计划》（“水十条”）	国务院
2015	《生态环境监测网络建设方案》	国务院
2015	《生态文明体制改革总体方案》	国务院
2016	《土壤污染防治行动计划》（“土十条”）	国务院
2016	《重点行业挥发性有机物削减行动计划》	工业和信息化部

续表

年份	生态环境政策工具	制定机构
2017	《国务院办公厅关于加快推进畜禽养殖废弃物资源化利用的意见》	国务院
2018	《打赢蓝天保卫战三年行动计划》	国务院

1.《大气污染防治行动计划》“大气十条”

以雾霾和PM2.5（环境细颗粒物）为代表的空气污染一直是中国关注的焦点。由于空气污染日益严重，中国政府出台了丰富的空气净化政策并立法。2013年，政府审核并发布了《大气污染防治行动计划》（称为“大气十条”[①]），旨在大幅降低全国范围内直径10μm以下的颗粒物（PM10）和PM2.5浓度。“大气十条”通过2017年和2020年阶段性目标，确定了未来几年的空气污染控制路线图，重点放在三个关键区域，即京津冀、长江三角洲（YRD）和珠江三角洲（PRD）。该行动计划是中国第一个有空气质量目标的计划。2015年74个城市PM2.5平均浓度为55μg/m^3，在气象条件相似的情况下，比2013年降低了23.6%，表明控制政策取得了初步成效。因此“大气十条”降低PM2.5浓度的有效性对未来空气质量改善具有重要的政策意义。

2.《土壤污染防治行动计划》“土十条”

土壤是实现中华民族伟大复兴的物质基础，人们的粮食、饮水等均来源于大地，土壤污染会危及人们的饮食安全。国务院于2016年发布《土壤污染防治行动计划》（称为“土十条”[②]），投入大量资金用于土壤污染防

① 加大综合治理力度，减少多污染物排放；调整优化产业结构，推动产业转型升级；加快企业技术改造，提高科技创新能力；加快调整能源结构，增加清洁能源供应；严格节能环保准入，优化产业空间布局；发挥市场机制作用，完善环境经济政策；健全法律法规体系，严格依法监督管理；建立区域协作机制，统筹区域环境治理；建立监测预警应急体系，妥善应对重污染天气；明确政府、企业和社会的责任，动员全民参与生态环境保护。

② 开展土壤污染调查，掌握土壤环境质量状况；推进土壤污染防治立法，建立健全法规标准体系；实施农用地分类管理，保障农业生产环境安全；实施建设用地准入管理，防范人居环境风险；强化未污染土壤保护，严控新增土壤污染；加强污染源监管，做好土壤污染预防工作；开展污染治理与修复，改善区域土壤环境质量；加大科技研发力度，推动生态环境保护产业发展；发挥政府主导作用，构建土壤环境治理体系；加强目标考核，严格责任追究。

治。“土十条”的提出，是为了切实增强土壤的污染防治，并逐步改善土壤质量。“土十条”提出之后，中国耕地周边工矿污染问题得到有效解决，逐步形成建设用地人居环境风险联合监管机制，土壤污染得到初步治理。农用地和建设用地总体保持稳定，净土保卫战取得积极成效。

3.《水污染防治行动计划》“水十条”

《水污染防治行动计划》（称为“水十条”①）于2015年发布，被称为中国历史上最严格的水污染治理法案，表明我国政府全面实施水污染控制战略的决心和信心。“水十条”的目的是改善流域水质和处理城市污水，该计划的目标是到2030年改善我国的整体水质。随着“水十条”的实施，国内重点流域的水质达标率将达到75%以上，城市建成区的黑臭水体基本消失，水生态系统的功能得到初步恢复。到21世纪中叶，国内的生态环境质量会得到较大的提高，生态环境将会得到一个良好的发展。“水十条”解决了水污染防治的不足和瓶颈，明确了水管理的阶段性目标和重点任务。为了确保“水十条”的实施，政府采取了非常强硬的措施，在每条条款中明确了不同政府部门的责任，每个部门各司其职。出台水污染防治行动计划配套措施、评估办法和实施细则，加强河流湖泊水污染、水污染源、农业面源污染治理。

二、 蓝天保卫战

打赢蓝天保卫战，是党的十九大做出的重大决策部署，事关满足人民日益增长的美好生活需要，事关经济高质量发展和美丽中国建设。2018年7月，国务院印发的《打赢蓝天保卫战三年行动计划》②。各地陆续出台“地方版”行动计划，明确了各地的“作战目标”。政府工作报告给出明确的“作战方案”——科学施策、标本兼治、铁腕治理。从加快解决燃煤污染到

① 全面控制污染物排放；推动经济结构转型升级；着力节约保护水资源；强化科技支撑；充分发挥市场机制作用；严格环境执法监管；切实加强水环境管理；全力保障水生态环境安全；明确和落实各方责任；强化公众参与和社会监督。

② 调整优化产业结构，推进产业绿色发展；加快调整能源结构，构建清洁低碳高效能源体系；积极调整运输结构，发展绿色交通体系；优化调整用地结构，推进面源污染治理；实施重大专项行动，大幅降低污染物排放；强化区域联防联控，有效应对重污染天气；健全法律法规体系，完善环境经济政策；加强基础能力建设，严格环境执法督察；明确落实各方责任，动员全社会广泛参与。

全面推进污染源治理，从加强机动车排放管理到应对重污染天气，表明了我国应对环境污染问题的决心。

近几年，蓝天保卫战成效持续显现。截至2020年底，已经实施超低排放改造的煤电机组约9亿千瓦，全国约6.2亿吨粗钢产能正在进行超低排放改造，京津冀及周边地区、汾渭平原清洁取暖改造已经完成约2 500万户，蓝天保卫战重点区域监督帮扶共帮助地方发现和解决问题27.2万个，一组组沉甸甸的数字反映了所做的工作和实效①。

三、 从“两山论”到习近平生态文明思想

2005年8月，习近平总书记在浙江省安吉县考察时首次提出“绿水青山就是金山银山”的发展理念（简称“两山论”），追求的是人与自然、经济与社会的和谐。“两山论”体现了当代中国发展模式的绿色转型，是中国绿色发展的理论基础。

党的十八届五中全会提出了创新、协调、绿色、开放、共享的发展理念。深入贯彻绿色发展理念，需要改变现有的经济产业结构和生产方式。中国各地经济发展水平差异很大，各地区也有不同的资源禀赋，应根据具体的区域发展条件和资源禀赋采取适应性措施，处理好区域经济发展与生态环境保护的关系，协调跨区域利用资源，实现绿色发展，按照“两山论”逐步推进不同地区的绿色发展。

党的十九大报告指出：“建设生态文明是中华民族永续发展的千年大计”。习近平生态文明思想作为中国生态文明的重要理论依据，它从根本上改变了人类对资源环境的认识，打破了发展经济和保护环境对立的思维定势。习近平生态文明思想是时代的产物，是习近平新时代中国特色社会主义思想的重要内容，其内涵包括以下9个方面：①认识论——生态环境保护很重要，关系到中国的可持续发展；②历史视角——一个富强的国家，必然是经济发达、人民富足、生态环境良好；③范畴论——严重的生态问题会损耗生产力；④矛盾观——良好的生态环境成为人们的迫切需要；⑤体系论——生态环境问题涉及社会经济协调发展和城乡发展、空间优化的整

① 国务院办公厅. 国务院关于印发打赢蓝天保卫战三年行动计划的通知［Z］. 中华人民共和国国务院公报，2018（20）：40-52.

体系统；⑥领导观——健全责任追究制度，严格执法；⑦方法论——设置问责制，各级党政领导干部切实负责地方绿色发展和生态环境保护工作；⑧治理理论——各方广泛参与生态环境保护；⑨法治观——只有健全法律制度和完善法规，才能保证生态文明建设的长远发展。

党的二十大以来，习近平生态文明思想在新时代被赋予了新的内涵，是中国式现代化道路的生态环境理论。既是对中国经济发展新常态的战略指引，也是马克思主义中国化、人与自然和谐发展的一个缩影。至此，习近平生态文明思想已经形成了一套相对完整的理论体系。

第十一章　发达国家生态环境政策工具低碳化历程与借鉴

工业化是世界产业发展的经典阶段，也是对全球生态环境影响最深刻的产业集群、升级与分化最显著的时代，但创造物质世界的同时，也破坏了地球生态环境，温室气体大量排放是引起气候变暖的主要因素。为加强碳减排效益，并保证碳减排效益不因政权更迭而改变，发达国家和地区试图通过正式立法形式，确立“双碳”目标的法律保障和约束效力。典型的因制造业起家的发达国家英国、德国、美国、日本，不仅是传统的制造业强国，也是现代制造业强国，以制造业奠定工业高度发达的基础。他们也曾经走过“先污染、后治理”的发展之路，但通过国家层面生态环境立法，在产业生态化、集群化、碳排放和污染控制方面积累了成熟的经验。发达国家的生态环境政策工具与低碳化发展经验，对中国有着重要的借鉴意义。

第一节　英国工业革命与低碳化变革

英国在 1991 年实现碳达峰，碳排放峰值为 6 亿吨，之后碳排放量持续走低。截至 2019 年，碳排放量为 3.9 亿吨，比 1991 年的峰值水平减排了 36%。从能源结构看，英国自 2011 年可再生能源占总能源消耗的占比开始提速，从 2011 年的 11.2%迅速提升至 2018 年的 20.2%，煤炭消费占比从实现碳达峰后 10 年内有一波大幅下降，从 1990 年 30%的能源消费占比降至 1999 年的 14.4%，此后保持平稳，第二轮大幅结构调整使得煤炭消费占比从 2012 年的 18.7%降至 2018 年的 3.9%。2019 年英国的《气候变化法案》正式承诺到 2050 年英国将实现碳中和，创造零碳排放社会[①]。

① 李晓琼，董战峰，李晓亮. 碳中和立法的国际经验与启示［J］. 环境污染与防治，2022，44（2）：261-265.

一、 工业革命与碳减排政策

18世纪中叶，英国开启工业革命，蒸汽机的发明和广泛使用引发近代以来第一次科技革命，带动英国逐渐成长为工业强国（表11－1）。1850年，英国工业产值首超农业产值，成为英国最大的产业，随后英国建立了世界最强大的近代工业体系，工业结构也逐渐由轻工业为主转变为重工业为主，并以此带动英国整个工业的发展①。至19世纪末，英国已拥有全球约50%的工业生产能力，钢铁、煤、棉的产量均达到或超过世界总产量的1/2。以自身强大的工业体系为基础，英国积极推进自由贸易，不断向外扩张，成为强大“日不落帝国”。

表11－1 英国1850—1870年工业发展状况

工业产量指标	1850年	1870年
英国的棉纱产量（万吨）	24	45
煤产量（万吨）	5 000	11 200
生铁年均产量（万吨）	120	200
交通运输业（铁路长度，千米）	9 600	217 200

工业革命成就英国发展成为世界第一强国，但工业迅猛发展也带来生态环境的巨大破坏，当时英国工业城市都遭受十分严重的污染，主要体现在空气、水体污染和自然资源的严重破坏。英国工业革命期间，煤炭引发了英国历史上最严重的大气污染，闻名世界的伦敦“雾都”实际上是“霾都”，只是当时还没有“霾”这个概念，这是英国工业革命的衍生“成果”。大量污染物未见处理就进入河流，泰晤士河鱼类绝迹变成臭水河，成为英国工业革命最有力的注脚。此外植被也遭到大肆破坏。罗伯特·史密斯首次创造“酸雨”一词，就是对工业污染的“痛诉”，水体污染、空气雾霾、生态恶化直接导致各类疾病流行，霍乱、肺结核等频发。

痛定思痛，英国开始出台一系列政策工具，治理生态环境与整治工业排放问题，生态环境得到改善。英国早在2002年的《未来机动车发展战

① 刘晓君，张迪．全球化视野下英国工业革命再审视［J］．自然辩证法研究，2022，38（2）：79-85.

略》中就提出了交通系统的减排目标；在2003年英国在《我们能源的未来：创建低碳经济》中首次提出2050年规划目标，计划在2050年前碳减排60%，可再生电源发电量翻一番；2008年英国《气候变化法案》是世界上第一部气候变化法，首次将减排目标纳入法律体系；2009年《低碳交通：一个更加绿色的未来》对英国重点交通领域节能减排做出明确规划；2020年英国《绿色工业革命十点计划》提出主要工业领域绿色制造2030年、2035年的目标规划；英国《能源白皮书：赋能净零排放未来》重新恢复本国的碳排放交易市场，并提出未来净零碳社会的初步构想。

二、 生态环境政策工具的发展历程

英国生态环境政策工具始于18世纪，伴随工业革命的环境污染和生态破坏而逐步形成和发展，从起步到成熟大致经历了五个阶段。

18世纪60年代至第二次世界大战为起步探索期。该时期注重控制污染和污染末端治理，生态环境政策工具表现出一定的连续性，但无明确的计划和预定目标。

第二次世界大战结束到20世纪70年代末为初步发展期。20世纪60年代的“生态运动”将生态环境问题带入公众视野，倒逼生态环境治理产生初步成效。此时，英国生态环境政策工具重点转向空气污染治理。《净化空气法》是世界上第一个综合性空气污染防治法规。1970年英国成立环境事务部，出台《关于濒临灭绝物种的国际贸易会议决议案》标志着英国开始积极参与国际环保合作。

1979—1987年为停滞期。该时期是撒切尔夫人执政的前两届任期，政府对生态环境问题倾向于压制的态度，导致此时期生态环境政策工具停滞不前甚至倒退。

1988—1995年为恢复发展期。此时撒切尔夫人进入执政第三届任期，面对世界生态环境问题和各类世界的环境大会及其环境纲领性文件的发布，倒逼她采取积极的生态环境政策措施，并先后发表有关英国重视生态环境保护的讲话。1989—1990两年期间，英国出台一系列污染控制法规。此时英国政府通过政策扶持，在加快调整能源结构、降低煤炭使用量方面取得明显效果，并积极引导核能、风能、水能等可再生能源和新能源的应用，对碳排放问题加以重点关注与制定相关的碳达峰目标。

1996 年至今为发展成熟期。1996 年，英国将环境事务部、英国污染监察局、国家河流管理局和废物管制局等环境管理机构合并成立环境署，对生态环境问题进行统一管理，标志着英国生态环境政策工具进入新的时期。该时期对温室气体排放问题更加关注并参与国际合作，预算了促进大气质量目标实现的经济激励指标资金。政府大力引导环保产业发展和促进可再生能源开发利用。2003 年英国政府颁布《能源白皮书》，是全球最早把低碳经济确定为基本国策的国家，之后颁布的配套文件提出，到 2020 年实现减少 34% 的温室气体排放和实现可再生能源达 15% 的目标，实际上 2019 年就已提前完成该目标。2007 年 3 月，英国公布了全球首部应对气候变化问题的专门性国内立法文件《气候变化法案（草案）》，2008 年正式颁布该法案，成为第一个进行气候变化立法的国家。该法案制定了碳预算 5 年计划新体系和至少未来 15 年的碳预算计划，提出成立具有法律地位的气候变化委员会，引入新的排放贸易体系（EUETS），建立温室气体排放报告制度并对英国温室气体减排的进展情况进行监督。2017 年设立碳排放管理规划，当年其可再生能源达 30%。

三、 生态环境政策工具低碳转型

英国是欧盟成员国中最早建立碳排放交易体系（UKETS）的国家，先后在能源结构、能效提升、碳排放、低碳交通和建筑等方面出台了一系列政策法规以应对气候变化和低碳转型。英国为实现既定的生态环境政策目标和产业发展计划，政府采用多种生态环境政策工具优化组合。

1. 目标规划工具

在土地开发利用方面，城市规划控制管理中的 Greenbelt 政策限制土地的利用与开发。1829 年 John Loudon 提出绿带设想，十年后英国议会通过“绿带法案”（1939 年），但直到 1988 年绿带建设才“名花有主”，英国的绿带建设、边界划分、土地用途、城市开发等，法定是英国国务大臣的职能。如今，绿带政策等目标规划工具经过多次修改完善，已经形成比较完善的生态环境政策工具和协调管控整合模式。

2. CAC 生态环境政策工具

英国是具有悠久法治传统的国度，十分注重通过法治程序来防控污染，19 世纪中叶到 20 世纪初，英国进行了一系列环境立法（表 11－2），为法治管控生态环境奠定了坚实的“命令控制”基础，也是英国生态环境治理成就的坚实基础。

表 11－2　英国 19 世纪中叶到 20 世纪初的 CAC 资源环境立法

年份	CAC（立法）	生态环境政策工具特征
1848	《公共卫生法》	19 世纪中期到 20 世纪初，立法进程比较缓慢，主要针对某些特定的生态环境问题立法
1863	《化学碱法》	
1906	《制碱工厂管理法》	
1907	《公共卫生（食品）法》	
1926	《公共卫生（消烟）法》	20 世纪 20—50 年代，以控制污染为中心开始加强立法，为 20 世纪 60—70 年代立法奠定基础
1932	《城镇与国家规划法》	
1946	《原子能法》	
1953	《农业土地法》	
1956	《煤矿开采法》	
1960	《清洁河流法》	20 世纪 60 年代，是英国的环境立法进一步发展时期，开始全面关注生态环境问题，包括水资源、大气和乡村等领域都进入了生态环境政策工具的视野
1960	《噪声控制法》	
1963	《水资源控制法》	
1965	《核设施安全法》	
1967	《森林法》	
1968	《清洁大气法》	
1968	《乡村法》	
1970	《农业法》	20 世纪 70 年代，对能源和资源方面的关注，更进一步加强
1971	《油污染控制法》	
1972	《天然气法》	
1973	《水法》	
1974	《海洋倾废法》	
1974	《污染控制法》	

续表

年份	CAC（立法）	生态环境政策工具特征
1980	《天然气法》	20世纪80年代，英国继续加强能源和资源的环境立法，并与时俱进开始对一些法规进行修改
1980	《公路法》	
1980	《食品与环境保护法》	
1981	《野生生物及乡村法》	
1982	《能源保护法》	
1983	《水法》（修正案）	
1984	《建筑物法》	
1985	《城镇与国家规划法》（修正案）	
1985	《野生生物及乡村法》（修正案）	
1989	《环境保护法》	20世纪90年代，除了加强完善法律法规体系外，更加强了相关法律条文的修改完善
1991	《烟雾探测器法》	
1991	《野生动植物和乡村保护法》（修正案）	
1991	《水资源法》（修正案）	
1993	《清洁空气法》（修正案）	
1995	《环境法》	
1999	《水工业法》（修正案）	20世纪末以来，英国对部分法律进行修改，积极加强与其他国家和国际组织交流，并颁布了一批新的环境法律
1999	《污染防治法》	
2002	《可再生能源义务法令》	
2008	《气候变化法》	
2008	《能源法案》	
2008	《气候变化法案》	
2008	《计划法案》	

3. MBI 生态环境政策工具

英国对于工业污染防控采取环境税、排污收费、环境基金、排污交易等多种基于市场的经济激励性措施，如补贴保护环境性的经营、征收废物排放费等。1998年，英国实施环境税改革，推出对购买环保原料的消费给予5%的增值税减免。同时设置了多类型的环境税税种，涉及采石总量税、垃圾税、燃油税等资源能源方面的税制和车辆消费税、机场旅客税、气候变化税、购房出租税和环保税等。同时，英国是第一个建立广泛的碳汇交易体制的国家，2006 年成立节能信托公司，为企业提供财政支持。

4. WT 生态环境政策工具

生态环境教育是英国最早和最典型的生态环境政策工具。1965 年，英国高等学校在科研领域开始涉足环境教育研究，1971 年环境教育进入初级和高级中学教材。1992 年英国制订了《环境信息法》，1998 年和 2004 年进行两次完善。自愿环境协议在英国起步早，效果也明显。19 世纪 70 年代，英国签署了第一个自愿环境协议，主要涉及有害产品处理协议、高耗能和原材料的淘汰协议、废弃物回收和管理协议。21 世纪，自愿环境协议开始用于应对气候变化领域，英国政府开始征收气候变化税，同时减缓该税种的负面影响。环境非政府组织（NGO）在英国历史悠久，20 世纪 60 年代，英国环境组织网已经覆盖全国。

四、 生态环境政策工具低碳化成效

在生态环境政策工具的约束下，英国生态环境治理得到有效控制，能源利用率大幅提升，成功实现产业尤其是制造业产业集群转型与低碳化升级，在环境污染治理、优化能源结构与碳减排方面取得明显成就。

在水污染治理方面，1974 年，泰晤士河开始出现鲑鱼这类对水质要求很高的鱼类，表明水质已经显著好转，变成了一条清洁河流。空气质量方面，伦敦“雾都”头衔在 20 世纪 70 年代中期基本“摘帽”，到 20 世纪 90 年代末酸雨危害也基本得到控制。1992 年，世界卫生组织和联合国环境规划署发布的报告中，伦敦是世界上空气最清洁的 20 个大城市之一。

优化能源结构，提高能源使用效率。在 CAC 生态环境政策工具的约束下，能源利用效率显著上升。1970—2004 年，英国工业产值增长 45%，工业能源消耗量却下降了 49%，同时英国为摆脱对化石燃料的依赖，出台可再生能源发展计划。2005 年，在召开八国集团首脑会议时，英国投资的碳中和项目可以抵消会议所产生的碳排放。2010 年，英国标准协会公布《PAS 2060：2010 碳中和评价规范》，该规范是全球第一个碳中和标准，对碳中和实践标准与验证方法提供了重要依据。2012 年英国出台《能源法案》提出到 2020 年可再生能源所占比例达 30% 以上，超过欧盟目标的 10%。英国《卫报》曾报道，2015 年二季度英国电力的 25% 是可再生能源发电，首次超过煤电，电力结构明显改观。目前英国电力结构中，天然气、可再生能源和核电都超过了污染最重的煤电。英国政府还预计在 2050 年将化石燃料完全淘汰，实现在电力供应上清洁能源全面替代化石能源。

英国积极制定促进产业发展的生态环境政策。英国高技术产品在计算机、飞机、化工等领域应用广泛，在全球占比大幅提升。英国已经成为全球电子产业中种类最全、规模最大的国家之一。当前英国正积极推进航空业的碳中和，作为推进碳中和的代表性机构，Key Travel 研发了“碳排放计算器”软件，为乘坐航班的旅客提供碳中和服务，还可通过公司官网购买碳信用以抵消碳排放。英国的生物技术产业等高科技产业也得到长足发展，居欧洲领先地位，高科技公司数量约占欧洲同类公司的 1/4 以上。

第二节　德国重工业崛起与低碳化革命

德国是全球最积极实施能源转型的国家，早在此轮“碳中和”热潮之前，德国就开始制定减排目标。多年来，德国通过立法等举措持续推进节能减排，力度不断增强。2020 年，排名前 15 位的碳排放国家中，美国、俄罗斯、日本、巴西、印度尼西亚、德国、加拿大、韩国、英国和法国已经实现碳排放达峰。其中德国早在 1990 年前就实现了碳达峰。从 2000 年至 2019 年，德国的碳排放强度从 8. 5 亿吨降到 6. 8 亿吨，降幅近 20%。德国总理默克尔在第十二届彼得斯堡气候对话视频会议开幕式上表示，德国 2030 年温室气体排放将比 1990 年减少 65%（1990 年作为基年），将在 2045 年实现碳中和，高于欧盟减排 55% 的目标。

一、　重工业崛起与环境污染

19 世纪 30 年代，德国开始进行工业化，从纺织业起步，之后迅速转向以铁路建设为主导的重工业。经过三十多年的发展，已形成较为密集的铁路网。铁路建设带动了钢铁、煤炭、机器制造等工业发展（表 11 – 3）。铁路建设带动制造业发展，1870 年，德国在全球工业生产中的占比达到 13%，成为世界上先进的资本主义国家。

表 11－3　德国煤炭和生铁产量（1820—1870 年）

年份	1820	1850	1870
煤产量（万吨）	120	670	3 400
生铁产量（万吨）	4	21	139

1871 年德国统一，稳定局面加速德国工业化进程。到 1914 年德国成为欧洲的头号工业强国，工业化体系领先世界。第二次世界大战后，德国的制造业发展迅猛。德国是依托制造业崛起的国家，制造业带来石油、煤炭、焦炭的采掘和加工企业迅速增多，自然资源和生态环境遭受严重破坏，制造业带来一系列环境污染问题。第二次世界大战后，德国急于发展经济，对生态环境保护缺乏重视。致使 20 世纪 50—60 年代莱茵河污染严重，导致鱼虾死亡和部分鱼类绝种。同时重工业迅速发展也带来有毒气体和颗粒排放猛增，严重污染大气环境。1962 年，鲁尔区首次遭遇雾霾危机，空气中二氧化硫浓度高达 5 000$\mu g/m^3$。大气污染导致森林受损，1982 年夏德国森林受害面积比为 8%，1983 年猛增到 34%，1984 年受损森林面积达到 50%①。化工、制药、钢铁等重污染行业发展迅猛，政府忽略了因此带来的严重的生态环境问题，德国形成了环境污染型经济结构。

二、 生态环境政策工具的发展历程

德国生态环境政策工具的制定与发展，是因污染问题导致了一系列连锁反应，才倒逼德国政府在生态环境政策工具领域有所行动，起步也比较迟，直到 20 世纪 60 年代尚未形成环境治理的社会共识。梳理德国的生态环境政策工具演变，大致可分为六个阶段。

1960—1969 年为环境治理萌芽期。该时期德国政府颁布部分环保法，尚未形成综合性生态环境保护政策，社会层面也未形成生态环境保护的公众共识。

1969—1974 年为环境治理起步期。1969 年德国政府表示工作重点是解决生态环境问题，该年设立了环保专家委员会，被视作德国生态环境政策创立的标志，德国政府开始积极制定生态环境政策。

① 陈广仁，祝叶华. 城市空气污染的治理［J］. 科技导报，2014，32（33）：15-22.

1975—1978 年为环境治理停滞期。像英国一样，德国也出现了生态环境政策的停滞期，但根源不一样，德国是受到经济萧条和石油危机的冲击，环保活动因一定程度上约束了经济活动而被抵制。该时期没有颁布新的生态环境保护法律法规。

1979—1989 年为生态环境治理加强期。德国出现大面积酸雨，森林遭到严重破坏，社会逐渐意识到环境污染和生态破坏的危害。该时期德国政府加强出台了一些关于酸性气体二氧化硫和氮氧化物的处理方案。对《联邦污染防治法》《化学制品法》等重要法案进行了修订和补充，开始出现以保护环境为宗旨的团体组织“绿党”。

20 世纪 90 年代为循环经济为主题的生态环境政策时期。德国生态环境政策工具开始质的飞跃，相继颁布了《循环经济法》《可再生能源法》等，并积极推动了世界性生态环境保护协议《京都议定书》的签订。

进入 21 世纪为生态环境政策的国际化时期。德国颁布《气候保护法》等多个法律，积极完善温室气体排放管制，采用各种措施节能减排，出台促进可再生能源开发和利用的政策措施，标志着德国生态环境保护政策进入新阶段。

三、 生态环境政策工具的综合运用

德国在治理污染、改善环境方面采取了多种生态环境政策工具，促使产业集群发展与低碳转型升级。

1. 目标规划工具

德国目标规划工具主要是绿色规划和政府资金投入。绿色规划有单项规划与总体规划，单项规划针对某种特殊的发展目标，总体规划针对某指定区域的总体管控规划。为保障绿色规划的执行和实施，德国建立了相应的行政机构，建立了一整套综合体系，同时还提供资金支持企业改进技术以减少废弃物的排放，并投入大量资金用于低碳技术创新。

2. CAC 生态环境政策工具

《保护空气清洁法》是德国历史上第一部环保法，并成立了跨学科的气候问题专家委员会，对现有的和计划中的气候保护措施开展评估，随即先后出台了一系列生态环境保护方面的 CAC 生态环境法律法规，从 1968 的

《植物保护法》到2009年新的《自然生态保护法》，短短40年颁布了《汽油及铅法》《废弃物法》《动物保护法》《环境责任法》《温室气体排放交易法》等30余部相关生态环境政策法规。

德国早期的CAC生态环境政策工具关注废弃物的处理和利用，十分重视发展循环经济。到了20世纪90年代，德国生态环境政策工具开始关注环境信息披露、环境影响评估、环境审计等环境影响问题。1990年《环境责任法》规定了损害补偿的民事责任，次年实行环境损害责任保险。进入21世纪，为积极应对全球性“温室效应”问题，德国生态环境政策工具中相当一部分转向针对大气污染防治。目前，德国的生态环境政策工具已达八千多种。

3. MBI生态环境政策工具

MBI生态环境政策工具主要有生态税（环境税）、押金-退款制度等。1999年德国征收生态税，包括汽车税、能源税（矿物油税）等。押金-退款制度最典型的是引导饮料罐的回收，此后在饮料以外的其他领域也得到了良好的推广，同时根据废弃物的有害程度，政府有义务对必须进行处置的有毒有害物质征收处置费用。

4. WT生态环境政策工具

德国环境影响评价重视公众参与。在《环境影响评价法》中有着明确的法律规定“主管机关必须邀请其他相关机关、专家及第三人参与讨论”，并采取多项措施保障公众参与的合法途径。1994年《环境信息法》规定了环境信息的公开。自愿环境协议也是德国政府的重要手段，政府、行业协会、企业等组织双边或多边签订，企业做出达到节能减排目标的承诺，政府承诺给企业提供经济和政策方面的援助，促进企业技术创新。1996年德国企业单方面承诺减少温室气体的排放，对于达不到目标的企业由政府增加税收，这也充分体现了德国企业的社会责任感。德国充分发挥NGO力量，积极向公众宣传环保知识，同时，建立了多层次教育体系。

四、生态环境政策工具成效显著

在严厉的生态环境政策工具约束下，德国主打产业制造业及其相关产业成功实现了集群转型与低碳化升级。德国制造业不像英国那样比重迅速提升，一直稳定保持在 23% 左右，但在产业结构内部则发生了翻天覆地的变化。20 世纪 70 年代，对信息、生物工程、新能源和海洋等领域进行发展规划和资助，更加注重技术创新带来的产业结构升级，汽车制造业是德国经典传统产业，成功升级为“德系汽车”品牌；与汽车制造业联动的传统机床制造业依托电子信息等高科技手段，升级为数控机床，如今被认为是技术密集型的高端制造业，一百多年来，神奇的德国机床制造一直处于国际垄断地位。除此之外，传统的化学制品制造业低碳化升级也是很成功的。

德国积极对能源结构进行优化，从 1970 年到 21 世纪初一直坚持并取得了很好的效果（表 11－4）。国家延长电动汽车税收优惠时限，并提出到 2030 年电动汽车保有量达到 700 万～1 000 万辆，加快商业和私人充电基础设施建设，到 2030 年建设 100 万个充电桩。为进一步改善能源结构以应对气候变化，2012 年德国修改《可再生能源法》，提出到 2030 年电力生产原料中可再生能源达 50% 以上，到 2050 年达到 80% 以上。经济复苏计划将投入 1 300 亿欧元推动向可持续、数字化和绿色零碳经济转型。在氢能产业方面，德国将投入 90 亿欧元促进氢能的大规模使用，以发挥在减排上的关键作用。

表 11－4　德国能源结构变化（1970—2005 年）

能源种类		硬煤和褐煤	矿物油	天然气	可再生能源
占比（%）	1970 年	>80	9.1	5.5	1.2
	2005 年	24.1	36	22.7	4.6

在污染治理和生态环境改善方面，积极从自身采取措施和响应国际号召，德国在欧洲一直扮演“领头羊”角色。莱茵河是德国生态环境治理的典范，经过多年的废水治理和生态修复，莱茵河的有毒物质减少了 90%，鱼类繁衍壮大，如今莱茵河有七十多种鱼。在森林生态方面，德国大力宣传教育提倡植树造林，对恢复生态环境和资源保护起到很好效果。统计资料显示，德国森林面积已达 10.8 万平方千米，森林覆盖率达 30%。污染严重的莱茵区和鲁尔区的空气污染治理成效显著，1964 年莱茵区和鲁尔区空气中二氧化硫浓度约为 206$\mu g/m^3$，到 2007 年下降到 8$\mu g/m^3$，

降幅达 97%。到 2012 年，鲁尔区 PM2.5 浓度年均含量最高仅为 21μg/m^3。1990—1994 年，德国碳排放量削减 9.5%，2005 年碳排放量进一步削减至 1990 年的 1/4。

为实现 2050 年碳中和目标，德国广泛使用“电转气”技术以达到“脱碳化”，“电转气”技术可淘汰传统的化石能源，推动能源行业结构转型。在全球领先的印刷业方面，德国政府没有采用“一刀切”方式关停所有企业，而是邀请气候咨询公司对全国范围内的印刷企业进行碳中和认证，依据各个印刷企业的生产过程，核算其碳排放总量，最后根据企业的抵消结果进行评估认定，对于不达标的企业，与其进行谈判，在规定期限内采取必要的减排措施并通过评估。对于污水处理行业，德国政府也将其视作实现碳中和的重要一环，并取得了重要进展。例如 1954 年投入运行的布伦瑞克市的斯泰因霍夫污水处理厂，是一座运行了半个多世纪的老旧污水处理厂，但其通过不断地改进污水处理技术和设施，成功实现了碳中和运行。

典型案例

德国邮政敦豪集团（DHL）是全球领先的物流公司，业务遍及 220 余个国家和地区。2020 年 DHL 报告了 3 300 万吨碳排放当量。DHL 凭借可持续的商业实践，为世界做出了积极贡献，它宣布到 2030 年，将温室气体排放量减少至 2 900 万吨以下，且力争到 2050 年实现物流运输环节碳中和。

航空运输是 DHL 最大的温室气体排放源，DHL 已采取多项举措降低该领域碳排放。例如，通过提升能效促进航空运输业务碳减排，持续投资飞机现代化，提高飞机的能源利用效率，进而减少温室气体排放。迄今为止，DHL 已投入使用 22 架波音 777 货机，与上一代机型相比，该货机由于使用高效能燃油技术，可减少 18% 的碳排放量。DHL 还致力于开发新技术以优化运营，如确定理想的重量平衡、优化物流网络设计、选择高效的承运交通工具以进一步提高运营效率。此外，它还积极参与可持续航空燃料（SAF）开发，增加飞机燃料中的可再生能源占比，并与各利益相关方合作开展开创性研究工作，促进可持续生物燃料合成煤油在过渡期的使用。

放眼未来，DHL 将重点关注电转液工艺（PtL）制备的合成煤油。DHL

致力于提供最后一公里和长途运输绿色服务方案，通过投运电动车、采用可持续燃料等主要措施，向可再生能源转型。2020 年，DHL 约有 17% 的陆运车辆配备了替代性驱动系统，其中 15% 的车辆配备了电驱动系统。与此同时，公司持续加大投资，依据最新排放标准升级传统动力车辆。同年 DHL 有 80% 的车辆达到欧 V、欧 VI 排放标准或实现零排放（零排放车辆，ZEV）。

DHL 还将提高能源利用效率作为实现陆运碳减排的重要抓手。DHL 对路线网络和枢纽位置进行优化，以期减少燃料消耗。同时，为司机提供系统的培训项目，鼓励环保驾驶行为，并通过制定标准、提供教育和激励措施来促使分包商采用绿色运输方案。DHL 拥有仓库、分拣中心、物流枢纽、办公楼等大量实体资产，目前正积极利用前沿绿色技术，为其在 220 余个国家和地区的业务网络开发绿色建筑或改造现有建筑。DHL 主要通过直接采购可持续绿色能源和利用光伏发电系统供应绿色电力，推动企业设施向绿色转型。

在不久的将来，DHL 还将通过购电协议（PPA）确保绿电供应。2020 年 DHL 近 80% 的电力来自可再生能源，并致力于到 2030 年将全球业务的可再生能源供电占比提高至 90% 以上（DHL，2021 年）。此外，DHL 还推行可再生能源供暖系统，部署自动化、数字化及智能楼宇管理系统，进一步降低日常运营的能耗，从而削减业务场所产生的碳排放。德国邮政敦豪集团在其脱碳路线图中宣布，所有正在建造的新建筑都将达到碳中和标准。

DHL 将进一步促进碳中和路线图融入内部运营系统，从碳盘查、监测到将可行举措分配给不同业务部门和区域的利益相关方，全面实施更加系统的方法论，并配套严格的内部报告机制、培训措施及政策，不断提高可持续航空燃料的使用比例，使可持续航空燃料的占比到 2030 年至少达到 30%。作为欧洲电动车行业的引领者及最大的电动车队运营商，DHL 将在 2022 年前将电动车队规模从如今的 15 000 辆扩大到 21 500 辆。2025 年 DHL 的配送车队将由 37 000 辆电动车构成，其中包括传统整车制造商的电动商用车。到 2030 年末，DHL 计划推动最后一公里配送车辆实现 60% 的电动化。建筑物方面，DHL 争取自 2021 年开始对公司的新建筑物全面采用碳中和设计。例如，DHL 计划到 2025 年在德国多地建立多达 280 个碳中和配送基地。DHL 还将进一步扩大绿色服务方案组合，为每一种核心产品提供绿色替代方案。例如，从 2022 年起，私人和企业客户所有国内国际邮件运输产生的碳排放都将通过碳抵消机制得到抵消，并且不收取任何附加费用。

作为物流行业的主要参与者，DHL 将依据《AA1000 利益相关方参与标准》，进一步与主要利益相关方（尤其是供应商和分包商）开展公开和建设性对话，通过美国国家生态环境保护局 SmartWay 计划等项目，共同设计碳中和实现途径，开发创新性解决方案，持续在倡议制定方面发挥积极作用。

第三节 美国制造业崛起与低碳产业升级

美国作为世界最大经济体，2007 年已经实现碳达峰。从 1990 到 2007 年碳排放增速最快在 1996 年达到 3.5%，到 2007 年美国年碳排放量 60 亿吨，为近 10 年来的峰值，即实现碳达峰。2007 年后整体碳排放水平下降，2019 年为 51.3 亿吨，低于 1993 年水平。在一次能源消耗占比中，从 2007 年开始煤炭能源的消耗显著下降，占比从 2007 年的 33% 下降至 2019 年的 14%；包括核电、氢能和生物能的可再生能源消费占比呈上升趋势，最低从 8% 升至近年的 11% ~ 12% 水平，能源结构持续优化。目前，拜登政府宣布于 2035 年实现无碳发电，2050 年实现碳中和。

一、 制造业崛起与生态环境破坏

18 世纪，美国是一个地广人稀、资源丰富的新兴国家。早期是英国殖民地，因而大量吸收了来自欧洲的移民和资本，其工业化发端于 18 世纪末，19 世纪为美国工业化加速发展时期。1810—1840 年，农业在国民收入中的比重下降，美国制造业产量实现翻倍。19 世纪 60—90 年代，美国经济呈现飞速发展之势（表 11 - 5）。1859—1914 年，美国的工业产值从不到 20 亿美元增加到 114 亿美元，包括手工艺作坊和街道作坊在内的所有工业生产单元从 14 万多家增加到 21 万多家，就业人数从 130 多万人猛增至 700 多万人。1860 年，在世界工业国行列中美国处于第四位，1894 年升至世界第一。至 19 世纪末，美国已拥有完整的工业体系。19 世纪美国工业（制造业）“大跃进”成就了四大支柱产业群：钢铁、纺织、食品、木材。至 1914 年，该四大支柱产业的产值占美国工业产值的54%，就业工人人数占美国工业就业总数的55%以上。除四大支柱产业外，还有车辆、酒和饮料、化学及其有关制品、纸张和印刷材料、钢铁以外的金属制品、皮革制品、烟草制品、玻璃制品、黏土、石料等重要的生产部门。

表11-5 美国制造业增长率（1864—1913年）

时期（年）	1864—1872	1872—1883	1883—1892	1892—1902	1902—1913
增长率（%）	6.8	4.3	5.1	4.7	4.3

但美国经济的高速发展消耗了大量的自然资源，生态破坏严重，且美国一贯奉行自由主义，加深了自然资源的破坏。美国工业革命砍伐森林多达1 200万公顷，到20世纪初很多森林资源就消耗殆尽了。工业污水的直接排放导致环境污染问题越发严峻，至19世纪后期，美国大多数城市都存在着严重的环境污染状况，表现为大气污染、水污染和固体废弃物污染。

随着工业革命推进，煤炭成为主要能源，同时矿物石化资源逐渐成为能源产品被大量采掘，但当时技术水平所限，煤炭和矿物石化能源燃烧产生的有害气体、烟尘和烟雾，给空气带来严重的污染。著名的钢铁城市匹兹堡，钢铁生产和加工厂密布，一座座巨大的烟囱浓烟滚滚，肆虐着这座曾经美丽的城市。《匹兹堡报》（1895年）曾写道："一面刚挂上两三周的新国旗已经变成了黑色。"① 19世纪末，美国绝大多数城市甚至没有完备的排水系统。费城、圣路易斯的排水管网总长度只有城市街道总长度的一半，新奥尔良、巴尔的摩和莫比尔等城市废水排放仅靠排水明沟。制造业大量的工业废弃物在美国城市的大街小巷堆积如山。

二、 生态环境政策工具的发展

20世纪60年代，生态环境政策工具逐步登上美国体制的历史舞台，但随着执政党的不同而表现出较大的差异性，第二次世界大战至今，美国生态环境政策工具演变历程与污染治理同步进行。

① 姜立杰. 美国工业城市环境污染及其治理的历史考察（19世纪70年代—20世纪40年代）[D]. 东北师范大学，2002.

第二次世界大战结束后至1969年是美国生态环境政策工具起步期。该时期美国联邦政府在生态环境政策工具制定和执行中充当有限角色，主要关注污染的末端治理和公共土地的经营与管理。

1969年至1981年美国生态环境政策工具得以初步发展。1969年颁布《国家环境政策法》（*National Environmental Policy Act*，NEPA）是美国生态环境政策的标志性事件。时任总统尼克松将美国带入“Environmental decade”（环境十年），标志着美国对生态环境问题的关注度大幅提升。国会在此阶段相继出台了一系列新的环保政策，且多以CAC生态环境政策为主，奠定了生态环境政策体系的基础。

1981年至1993年美国生态环境政策却出现了停滞期。在时任总统里根看来，衡量生态环境政策工具更多地以对经济的贡献作为标准，而非对环境质量的贡献作为标准，于是削减了环境污染治理的预算，着力于环保机构重组，建立“成本-效益”模式分析生态环境政策工具及其审核机制，同时联邦政府向各州转移环境管制职能。到了布什总统时期，颁布《清洁空气法》突出生态环境保护效率，但总体上还是维持里根政府时期的宽松生态环境政策，减少对生态环境保护的财政预算和管制活动。

1993年至2001年美国生态环境政策走向安全战略期。克林顿就任总统后将生态环境问题纳入国家主要外交政策中，在1994年出台的《国际安全战略报告》（*The National Security Strategy Repot*）中正式将生态环境问题上升到国家安全战略领域，强调生态环境政策的经济、社会与生态的均衡。在生态环境政策工具方面重视环境技术发展和信息披露。在大气污染上，克林顿政府制定了空气微粒标准和臭氧保护政策。

进入21世纪，2001年至2009年美国进入单边主义生态环境政策期。2001年，布什政府退出1998年签订的《京都议定书》，2002年提出减排新措施作为应对全球气候变化的替代性战略，采取一系列放宽生态环境保护要求的政策措施，对碳减排实施自愿而非强制的政策，废除克林顿任期间签署的饮水安全措施和工矿区的环保政策等。

2009年至今美国生态环境政策走向统筹发展期。2008年次贷危机引发了全球经济震荡，推进经济复苏成为美国新一届政府的焦点问题，奥巴马政府寄希望于新能源生态环境政策支撑新的经济增长点，推进能源创新与温室气体减排，并向国际社会作出了一定的减排承诺。在奥巴马执政期间（2009—2017 年），美国大力施行“绿色新政”，并通过美国历史上首个限制温室气体的法案《美国清洁能源安全法案》。尽管民主党的施政纲领中更加重视绿色经济和环境的可持续发展，2017 年，特朗普政府却宣布美国退出《巴黎协定》，2021 年拜登上任后，拜登政府又立刻重新加入《巴黎协定》承诺加大减排力度，在 2050 年实现碳中和。

总之，虽然美国在 2007 年实现碳达峰，由于两大执政党对于绿色经济的看法不同和政治上的博弈，导致美国在碳中和政策上立场不如欧盟坚定。为摆脱对于石油的依赖，共和党执政期间政府大力推广清洁能源，但其在发展绿色经济领域并不积极，诸如布什政府拒签《京都协定书》和特朗普政府退出《巴黎协定》等美国“公信力缺失”现象随时会出现。

三、 生态环境政策工具与污染治理

历经美国多届政府，起起落落出台了不少的生态环境政策工具和阶段性的生态环境目标，所采取的政策工具和欧洲国家一样，主要涉及 GP、CAC、MBI、WT 等一系列生态环境政策工具。

1. 目标规划工具

19 世纪中后期，美国开始实施绿色规划。1872 年建立美国黄石国家公园，成为世界城市公园的标志。此后相继建立国家森林公园、野生动物栖息地等。1977 年，美国环保投资占 GDP 比重达到 1.5%，到 20 世纪 80 年代该比重达到 2.0%，至 2000 年更是增长至 2.6%。为推进环保资金管理，美国设立了 16 亿美元的超级基金（1980 年），如今已经增长到每年 15 亿~20 亿美元。

2. CAC 生态环境政策工具

为缓解工业发展造成的水污染和空气污染，早在 1948 年美国制定了《水污染控制法》，十多年后，1963 年制定了《清洁空气法》和《水污染法》。到 20 世纪 70 年代制定了一系列全面的生态环境政策工具体系，是美国生态环境保护的“黄金十年”，构建了较为完善的 CAC 生态环境保护体系（表 11 - 6）。1980 年，美国国会通过《综合环境反应、赔偿与责任法》，并成立治理废弃物的环保基金，明确规定任何一方均有义务承担全部清理的费用。21 世纪以来，奥巴马政府出台《美国清洁能源安全法案》对削减污染排放起到了十分重要的作用，同时也推进了经济增长。此后，美国建立了污染损害赔偿基金和建立损害赔偿机制。

表 11-6　美国代表性 CAC 生态环境政策工具（1969—1976 年）

年份	CAC 生态环境政策工具	目标与意义
1969	《国家环境政策法》	标志着美国进入环保“黄金十年”，建立了涉及环境教育、水、空气、噪声等污染防控和资源回收利用与保护的完备法律体系，为美国现代环境法律体系奠定了基础
1970	《环境教育法》	
1970	《环境质量改善法》	
1972	《海洋保护、研究和庇护法》	
1972	《噪声控制法》	
1972	《净水法》	
1974	《安全饮水法》	
1974	《资源保护和恢复法》	
1976	《资源保护与回收法》	
1976	《有毒物质控制法》	

3. MBI 生态环境政策工具

美国制定了相对完善的环境税收政策，包括环境税、津贴及排污交易等多种市场激励型工具。美国环境税包括污染税和消费税两大类，如水污染废物税、大气污染扩散税、化学品消费税、汽油税等。津贴主要在美国州一级使用比较多。1990 年的《清洁空气法》明确规定二氧化硫排放权交易制度，建立了利用经济手段解决生态环境问题的有效措施。

4. WT 生态环境政策工具

WT 生态环境政策工具主要包括宣传教育、信息披露、污染治理自愿协议三种。美国政府通过电视、网络、学校等多种途径，对公众进行生态环境保护宣传和教育，提高公民的环保意识。《国家环境政策法》和《国家环境政策法实施条例》对公众参与的各个方面作了详细规定，对参与范围、人员、效果与限制等做了法律规定。克林顿政府时期的宣传教育是美国历史上最成功的，有力保障了公众参与生态环境治理的权利。美国是较早启动污染治理自愿协议的国家。1990 年，美国启动 EPA 污染防治计划（33/50 计划），参与协议的公司自愿削减 17 种有毒化学物质的排放，到 1996 年超额完成预期的减排计划。1995 年，美国环保局也实施了一系列污染预防的鼓励政策，推行国家环境跟踪计划（National Environmental Performance Track Program），鼓励那些已达到法定排污要求的企业，进一步采取改善环境的行为，对表现优异的企业给予一定的奖励。

四、 生态环境政策工具绩效明显

历经美国多届政府的生态环境政策工具的引导，成功实现了产业集群和低碳转型升级，并计划在 2025 年前颁布立法，强化清洁能源革命计划法律保障和制度建设。

1. 促进能源结构实现优化

19 世纪 50 年代开始，美国大规模开发和使用煤炭、石油等化石燃料，从 1900 年之后的 20 年，得益于美国生态环境政策工具的倾斜，能源结构得到大幅改善（表 11－7）。2010 年以来，美国在太阳能、风能、核能等新兴清洁能源方面实现了迅速的增长，燃料电池、智能电网、生物燃料等也异军突起，如今已远远领先世界。

表 11－7 美国能源结构变化（1990 年，2010 年）

能源	煤炭	木材	石油	天然气	核能	可再生能源
1990 年	52.3%	15.4%	3.6%	—	—	
2010 年	21%	—	37%	25%	9%	8%

2. 催生制造业产业结构升级

19 世纪，美国制造业历经快速发展后，到第二次世界大战后走向衰落。20 世纪 80 年代中后期，美国确立了制造业变革的总纲领，通过生态环境政策工具的引导，高技术产业迅速发展，利用信息产业带动制造业转型，以高新技术带动传统制造业从劳动密集型转变为技术密集型，大大提升资本效率。

3. 环境污染治理成效明显

根据美国环保局和美国统计局数据，1945 年至 2006 年，大气中二氧化硫排放量、氮氧化物排放量、一氧化碳排放量均呈现明显下降趋势。大气中此类污染物排放主要源于原煤、原油、焦炭等化石能源的使用。以二氧化硫排放演变阶段为例（表 11－8），分析可得该数据的“倒 U 型”曲线特征，表明美国对空气污染治理是有明显成效的。

表 11－8 美国二氧化硫排放演变阶段（1945—2006 年）

年份段	1945—1969	1970—1976	1977—2006
二氧化硫排放量（万吨）	2 637～3 096	3 116～2 844	2 862～1 351
二氧化硫排放量年均增长量（万吨）	18.4	-38.9	-50.3
二氧化硫排放量的特征描述	逐渐上升	出现顶点	逐渐下降

第四节 日本低碳技术创新的经验启示

日本近 20 年碳排放峰值分别出现在 2008 年与 2012 年，世界资源研究所在 2000 年预计日本或在 2020 年前后实现碳达峰，实际上日本在 2012 年就实现碳达峰，为 13 亿吨。从 2013 年开始碳排放量增速转负，碳排放量逐渐下降，至 2019 年排放量降至 11.2 亿吨。从能源消费结构来看，石油及其他液体的消费占比从 1990—2019 年基本实现逐年下降，核电及其他可再生能源消费占比在 1990—2010 年呈波动缓慢上升趋势，从 15% 升至 19% 左右。2012 年日本煤炭进口量大增，使得煤炭能源消费占比激增，碳排放量迅速增至峰值，此后又恢复能源结构转型趋势，煤炭占比缓慢下降，可再生能源占比缓慢回升。2020 年底日本政府公布了脱碳路线图草案，正式宣布将在 2050 年实现碳中和目标。

一、 工业猛进与环境污染

19 世纪 60 年代，日本开启现代化进程。1855 年到第一次世界大战时期为日本工业化初级阶段。

1870—1940 年，日本经济迅猛发展，其速度超过当时的英国和法国，尤其是第二产业年均增长超过 6%，占 GDP 比重也迅速攀升。就产业结构而言，日本在工业化初期以轻工业为支柱，1888 年达到高峰，占整个工业的 73%，之后开始转向重工业（表 11－9）。1900—1920 年轻工业对工业的相对贡献率为 51%。日本作为挑起两次世界大战的“主角”，为适应战争需要，以军需工业为主导的重工业迅速发展，第二次世界大战期间，日本重工业占工业生产总额的比重为 66%。

表 11－9　日本第二产业的增长状况（1870—1940 年）

年份	1977	1888	1920	1938
工业在 GDP 中的占比	7. 1%	12. 2%	32. 1%	51. 8%
轻工业生产总额在工业中的占比	69. 0%	72. 6%	58. 4%	36. 6%

第二次世界大战基本上摧毁了日本经济，但战后恢复的制造业助力日本成为世界第二大经济大国。为恢复经济，日本从 1956 年开启工业化加速度，1955 年制造业产值占 GDP 的比重从 30% 上升至 1961 年的 37%。此时期日本的钢铁、机械等重工业以及化工制造都得以快速发展，重工业和化工制造从 1955 年占 GDP 的 43% 上升到 1975 年的 65%。发达国家路径似乎都一样，伴随着日本工业的迅猛发展，严重的污染也如期而至，所不同的是日本国土狭小且人口相对多，对环境污染的承受能力十分脆弱。世界八大环境公害①就有一半发生在 20 世纪 50—60 年代的日本，大量烟尘和二氧化硫导致东京等城市空气污染严重。1960 年，大阪市能见度不足 2 千米的浓烟雾日全年多达 150 天。1955 年，四日市先后兴建十多家石油化工厂，二氧化硫和粉尘终日排放，使天空污浊不堪。

第二次世界大战后工厂排放的废水导致水体严重污染，水体污染对人类健康造成了水俣病事件②和骨痛病事件③。日本环境厅数据显示，1972 年水质连续五年恶化，47 条主要河流中有 23 条严重污染。1958—1970 年，日本受损水稻面积从 3% 提高到 7%，从 10 万公顷增加到 19 万多公顷。工业废

① 马斯河谷烟雾事件（比利时）、伦敦烟雾事件（英国）、四日市哮喘事件（日本）、米糠油事件（日本）、水俣病事件（日本）、洛杉矶光化学烟雾事件（美国）、多诺拉事件（美国）、骨痛病事件（日本）。

② 1956 年日本水俣湾出现一种奇怪的病，由于氮肥工厂把没有经过任何处理的废水排放到水俣湾中，使患者脑中枢神经和末梢神经被侵害。

③ 19 世纪 60 年代左右，日本锌、铅冶炼厂排放的含镉废水污染了神通川水体，两岸居民利用河水灌溉农田，使稻米和饮用水含镉而使人中毒，1963 年至 1979 年 3 月共有患者 130 人，其中死亡 81 人。

弃物和生活垃圾等固体废弃物污染也在日本肆虐，1975 年，日本的工业废弃物达 2. 4 亿吨，其中 1/4 为有毒废弃物。1975 年，日本“六价铬污染”土壤污染问题引起世界瞩目。

二、 生态环境政策工具发展与低碳历程

日本与其他发达国家环境污染的路径和特征相似，但生态环境工具的制定与发展历程却体现出日本岛国对资源的依赖特征，对节能减碳的关注度更高。

1950—1975 年日本的生态环境政策工具体现出末端污染治理特征。为应对环境污染问题，日本相继颁布《公害对策基本法》《工厂排污规制法》等，主要针对污染末端进行“依法治污”。

1976—1993 年日本生态环境政策工具进入协调期。该时期生态环境政策工具的目标转向提高国民的生活质量，对经济、社会和生态的全面规划取代污染净化措施。此阶段解决生态环境问题的视角更宽广，考虑更长远，重点是环境规划和政策协调。

1993—2006 年日本积极参与国际合作，生态环境政策工具进入应对全球生态环境问题时期。1992 年，联合国环境与发展会议召开，签订《21 世纪议程》和《联合国气候变化框架公约》等世界性公约。1993 年，日本颁布《环境基本法》启动生态环境保护，促进“循环经济”“低碳经济”发展。

2007 年开始，日本生态环境政策工具跨入低碳发展期。2007 年，日本将生态环境保护的重点转向资源能源领域，这与日本岛国资源短缺的地理环境密切相关。2008 年日本出台《环境、循环型社会白皮书》着力构建低碳社会和形成区域循环圈。与此同时，日本颁布《科学技术基本计划》加强了减排技术的研究，在国际上积极同其他国家展开减排合作，采取环境外交策略。

第二次世界大战结束至 20 世纪 50 年代中期为日本经济重组和恢复时期，该时期环境污染问题还不算突出。此后随着生态环境问题日渐凸显，日本生态环境政策工具也逐渐登上历史舞台。作为资源、能源相对匮乏的岛国，日本从 1992 年起陆续制定颁布了生态环境政策法规，进入 21 世纪

后，海平面上升更引起日本岛国危机，强烈呼吁国际社会降碳减排，自身也示范性颁布了一系列节能减排的政策体系（表 11－10）。2005 年的《京都议定书》要求日本减排目标较 1990 年减少 6%，而实际上日本的碳减排任务并没有完成，碳排放不减反增 11.3%。基于此背景，2008 年时任日本首相福田康夫提出“为低碳社会的日本而努力”的号召，明确提出了构建低碳社会的“福田蓝图”。为实现低碳减排目标，政府规划通过技术创新实现 2030 年前能源利用效率比 2007 年提升 30%，投资近 300 亿美元用于超燃烧系统技术、超时空能源利用技术、节能型信息生活空间技术、低碳型交通技术、节能半导体元器件技术等五大领域的创新战略实施；通过税收减免、财政资金扶持等配套政策分担企业创新成本，鼓励企业积极进行低碳领域的技术创新。2017 年 12 月，日本公布了“基本氢能战略”，意在创造“氢能社会”，该战略的主要目的是实现氢能与其他燃料的成本平价，建设加氢站，替代燃油汽车、天然气及煤炭发电等，发展家庭热电联供燃料电池系统。

表 11－10 日本生态环境保护代表性政策

年份	文件/会议	内容
2004	《面向 2050 年的日本低碳社会情景 12 大行动》	初步提出 2050 年低碳社会的远景规划，并具体规划各高能耗部门的减排目标
2005	《京都议定书》	逐步开启减排计划，此后出台一系列碳减排政策、计划与法律法规
2018	《能源基本计划》	面向 2030 年及 2050 年能源中长期发展战略，依靠现有人才、技术创新、基础设施完善和系统开发设定明确的能源发展目标，明确 2030—2050 年能源转型目标
2020	《绿色增长战略》	正式提出碳中和目标与路线图，到 2050 年彻底实现碳中和，达到零碳社会
2021	经济产业省审议会	面向 2050 年的脱碳社会，到 2030 年太阳能发电需提高到 125GW 目标，2040 年完成 300GW

三、 生态环境政策工具的类型

日本和欧美国家一样，为实现既定的生态环境政策目标采用了多种生态环境政策工具组合，有效处理工业化进程与产业发展中的生态环境问题，重点促进日本循环经济发展。

1. 目标规划工具

第二次世界大战给日本带来重大创伤的同时，城市恢复重建给了日本重要的启示。在生态环境规划方面，政府资金投入主要集中在生态环境基础设施建设。20 世纪 60 年代，大力整治污染产业，重视循环经济的发展和规划，出台了发展循环经济和低碳经济的一系列资金投入政策。

2. CAC 生态环境政策工具

20 世纪 60—70 年代以来，日本先后制定并颁布了一大批法律法规（表 11 - 11）。从解决重工业污染问题到发展循环经济和节能减排（20 世纪 90 年代为主），再到加强国际合作解决气候问题（21 世纪以来），日本的 CAC 生态环境政策工具得到不断发展。

表 11 - 11　日本主要 CAC 生态环境政策工具（1958—2010 年）

年份	CAC 生态环境政策工具	主要特征
1958	《公共水域水质保全法》	日本为解决重工业发展带来的公害问题，同时也关注环境损害赔偿机制，成立公害补偿基金，保障受害人健康损害请求权的实现
1958	《工厂排污规制法》	
1962	《烟尘排放规制法》	
1967	《公害对策基本法》	
1968	《大气污染防治法》	
1968	《噪声规制法》	
1970	《水质污染防止法》	
1970	《废弃物处理法》	
1971	《恶臭防止法》	
1971	《公害防止管理者法》	
1972	《自然环境保全法》	
1973	《城市绿地保全法》	
1973	《公害健康受害补偿法》	
1979	《节能法》	

续表

年份	CAC 生态环境政策工具	主要特征
1991	《再生资源循环利用法》	进入 20 世纪 90 年代，生态环境政策工具转向促进循环经济发展
1996	《容器包装循环利用法》	
1998	《家电资源再生利用法》	
2000	《推进循环型社会形成基本法》	
2000	《建筑材料再生利用法》	进入 21 世纪，日本生态环境政策工具突出表现在三个方面：一是关注原材料高效利用和循环经济；二是关注环境教育，是亚洲第一个制定并颁布环境教育法的国家；三是应对全球气候变化
2000	《食品资源利用再生法》	
2000	《绿色采购法》	
2002	《自然再生推进法》	
2003	《日本环境教育法》	
2009	《能源供应商非化石能源利用及化石能源原料有效利用促进法》	
2010	《气候变暖对策基本法案》	

3. MBI 生态环境政策工具

为鼓励发展循环经济和环保事业，日本政府采用环境税、政府环保援助金和保证金制度等。每年都会对有效减少碳排放、治理大气污染问题以及节能减排的企业或者民间团体进行财政上的资助。对那些与废弃物处理和“3R”① 有关的项目提供优惠贷款税率。保证金制度是具有日本特色的创造性制度，具体是当游客在景点、展览馆等公共场所消费时，需要额外支付押金，当退还瓶子时返还押金，从微观层面促进了垃圾的有效回收。

4. WT 生态环境政策工具

日本政府充分支持和鼓励公众参与机制的建设，公众参与的全过程都有法律保障。日本是自愿污染治理协议的发源地，比其他国家做得更好的是，民间机构与政府都是环境信息披露的主体。1964 年，横滨市政府和矶子火力发电站（东京电力公司）签署了日本首个环保自愿式协议，约定矶子火力发电站实施防止公害的方式。之后，日本先后出现不少以节能减排、

① 废弃物的减少（Reduce），部件的再使用（Reuse），循环的强化（Recycle）。

循环经济、环境管理为宗旨的新型自愿环境协议。1993 年《环境基本法》提出：为保护环境须提供必要情报和报告环境状况。1996 年《自主管理计划》旨在削减有害大气污染物质，对日本污染物质浓度得以改善起到很好的推进作用。1997 年《经团联环境自主行动计划》对日本实现《京都议定书》中的承诺至关重要。1999 年《信息自由法》进一步推动环境的民主建设。2010 年，日本经济产业省提出“低碳型创造就业产业补助金”制度。2020 年，日本经济产业省提出通过补贴和税收优惠等激励措施，动员超 240 万亿日元的私营领域绿色投资，力争到 2030 年实现 90 万亿日元的年度额外经济增长。

至此，日本政府积极搭建由企业、科研院所等构成的碳中和创新体系，构建低碳创新信息共享平台，有效降低创新的各类信息成本；成立产业技术综合开发机构，为社会提供必要的技术创新、推广、应用等服务，特别是为企业和社会公众提供重大关键性低碳技术的信息共享与相关服务。同时，鼓励产业界、高校和研究机构组成战略联盟，努力降低低碳技术创新的各类成本与外部风险。

四、 生态环境政策工具促使产业绿色发展

日本严格的生态环境政策工具促进生态环境明显改善的同时，更好地推动了产业低碳转型和产业绿色化发展。

1. 制造业实现转型升级

20 世纪 70 年代，为应对资源和环境的调整，日本制造业走向“能源节约化”和“高加工度化”，信息产业逐渐上升为日本的主导产业。1978 年，日本信息产业占 GDP 的比重为 7.28%，1994 年上升到 11.68%。进入 20 世纪 80 年代，制造业向技术密集型的方向发展。20 世纪 90 年代，日本开始在半导体工业、集成电路领域等方面迅速发展，为日本低碳经济奠定坚实基础。

2. 低碳经济的发展

日本兴业银行统计数据表明，1973 年后的 10 年左右，日本一次能源消耗量增长 17%，GNP 却增长 47%，单位 GNP 石油消耗量下降了 50%。1991 年，日本每吨标煤能源实现的 GDP 价值为 2 538 美元，远高于英国 1 605 美

元、法国 1 818 美元，当时的中国只有 421 美元。核能和可替代性能源在全部能源消耗占比从 1973 年的 2.65% 上升到 1999 年 14.37%，2010 年该占比进一步提升至 17.25%。2012 年，日本提出到 2030 年将开发海上地热、风力、海洋和生物质四个领域的电力扩大到 2010 年的 6 倍以上，低碳经济发展成效显著。

3. 污染治理成效显著

日本空气污染治理取得突出成效（表 11－12），这与日本关注气候变暖密切相关。在水污染治理方面，日本三大河川的水体生化耗氧量均显著下降。2010 年，污水处理覆盖率为 86.9%，河川、湖沼等地表水及海域的水生态环境治理和污染控制率达到 90%。2010 年日本的森林覆盖率为 69%，为世界最高，同期中国的森林覆盖率仅为 22%。

表 11－12　大气污染物浓度（mg/m^3）

污染物	二氧化硫	二氧化氮	一氧化硫	浮游粒子状物质
1975 年	0.043	0.041	0.030	0.065
2010 年	0.009	0.022	0.009	0.027

4. 建立碳排放交易市场

日本碳排放交易市场经历了行动计划、体系试行、正式启动三个时期。行动计划时期，为响应 1997 年《京都议定书》对碳减排的要求，日本开始对 JETS 的设立进行行动计划制订，但该计划无法律效力；体系试行时期，开始的标志是 2008 年 10 月碳排放交易系统的试行，此时碳排放交易系统处于自愿参与、自愿交易阶段；正式启动时期，从 2010 年 4 月开始，东京总量限制碳排放交易体系正式启动，此时该体系具有强制性特征，明确了到 2020 年比 2000 年温室气体排放量下降 25% 的减排目标。

第五节　国外生态环境政策工具的成功经验与启示

发达国家在生态环境政策工具设置和组合运用方面走在世界前列，其先进经验各有特色，但都不约而同走向资源节约与环境友好的低碳化路径，体现出生态环境、经济、社会协调发展的程度比较高。借鉴吸收国外先进发展经验，结合中国国情对比发达国家生态环境政策工具，对完善中国生态环境政策工具架构，促进“双碳”目标的实现和生态文明建设有十分重要的现实意义。

一、 地方政府自主制定生态环境政策工具

第二次世界大战后的日本，在生态环境政策工具的发展过程中，地方政府起着关键性的作用。在中央政府制定生态环境政策工具之前，日本地方政府主动超前制定生态环境政策工具。20 世纪 30 年代以来，世界八大环境公害日本就占一半，叠加其他污染事件所引发的大量的公益诉讼，迫于大量的证据资料都在污染者被告一方，受害者原告的举证过程异常艰难。纵使部分案件在减少原告一方的举证责任后作出判决，但从诉讼的整体情况来看，这对原告一方的举证过程并未产生任何正面效应。之后的吉田克己教授的疫学调查，验证了四日市大气污染公益诉讼中受害者所患呼吸器官疾病与四日市大气污染的显著相关性，为法院作出判决提供了依据。这引起了地方政府的高度重视，激发地方政府探索制定生态环境政策工具的积极性。诸如东京、大阪市、神奈川县等地方政府面对大气、水等污染现象陆续展开生态环境政策的制定工作，很好地应对了不断恶化的生态环境污染。东京地方政府颁布的《东京工厂污染控制条例》（1949 年）和《公害防止条例》（1969 年）提出了“生态环境权”，规定了各种公害防止措施。20 世纪 70—80 年代，是日本生态环境治理从“公害治理”到“生态环境保护”观念转换的阶段，制定了《环境影响评价法》相关法律草案。部分地方政府开始将环境影响评价运用到建设项目的审批过程，以此来达到保护生态环境的设定目标。1976 年，川崎市、北海道、岐阜县等陆续开展环境影响评估条例的制定工作，福冈县等地方政府为推进环境影响评价工作的具体实施还制定了地方行政指导性纲要。相比于日本中央政府出台《环境影响评价法》（1997 年）提前了近 20 年之久，这毫无疑问极大地促进了国家层面生态环境立法和政策的进程。20 世纪 90 年代后，美国也是各州政府根据各自经济发展和生态环境状况自主制定生态环境政策为主。

发挥地方政府的积极性，国内的“河长制”即是如此。2007 年江苏省无锡市政府创建“河长制”治污创新，有效应对频发的蓝藻大规模暴发事

件，此后福建、云南、河南等地效仿设立河长。2017年《中华人民共和国水污染防治法》把“省、市、县、乡建立河长制”写入总则。

借鉴地方政府制定生态环境政策工具的经验，也可微观到企业规制层面。企业应开展全面细致的分析，以设定有意义、切实可行的减排目标。自下而上和自上而下相结合的分析方法将是最佳方案，有助于企业审慎制定关键决策，不仅将《巴黎协定》要求纳入考量，同时考虑不同业务部门和区域在不同情景下有望实现的减排量。企业可建立专门的团队来协助推动碳减排进程，而碳减排举措的具体实施任务则由业务部门承担。

二、 产业结构转型中新类型污染的防范与监控

1967年日本颁布《公害对策基本法》，三年后“公害国会”（1970年）对其进行修订。20世纪70年代的日本汽车、电子等技术型产业得到政府的重视和推广，促使产业结构由资源密集型升级到资本技术密集型，但并没有脱离污染的产生。因为汽车的普及又必然面对汽车尾气污染，于是政府又严格规制尾气排放、对汽油进行无铅化处理，但还是未从根本上解决问题。《70年代通商产业政策》提出“应该由重化工业向知识密集型产业转型升级”，1973年颁布《公害被害健康补偿法》为运用污染者“备用金”补偿因公害事件健康受损者提供法律依据。这一系列生态环境政策的出台运用，较好地抑制了公害事件的发展势头。1973年的世界石油危机，导致经济的低迷增长，迫使日本政府开始注重产业机构的升级转换与优化。

20世纪70年代，德国也出现类似日本公害问题。为应对公害问题，德国政府不断加大环保研发投资，同时出台一系列相关的生态环境政策法规。《废弃物处理法》（1972年）、《水污染防治法》（1976年修订）、《大气污染防治法》（1974年）、《环境影响评价法》（1975年）和《自然保护法》（1976年）等一系列规制约束企业和公民的行为。注重产业结构的升级转型和优化，将当前产业发展逐渐转向技术密集型产业，在一定程度上降低了传统重化工业高污染量，同时也引发了新的环境污染。电子垃圾易泄漏有害物质、不可焚烧、不易发现、危害潜伏期长，对其处置一直是德国所面临的难题。

新污染类型防控与监视，在生态环境政策工具运作中有十分重大的意义。诸如从2003年的传染性非典型肺炎到2019年的新型冠状病毒肺炎等疫情，更能体现出生态环境与生命安全所面临的新型“病毒”。

三、 生态环境政策工具多元化与协同发展

美国生态环境政策工具的发展变迁曾遭遇过诸多波折，甚至产生倒退现象，至今形成多元共存的生态环境政策工具箱。20世纪80年代初，里根政府对生态环境政策的制定过于服务经济的发展，以收益最大化为政策目标，对有悖于经济发展目标的予以修订，或者不通过、或者废止，对环保人、财、物投入也大幅度缩减，研发预算在1981—1984年下降了50%多，环境质量委员会（CEQ）的财政预算从1975年到1990年下降了83%，环保机构工作人员也被大幅度缩减，从20世纪70年代末到80年代末CEQ雇员人数从最初的57人下降到11人，其行政职能和正常运作都受到了影响，被称为“环境政策停滞时期”，生态环境政策呈现“重开发、轻保护”的整体样态。但并未阻止美国生态环境政策工具的发展势头，之后颁布了一系列生态环境法律法规并形成了体系，相反正是由于生态环境政策工具推进过程中的持续僵局，各种新兴生态环境政策工具模式开始出现。诸如国会通过规定、预算、条约的形式影响生态环境政策的制定和执行，通过联邦行政机构或者联邦行政机构与非公机构联合制定生态环境政策，地方州政府自主制定生态环境政策，非政府的生态环境政策等方式和途径，极大地推动了生态环境政策工具的发展变迁。20世纪70年代以来，美国多领域采用市场型生态环境政策工具和信息披露型生态环境政策工具，诸如交易许可证制度、环保补贴、能源环境法案中加强信息公开等措施，同时，实施“生境保护计划”，将私人和私营机构提交的计划运用到受保护物种的生境维护，通过第三方绿色认证，推动和鼓励企业选择环境友好的运行模式。

1999年德国实施《生态税改革实施法》与2000年颁布《可再生能源法》，启动了德国生态税的改革。同时德国在环保宣传和教育方面的投入也随之剧增，近百万人从事与生态环境保护相关的宣传，大大增强了企业和居民的生态环境意识，追求生态环境保护与社会经济发展的平衡，走出了一条“社会市场经济生态化”道路。

多元政策工具组合是中国推进“双碳”目标进程的关键环节和有效途

径。早在2009年《中华人民共和国循环经济促进法》施行，为保护生态环境及自然资源利用提供了基础性法律指导。但与该法配套的与低碳发展相关的政策法规还不够全面。德国、日本等发达国家发展循环经济较早，在可再生资源利用等方面获得长足发展，且成果显著，中国可以借鉴发达国家的经验，在生态环境建设、推进“双碳”目标方面探索有价值的方法和路径。

四、 催生绿色低碳化是生态环境政策工具的主题与主线

进入21世纪，日本提出“3R”资源利用理念，旨在“发展循环经济、建设循环型社会”，形成自然资源再利用经济发展模式。1991年《废弃物处理法》强化了公司企业对其所产生的废弃物处理不力的法律责任，并要求公司企业对废弃物处理结果必须予以明确公示。颁布《再生资源利用促进法》促进“3R”应用和推广。颁布《环境基本法》（1993年）明确将经济调节手段运用于生态环境治理和维护。2001年为推进循环经济的发展，日本设立环境省（EOM），出台了一系列生态环境政策，同年出台《循环型社会形成推进基本法》，进行产业结构升级，生态环境相应改善，明确各种组织等协同参与生态环境立法。此后，日本建立了循环经济体系。紧接着又制定颁布了《家电循环法》《容器包装循环法》《汽车循环法》等一系列推动循环经济发展的具体针对性法规。日本环境省将“生产者责任延伸”原则引入垃圾处理政策，推行家庭垃圾收费制度，并于2007年开始征收环境税，之后日本生态环境政策体系趋向成熟。在官民合作、技术、废弃物回收与交易、发展绿色产品市场等领域的“3R”产业获得了长足的发展，并得到财政和融资政策的支持。

20世纪70年代，中国开始关注生态环境治理与资源循环利用，主要运用CAC生态环境政策工具，改革开放后开始使用MBI生态环境政策工具。1992年社会主义市场经济全面展开之后，WT生态环境政策工具的使用逐步增多。虽然生态环境治理领域的MBI生态环境政策工具和WT生态环境政策工具运用的领域和比例都在不断增加，但也必须看到，对于小企业无论是减排技术的引进还是产品的生产，都势必付出相当大的减排成本，经济结构调整也在一定程度上提高了减排成本。虽有部分企业资源参与社会减排，但原因往往是企业出于公关和宣传的考虑，无法构成长效发展机制。总的来说国内企业缺乏自愿减排的动力。相比之下，CAC 生态环境政策工具仍是主流，但对低碳化升级的主线还需加强。

五、 加强碳税征收与相关制度设计是有效的减排手段

以排放为依据的计征方式是碳税制度的未来发展趋势。可根据计征方式将已开征碳税的 27 个国家划分为“燃料计征”和“排放计征”①。由于碳排放主要来源于化石燃料燃烧，因受限于技术条件和征税成本，对碳排放征收碳税便可间接转换为对化石燃料碳含量征税，即“燃料计征”方式。“燃料计征”方式是指依据化石燃料消耗量（实际操作中一般依据销售量）计税。该种计征方式技术要求低、征税成本小，是目前绝大多数征收碳税国家使用的计征方式。“排放计征”是直接依据二氧化碳（部分国家在计税时还包括甲烷、氧化亚氮等其他温室气体）排放量计税。“排放计征”方式难以将居民个人及小规模企业纳入计征范围。同时计量二氧化碳（温室气体）排放量技术要求苛刻、核算难度大、征管成本高，需要生态环境保护等部门密切配合，并建立与碳交易类似的监测、核查与报告制度。上述缺点也是该计征方式至今未被多数国家使用的原因。但“排放计征”方式能够直接调控碳排放企业的碳定价，更符合碳税制度的设计初衷，对能源使用效率和低碳技术发展更具政策引导和促进作用。如果技术允许，该方式能够对燃料燃烧、工业过程和逸散排放等实现全面覆盖，也更易于实现碳税与碳交易之间的协调②。以排放为依据的碳税制度是发展趋势。

碳税整体税率水平及初始税率较低。尽管各国都同意减少温室气体的排放量，但是大部分的国家仍然在进行碳贸易的方式来实现节能减排目标，并未开征碳税。截至目前，开征碳税的国家数量占比依然较低，且税率差异巨大，整体税率水平较低。已开征碳税的国家中近一半碳税税率低

① 目前采用“燃料计征”方式征收碳税的国家共 17 个，包括欧洲的芬兰、冰岛、挪威、瑞典、丹麦、瑞士、列支敦士登、爱尔兰、英国、法国、葡萄牙、卢森堡，北美洲的加拿大、墨西哥，南美洲的哥伦比亚、阿根廷，亚洲的日本；采用“排放计征”方式征收碳税的国家共 9 个，包括欧洲的荷兰、波兰、斯洛文尼亚、爱沙尼亚、拉脱维亚、乌克兰，南美洲的智利，非洲的南非，亚洲的新加坡。另，西班牙碳税是对氟化温室气体的消费征收，故未归类。

② 许文. 以排放为依据的碳税制度国际经验与借鉴［J］. 国际税收，2021（12）：14-20.

于25美元每吨二氧化碳当量，哥伦比亚、智利、新加坡、日本、爱沙尼亚、乌克兰、波兰等7个国家的碳税税率不超过5美元每吨二氧化碳当量。当今全球碳税税率整体水平与根据碳定价高级别委员会（High-Level Commission on Carbon Prices）预计的到2030年前至少达到50~100美元每吨二氧化碳当量的税率差距较大。碳税税率水平提高仍需要国际社会进一步协调和努力①。碳税初始税率较低，后呈逐步上升趋势。从征收碳税较早的北欧国家实践情况看，碳税开征初期税率水平普遍较低，再根据减排目标的实现情况，在综合考虑社会认知水平与承受能力的基础上，逐步提高碳税税率。这样的做法既有利于减少碳税实施对本国产业发展及产品国际竞争力的不利影响，也是出于减少实施阻力和引导纳税人逐步树立减排观念和改善行为模式的考虑。如最早开征碳税的芬兰，其碳税税率一直保持小幅提升态势②。同时，大多数国家实行差别税率，即根据征税对象碳排放量高低不同实行不同的税率，碳排放量高的征税对象适用较高税率，反之适用较低税率③。

保持税收中性，发挥收入再分配和产业引导作用。碳税无论征收范围大小或征税对象多寡，因价格最终由消费者承担，因此必然具有累退性，易造成新的分配不公④。现有征收碳税的国家大多遵循税收中性原则，即不以增加财政收入为目的，对某些关系居民个人和企业收入的其他课税实行减免优惠，将碳税收入返还给企业和居民个人，以抵偿开征碳税增加的税收负担，减少碳税征收给社会生产和居民生活带来的负面影响，降低碳税征收面临的社会阻力。英国以减少企业为雇员缴纳的国民保险金方式对企业进行税收返还⑤。德国通过将碳税所得的一部分用来补贴社保，从而减轻

① 鲁书伶，白彦锋．碳税国际实践及其对我国2030年前实现“碳达峰”目标的启示［J］．国际税收，2021（12）：21-28．

② 刘磊，张永强，周千惠．政策协同视角下对我国征收碳税的政策建议［J］．税务研究，2022（3）：121-126．

③ 陈旭东，鹿洪源，王涵．国外碳税最新进展及对我国的启示［J］．国际税收，2022（2）：59-65．

④ WIER M，BIRR-PEDERSEN K，JACOBSEN H K，et al. Are CO_2 taxes regressive? Evidence from the Danish experience［J］. Ecological economics，2005（2）：239-251．

⑤ 龙英锋，丁鹤．英国气候变化税与碳排放权交易综合运用的经验及借鉴［J］．税务研究，2020（1）：82-85．

了企业和个人的税收负担来降低碳税征缴的社会影响。丹麦、日本等国还以补贴或转移支付等方式鼓励低碳技术研发、设备更新改造、清洁能源使用等低碳领域的创新，以实现碳税政策的“双重红利”。

第十二章　迈向“双碳”目标的生态环境政策工具优化

为保障中国“双碳”目标如期乃至提前实现，以习近平生态文明思想为指导，基于基本国情和中国式现代化路径，坚持“五位一体”和“五大发展理念”构思生态环境政策工具的优化组合与效能评估，完善支撑体系，推进生态环境政策工具催生低碳经济与低碳技术发展，走向国际交流与合作，完善中国特色社会主义生态环境政策工具。

第一节　生态环境政策工具低碳化的发展方向

借鉴发达国家经验与比较国内环境，我国生态环境政策工具的低碳化从制度化、技术突破等方向寻求答案。李翠英（2018 年）[①] 比较分析了《中华人民共和国环境保护法》的主要内容，对法条进行编码、归类，然后进行频数统计，从生态环境政策工具的类型、生态环境政策工具的主体两个方面考量与比较，认为直接性生态环境政策工具出现的频数较高，尤其是“直接环境管制”类生态环境政策工具占比高达 35.3%；根据政策工具研究范式的变迁，中国生态环境政策工具正处于发展阶段，方向问题是关键。

一、　制定中国低碳领跑者计划和低碳可视化制度

加快构建优化中央领导牵头、省市级领导部署、各职能部门和基层政府负责实施、企业和研究机构积极参与的低碳节能管理体系，引导全社会力量参与低碳技术创新，降低企业或科研院所从事低碳技术创新的成本，促进低碳技术创新能力提升和低碳社会建设。建立符合中国实际情况的低碳技术领跑者标准，引导社会公众积极购买低碳产品，倡导绿色低碳生活，创新碳积分、碳足迹等制度，鼓励市民绿色出行，参与森林碳汇、植树造

① 李翠英. 政策工具研究范式变迁下的中国生态环境政策工具重构［J］. 学术界，2018（1）：122-136，286-287.

林等活动，培育低碳消费理念和低碳发展的市场需求。

二、 加快推动绿色低碳技术实现重大突破

抓紧部署低碳前沿技术研究，加强对绿色低碳技术未来发展战略研究，有效指导低碳技术遴选，鼓励创新性或颠覆性的低碳技术研发，大幅降低企业低碳创新成本。加快制定完善低碳技术创新与低碳发展的配套政策法规，明确低碳技术创新的重点、路线图、实施方案等。避免从实验室到市场的技术“死亡之谷”现象，积极培育低碳技术市场需求，加强低碳产品的市场推广。出台培育低碳交易市场的系列政策，如鼓励家庭购买安装分布式光伏发电系统，鼓励企业、工厂、农村等安装可再生能源发电设备，畅通电力入网渠道。

三、 加强低碳创新制度供给侧结构性改革

降低市场成本，推动绿色低碳发展，关键在于形成有利于创新的制度体系，重视低碳创新制度供给侧结构性改革，降低市场交易成本。加快完善低碳创新有关的法律法规，深化低碳创新制度供给侧结构性改革，避免政策交叉、打架、缺位等问题，为低碳技术创新提供必要的制度保障。企业自身也应以低碳责任意识引导制度创新，如鼓励企业员工树立低碳意识，在管理上将低碳节能、降耗减排作为重要指标，并制定具体的量化标准，纳入到绩效管理考核指标。

四、 扶持国内低碳技术企业和产业走出去的相关政策

加快实施低碳技术国际合作创新与绿色“一带一路”倡议，推广低碳领域的中国标准和参与国际标准制定，采取多种举措降低和分担企业低碳技术创新与应用的各项成本，提升中国企业在参与全球生态治理、低碳技术创新的国际话语权和形象，为中国加快实现“双碳”目标提供坚强支撑。

第二节 生态环境政策工具的优化组合与效能评估

生态环境政策工具的组合使用能够显著促进企业的碳排放和低碳技术创新，产生“1+1>2”的效果。为实现“双碳”目标，有必要对生态环境政策工具的组合方式和组合类型进行研究。《碳中和促进法》对于协调“双碳”目标与污染防治、生态保护、核安全监管等的关系，明确在目标管理、政策制度、技术创新、试点示范等领域的协同机制方面有明显促进作用。

一、 优化组合的基本原则与高效能

政府使用生态环境政策工具时，一方面要有重点，考虑到具体生态环境问题及生态环境政策工具的适用性；另一方面，根据各种生态环境政策工具的科学组合，加强整合和创新。实践证明，单项生态环境政策工具可使经济或者环境达到次优状态，而优化组合可使经济-社会-环境达到相对优化状态。

优化组合要坚持“绿水青山就是金山银山”的发展理念，从长远战略与大局利益考虑，统筹各方面的利益，坚持以下原则：①经济发展与生态环境保护相平衡的原则。生态环境政策工具的科学组合应以生态环境保护为基础，最终目标是确保生态环境与经济社会协调发展。②优势互补原则。各类生态环境政策工具都有其优点和缺点。如不同政策工具组合不当，就会出现系统拥塞。如 CAC 生态环境政策工具可能不同于 MBI 生态环境政策工具，从实施手段层面上互斥，这就造成所谓的制度拥堵。因此，政府在选择生态环境政策工具优化组合时，需要考虑互补性原则，避免不同生态环境政策工具的排斥，以达到生态环境政策工具的综合效果“整体大于部分总和”。③公平与效率并重的原则。不同生态环境政策工具导致不同的生态环境资源配置，如何分配成本和达成效率的问题就是回避不过的坎。政策工具的公平和资源配置的效率，两者都不能牺牲，否则就是失败的组合。虽然公平原则会影响实施的效率，但如果我们不考虑公平原则，会导致社会不稳定，效率问题就无从谈起。④实践时序原则。生态环境经济活动往往是不断变化的，生态环境政策工具的组合也需要根据不同时期的生态环境经济发展情况和政策要求来选择。事实上，政策工具的演进也体现了生态环境政策工具应用的时序性原则。当政府选择生态环境政策工具时，它会根据对环境和经济发展动态的理解来选择各种生态环境政策工具使用的时间。如客观条件尚不成熟则为时过早，选择的生态环境政策工具往往会被浪费，如为时已晚，选择的生态环境政策工具可能会失去机会并导致被动。

生态环境政策工具优化组合目标是发挥高效能。Porter 等（1995 年）[①] 认为，尽管生态环境政策工具会导致企业为此付出一定的成本，但生态环境政策工具所引发的企业技术创新的预期收益，或者政府直接补贴和税收优惠等，会弥补企业遵守生态环境政策所付出的成本，如此便会让企业改变对生态环境政策一贯的“遵守即意味着成本付出”的观念，更看重生态环境政策对企业利益的创造。Hemmel 等（2002 年）[②] 认为，在生态环境政策的直接管制和强制要求下，企业也并非会一直遵守政策要求，直接管制并不能永久迫使企业符合生态技术标准或排污标准。国内学者则认为直接规制型生态环境政策工具刺激企业进行创新的动能依赖于从制度设计到实施的各个环节，不同生态环境政策工具的效应不同，在相互协调的基础上优化组合才能产生最大的效能。

生态环境问题本身具有复杂性和多样性，单项生态环境政策工具在解决生态环境问题上肯定是难以起到全面效果的，提高环境有效性也许一定程度上牺牲经济公平性，提升技术创新也许会短暂牺牲经济利益……因此，生态环境政策工具有其优越性和局限性，单项有效使用会受到一定条件的约束[③]。1983 年，欧洲制定第三个阶段的生态环境行动规划就意识到生态环境工具多元化的重要性，其后的 1987 年制定第四个阶段生态环境行动规划，欧洲及其成员国就开始运用诸多经济社会手段，如生态税、环境税和治理协议等来应对生态环境问题，将生态环境政策与欧洲其他政策进行有机融合。不同生态环境政策工具在环境有效性、促进产业集群、经济公平性、技术创新成本、可接受性方面各有优劣。但总体而言，目前生态环境政策工具对技术创新的促进作用，在社会层面是认可的，对经济公平性的认可度是最低的。

二、 尊重企业利润利于引导技术创新

制定生态环境政策的直接目标设定是引导企业采取对策措施，遵纪守

---

① PORTER M E，CLAAS V D L. Toward a new conception of the environment-competitiveness relationship ［J］. Journal of economic perspectives，1995，9（4）：97-118.

② HEMMEL S J，LEONE F，RENNINGS K. Innovation-orientend environmental regulation：theoretical approaches and empirical analysis Heidelberg ［J］. Physica verlag，2002（5）：331-347.

③ 全世文. 缴税还是捐赠?：生态环境政策效益评估中的支付工具选择［J］. 经济评论，2019（4）：127-147.

法以保证企业在稳定运行（不受处罚）的基础上获取利润，最终促进生态环境得以维护。生态环境政策工具制定与组合使用时要尽可能考虑到实施地区资源和经济科技发展状况以及企业规模的大小等影响因素，统筹兼顾，注重生态环境政策工具优化组合的科学性和公平性，如此制定或组合出的生态环境政策工具才能真正产生正向激励效果，在促进企业获得经济利益的同时达到政策制定的初衷。

生态环境政策工具优化组合要与企业利润紧密结合。当企业处于完全市场竞争条件下时，企业利益是其考虑的唯一因素。面对生态环境政策工具引导，企业是否接受完全取决于企业追求的利益目标。企业通常会在降污成本、违反排污标准处罚成本、技术创新成本等因素之间进行利益权衡和博弈。只有当生态环境政策工具能够给企业创新带来更多的运营利润，才能促进企业技术创新，这是生态环境政策对于企业技术创新发挥激励功效的影响途径之一。如果生态环境政策工具的使用，能够引导企业加大技术投资，以实现企业利润的增加，那么可认为该生态环境政策工具对企业而言，是有益的，可以推动企业的长足发展。而针对具备此种效应属性的生态环境政策工具，企业同样秉持乐观态度，这是生态环境政策工具对于企业技术创新的正向激励机制的作用机理①。因此国家出台和优化组合生态环境政策工具时，不仅要考虑生态环境政策工具实施后可能引发的环保功效，也应将该项生态环境政策工具实施的可行性作为测试因素。因为企业在获得运营利益的同时，并非一定能够达到生态环境政策工具所要求或建议的标准，或者说企业在严格遵守一项生态环境政策工具时并非一定能够使得企业正常运营下去。因此设置合理的动态型调整型生态环境政策工具组合，提升技术创新能力，通过差异性生态环境政策工具组合形成创新补偿，促使企业在污染治理、节能减排方面以获取利润作为重要驱动力。

三、 强化约束指标和技术要求的实践性

生态环境政策工具组合使用是适应经济与环境新形势的必然，尤其是MBI生态环境政策工具。优化设计与组合基于认知理性，而人的理性是有限

---

① 周华，郑雪姣，崔秋勇. 基于中小企业技术创新激励的环境工具设计［J］. 科研管理，2012，33（5）：8-18.

的，至少是无法完全与实践发展同步的，所以，理论上生态环境政策工具是必须要不断发展和完善的。目前，中国生态环境政策工具体系仍然偏重“末端治理”，要适应经济新常态就必须形成“末端治理”转向“源头控制”和“全程控制”的理念，生息调养生态环境而非“头痛医头，脚痛医脚”。

一是生态环境政策工具约束指标方面，要持续完善生态环境质量标准。根据生态学、环境科学、产业发展学和医学等的最新研究成果，逐步研究出符合人体身心健康要求的约束指标。只有人的健康指标确定了，才能制定科学的生态环境质量标准。应坚持排放标准的多样性和灵活性，考虑不同行业、不同区域的差异性，考虑到经济和生态环境承受能力与二者之间的平衡点。

二是建立生态环境政策工具的技术更新机制。生态环境保护与治理本身是一个动态过程，生态环境政策工具是政策的一部分，既需要保持其稳定性，又需要建立生态环境政策工具的更新机制。更新前需要对既有生态环境政策工具实施情况进行追踪和统计，充分考虑各方面的效果以确定更新准则、适当年限、负责机构等，实现生态环境政策工具技术要求的实践性。

基于直接目标设定，政府往往不会过多注重生态环境政策工具对企业技术创新的实际影响，或者说技术创新是政府生态环境政策工具的间接结果，这恰恰印证前面论述的生态环境政策工具在企业技术创新的影响方面出现促进和阻碍两种形态。政府在运用 CAC 生态环境政策工具对企业设定技术标准的规制要求时，对于所要求技术的可行性并未作严格的实际评估。一方面导致该生态环境政策工具针对企业的特定要求（高标准的技术产生低污染）并不会对企业技术自主创新产生任何经济激励效果；另一方面甚至并不能产生足够的激励使得企业去选择采用既有的先进绿色技术，此种情形下生态环境政策工具对于企业技术创新的作用就体现为阻碍的负面效应。企业不以技术创新降低企业排污而是用资金购入市场上的可交易许可证，就必然出现两种情形：购买许可证所付出的成本与企业通过技术创新降低排污量并将剩余的排污量以排污许可证的方式在市场上进行交易所获得的收益相比，如购买许可证所付出的成本低甚至高一点，企业大可不考虑技术创新，甚至主动放弃创新，只有排污许可证成本远高于技术创新成本时，才能促进企业技术创新。

四、 重视生态环境政策工具组合的效能评估

工具与工具之间的关系，包括互补和挤出两种效应。所谓“工具挤出”，是指在工具组合中一种工具破坏另一种工具；反之，如果一种工具更有利于另一种工具发挥作用，或者一种工具只有在另一种工具存在时才能发挥作用，称之为“工具互补”。在生态环境政策工具组合使用的过程中，需尽量避免出现“工具挤出”现象，从数量、质量与协同性等方面进行优化组合的效能评估。

1. 优劣势与适应性评估

适应性需要对每种生态环境政策工具的优劣势、适用条件和预期效果等进行充分论证，以尽量实现各种生态环境政策工具的优势互补。为最大限度地实现生态环境政策工具互补，要尽量保证“工具箱”里的工具数量达到要求，因为没有一定数量就形成不了多样化，没有多样化就不可能有效组合，也就谈不上生态环境政策工具之间的优缺点得到互补。同时，根据经济环境的变化不断对生态环境政策工具进行补充与完善，这也是生态环境政策工具优化组合的必要前提。针对生态环境问题的不同类型和预估突发情况，需提前选构“工具组”，以及时应对突发的生态环境问题。强化“工具组”的评估、预测和模拟演练，充分考虑到环境工具的选择受到多方面综合因素的影响，不同利益群体对生态环境政策工具的利益诉求各异，所以，生态环境政策工具的组合，要求在能够满足环境目标的群体利益的同时，还要充分考虑到其他多方的利益。

2. 新型技术的评估

目前全球温室气体排放总量约为 530 亿吨二氧化碳当量，如要实现 2016 年《巴黎协定》将全球平均气温上升限制在 1.5℃的目标，全球必须在 2030 年前减少 50% 碳排放。BCG 研究表明，到 2030 年通过增加收入和节约成本等方式，人工智能（Artificial Intelligence，AI）之于企业可持续发展的潜在影响价值将达到 1.3 万亿~2.6 万亿美元。AI 的强大之处在于它能够从经验中学习，从环境中收集大量的数据，直观地发现未被注意到的关

联，并根据结论给出合适的行动建议。中国正处于工业化加速时期，第三产业逐渐上升为国民经济的主导产业，产业结构持续调整特征明显。产业结构的优化与变迁，能源消耗的排出量尽管有所降低，但也引发了新的生态环境问题，高新技术产业的爆发式增长引发新型的生态环境污染。对此，中国要在产业结构优化变迁的同时，特别注重加强对新型生态环境问题的发现与鉴别，并严格监控与防治。

3. 不同类型的评估

政府要对不同类型的生态环境政策对于企业技术创新的影响效应进行严格的评估，包括实施前评估、实施后定期效果评估，针对不同类型生态环境政策对企业技术创新的总体正向影响程度，从总体上推动对企业技术创新激励效果更强的生态环境政策工具的创新发展和应用。加强政府与高校、企业、科研机构等具备更多资源的主体之间的交流沟通与合作，加强“产学研”结合型发展，为生态环境政策的制定提供更明确的方向，创新、完善和发展类型化的生态环境政策体系。技术是实现经济与生态环境协调发展的关键，只有技术的进步和创新才能实现经济增长和环境发展的最优化。

4. 不同区域与企业规模的评估

由于中国东部、中部、西部以及东北地区在资源储备和获取、经济和科技发展水平等方面所处的阶段存在差异，各类生态环境政策对于各个地区企业技术创新的促进和抑制作用具有倾向性，呈现出不同的方向和程度，需要因地制宜地分析和实施。同时，企业规模也会对企业技术创新产生相应的影响，企业规模的大小与企业技术创新是“倒 U 型”关系，企业在发展到一定的规模之前，规模的增大能促进企业的技术创新，在企业发展到一定规模之后，随着企业规模的继续增大，反而不能激励企业进行技术创新，因而生态环境政策对企业技术创新的作用还要结合企业规模。当然，企业技术创新也会受到技术扩散的影响。以可交易许可证下出现技术扩散为例，当技术扩散时，市场上对许可证的总体需求降低，进而导致许可证价格相应降低，那么对于所有的企业（无论是否采用既定技术）都会从这种价格降低的整体情况中受益，如此以来，企业便不会积极地通过技术创新来减少排污量。

5. 技术贸易壁垒的评估

随着对生态环境问题的日益重视，技术贸易壁垒和绿色环保贸易壁垒越来越成为影响国家间贸易的重要因素。2014 年，中国受技术贸易壁垒的影响，全国近 3 000 家出口企业中有将近 24% 的企业直接损失近 700 亿美元[①]。在当前经济转型的黄金时期和美国挑起贸易战甚至“脱钩”的关键时期，在重视引进技术的基础上，自主技术创新必定是重中之重。技术的顺利引进能更好地进行自主技术创新，缩短时间，节省成本。包括直接的技术引进和通过人才的引进将技术附带引进两种方式。在当前激烈的国际竞争下，国外先进技术的引进有利于增强中国对外贸易的便利性。但绿色环保贸易壁垒盛行，国外先进的技术也就意味着更高的国际绿色环保标准的要求。这对国内技术创新的直接影响是增强中国企业产品的绿色环保属性，同时高要求的国外、国际环保标准更是对中国自主技术创新的一种示范和警醒。

第三节　完善生态环境政策工具的低碳化支撑体系

坚持以创新引领绿色增长的新发展理念优化生态环境政策工具，催生绿色低碳技术与循环发展的产业体系和提高能源资源利用率，是减少碳排放的根本。生态环境政策工具优化的方向首先在于渐进性和稳定性，保持整个法律体系的连续性，避免跳跃性的“急转弯”。有了稳定性基础，才能更好地明确政府、企业和公众在环保科技创新、环境治理投入等领域的法律责任，建立起绿色生产生活的法律制度和政策导向，进一步促进绿色技术创新和低碳产业的全方位发展。

一、 加强生态环境政策工具的连续性与稳定性

美国等国家生态环境政策的发展既有成功的经验，更有曲折发展和变迁的路途，值得中国吸收或借鉴。20 世纪 80 年代，美国在里根总统执政时期，对生态环境政策的行政削弱和“打压”造成的后果，给中国如今的发

① 谢海燕. 贸易壁垒对中国技术创新的影响探析 [J]. 对外经贸实务，2015 (7)：41-44.

展提供了警示。中国在生态环境政策工具变迁的历程中未曾有过“打压”或削弱的阻碍，相对而言，中国在影响生态环境政策制定的因素上具有体制上的“一贯”优势。但应该将更多的注意力集中在国际上的先进之处。美国在20世纪70年代业已形成一套基本的生态环境法律体系，此后又涌现出多种模式的多元化的生态环境政策制定途径。其启示与借鉴意义是，从立法、司法、执法全过程链完善生态环境政策工具体系，加大环保科技投入和生态环境治理投入，使生态环境政策工具创新有经济支持。

落实以习近平生态文明思想为指导。1997年，党的十五大提出“在现代化建设中必须实施可持续发展战略”。但中国现行环境法律体系总体上还是沿袭以往的“人类中心主义”体系，2014年修订的《中华人民共和国环境保护法》，加强了污染治理和环境责任方面的内容。但就“人类中心主义”价值观体系而言，人类是权利和价值的主体，自然万物包括人类赖以生存的生态环境是权利和价值的客体，以此哲学为法理思想的生态环境政策工具，难免会导向以“污染治理为主”的政策体系，全球都如此。以习近平生态文明思想为指导的法理基础，超越了“人类中心主义”的价值观体系，从根本上扭转了生态环境政策工具偏向“重污染、轻资源”状况，是生态文明建设的指导思想。

立改废同步进行，完善现有生态环境基本法律体系。《中华人民共和国环境保护法》上升为污染治理的基本法，以此为基础制定《资源保护法》或出台自然资源和生态环境保护及其治理方面的综合法律，填补中国环境资源领域的立法空白，出台《中华人民共和国野生动物保护法》等填补生物多样性领域的立法空白。同时，针对污染防治、公害控制、自然资源保护等方面加快相应的立法工作，改变该领域“无法可依”情况。参照和借鉴发达国家的立法经验制定《中华人民共和国循环经济促进法》《中华人民共和国清洁生产促进法》《有毒化学品和危险物品管理法》《环境损害赔偿法》等。同时以适应经济和生态环境保护发展形势的需要，必须全面及时清理落后的、不具有可操作性的生态环境政策工具。加强生态环境政策工具的配套细则或实施方案，或直接将生态环境保护的可操作性要求细化到具体的条文中。1863年，英国为治理大气污染颁布《制碱法》，针对工厂排放的硫酸雾、二氧化硫和氯化氢等大气污染物排放量制定了严格指标，细化到具体条文中，收到明显效果。

加强生态环境执法工作。中国污染物排放从“浓度指标”转向“总量指标”再到如今“双指标”，那么生态环境政策工具也需及时从“立法为主”转向“立法与执法并举”。从长远来说涉及立法部门和司法机构的调整和完善，甚至还存在较大难度，不可能一朝一夕完成。目前而言，生态环境政策工具的执行亟需从两方面加以解决：一是提升执法人员的职业素质，需要加强执法人员的业务培训，以提高生态环境执法的专业性和效率性；二是加大执法力度，真正做到“执法必严、违法必究”，严惩不履行生态环境保护义务的企业和个人，包括设置“黑名单”等更为严格的惩处标准。

二、 加强绿色低碳法律体系建设与试点工作

党的十八大以来，中国生态文明建设取得了重大成就，也出台了史上最严格的生态环境政策工具，相关立法、修法突飞猛进，但在应对气候变化或低碳发展领域尚缺少专门全国性法律。现有的与气候变化有关的法律并不直接以控制碳排放、促进碳达峰和碳中和为立法目的。在促进“双碳”目标和应对气候变化方面的效果和力度都存在诸多不足，已经制定的旨在应对气候变化的政策和规章则缺乏上位法的法律依据。

立法可以为夯实应对气候变化基础能力提供法律激励，以气候立法作为统筹国际国内两个大局，积极参与全球气候治理的重要途径。开展“双碳”目标立法，制定《碳中和促进法》是实现“双碳”目标的基本法律保障。更好地发挥政府作用，落实各方主体责任，急需通过立法来引领、推动和保障。《碳中和促进法》可强化“双碳”目标的刚性约束和相关制度的法治化，以法律的强制力保障中国“双碳”目标的实现。通过立法可赋予碳排放峰值目标、总量和强度控制目标以法律地位，强化低碳目标引领。《碳中和促进法》还可为政府管理部门分解落实碳减排目标、开展目标责任考核提供法律依据。

立法推进碳中和已经成为社会共同认识。早在 2011 年，中国社会科学院就提出研究起草《应对气候变化法》《中国应对气候变化国家方案》

等一系列法规文件。第十三届全国人民代表大会第四次会议上，从学者到政府官员等诸多代表就碳中和与低碳发展提出了多个议案。毋庸置疑，实现“双碳”目标是美丽中国建设的重要任务，绿色发展、循环发展和低碳发展也已成为国际社会共识，英国、日本、墨西哥、韩国、菲律宾、美国加利福尼亚州等国家和地区以及欧盟已经通过了应对气候变化的专项法律。

三、 以法定方式量化环保科技投入力度

环保技术创新是生态环境保护的关键因素和核心驱动力，其创新动力受生态环境政策工具影响很大。张彦博等（2015 年）[①] 通过面板数据回归分析发现，国家对环保投入与企业技术创新具有正相关促进作用，但该促进作用具有明显滞后性特征，前面的量化分析也足够证明了这点。目前，中国科技创新的投入无论是政府投入还是企业投入，与国际对比都是比较低的。生态环境政策工具应该以法定形式明确量化环保科技投入的力度。

据估算，国家对环保投入每增加 1%，相应的技术创新会增加 6.45%。基于环保科技投入的滞后性，以提前一期（提前 5 年）的数据为例，对比分析 2007—2016 年 10 年数据，以国家科技拨款占公共财政支出的比重（A_1）、规模以上工业企业 R&D 经费投入强度（A_2）（R&D 经费内部支出与主营业务收入之比）、R&D 经费内部支出与国内生产总值之比（A_3）三项指标为依据（表 12－1）分析中国技术创新投入的情况。国家科技拨款占公共财政支出的比重（A_1）在波动中有所下降，2010 年达到最高值 4.67%，2010—2016 年基本上处于下降趋势，2015 年达到近十年的最低值占比低于 4.0%，2016 年有所回升，但科技拨款在公共财政支出中的比重仍然低于 2007 年的 4.29%。

① 张彦博，潘培尧，鲁伟，等. 中国工业企业环境技术创新的政策效应［J］. 中国人口·资源与环境，2015，25（9）：138-144.

表 12-1 中国技术创新投入情况

年份	A_1（%）	A_2（%）	A_3（%）
2007	4.29	0.62	1.37
2008	4.17	0.61	1.44
2009	4.29	0.69	1.66
2010	4.67	0.68	1.71
2011	4.39	0.71	1.78
2012	4.45	0.77	1.91
2013	4.41	0.80	1.99
2014	4.25	0.84	2.02
2015	3.98	0.90	2.06
2016	4.13	0.94	2.11

注：数据来源于《全国科技经费投入统计公报》（2007—2017 年）。

企业技术投入作为技术创新的核心推动力，企业的投入强度（A_2）是最能体现企业技术创新力度的表征因素之一，从表 12-1 可以看出中国规模以上工业企业 R&D 经费投入强度（A_2）虽总体上处于增大的状态，但增加速度比较缓慢，2008 年规模以上工业企业 R&D 经费投入强度为 0.61%，一直到 2016 年占比仍然未超过 1.0%，每年增加值都没有超过 0.1%。创新性较强的国家的先进实践经验表明，较强的竞争力条件要求企业 R&D 经费投入强度（A_2）必须达到 5% 以上，R&D 经费投入强度为 2% 左右的企业只能维持生存，R&D 经费投入强度低于 1.0% 的企业则将面临艰难的生存状况。R&D 经费内部支出与国内生产总值之比（A_3）一直处于上升趋势，从 2007 年的 1.37% 上升至 2016 年的 2.11%。

从国际比较来看，美国、日本、德国等发达国家在 2007 年 R&D 经费内部支出占 GDP 的比重（A_3）就已经超过了 2.11%（表 12-2）。日本该比重一直保持在 3.5% 左右，而韩国在 2012—2016 年这一比重一直处在 4.0% 以上，甚至在 2015 年达到了 4.29%。

表 12-2　R&D 经费内部支出占 GDP 的比重（%）

国别	2007 年	2008 年	2009 年	2010 年	2011 年	2012 年	2013 年	2014 年	2015 年	2016 年
中国	1.37	1.44	1.66	1.71	1.78	1.91	1.99	2.02	2.06	2.11
美国	2.63	2.77	2.82	2.74	2.77	2.71	2.74	2.76	2.79	2.81
日本	3.46	3.47	3.36	3.25	3.38	3.34	3.48	3.59	3.49	3.56
德国	2.45	2.60	2.73	2.71	2.80	2.87	2.82	2.89	2.87	2.93
瑞典	3.26	3.50	3.45	3.22	3.25	3.28	3.31	3.15	3.26	3.31
丹麦	2.52	2.77	3.06	2.92	2.94	2.98	2.97	2.92	2.96	3.01
韩国	3.00	3.12	3.29	3.47	3.74	4.03	4.15	4.29	4.23	4.33

注：国内数据来源于《全国科技经费投入统计公报》（2006—2017 年），国外数据来源于知网期刊相关文献资料。

政府拨款对 R&D 经费的来源是一个最稳定的渠道，表明国家对科技的重视程度，故 R&D 经费中来源于政府资金投入的部分，其所占比重也是一个国家科技创新政策的重要因素。比较澳大利亚、法国、俄罗斯等国家，中国政府提供的 R&D 经费在所有 R&D 经费中的比重相对较低（表 12-3），2016 年为 20%，澳大利亚在 2008 年就已经达到 34.6%，俄罗斯在 2015 年达到 69.5%之高，且这些国家逐年是提升的。

表 12-3　R&D 经费中来源于政府资金占比（%）

国别	年份	R&D 经费中来源于政府资金占比
中国	2016	20.0
澳大利亚	2008	34.6
奥地利	2015	36.6
比利时	2013	24.1
加拿大	2014	34.6
法国	2014	34.6
丹麦	2015	29.4
德国	2014	28.8
意大利	2014	40.8
俄罗斯	2015	69.5

注：国内数据来源于《全国科技经费投入统计公报》（2006—2017 年），国外数据来源于知网期刊相关文献资料。

综上分析，中国对于科技研发、技术创新的重视度越来越高，资金投入总体上也呈现上升趋势，只是投入强度增长缓慢，与美国、日本等发达国家相比较，更是存在较大的差距。技术创新是解决经济增长和环境发展最稳妥的方式，带来经济的稳定增长和生态环境的长足发展。生态环境政策工具应在环保科技投资方面法定化，创新生态环境政策工具以明确强化环保投入的力度，带动企业技术创新行动，在现有资金来源基础上加大政府资金投入力度，以更多的政府投入带动社会资源的投入，刺激企业技术创新。

四、 明确生态环境治理投入与保护资金

生态环境污染治理投资包括城市环境基础设施建设投资、老工业污染源治理投资、建设项目竣工验收环保投资三个部分。国际经验表明，当生态环境污染治理投入占 GDP 的 1. 5%时只能基本控制环境污染，该比例提升至 2. 0% ~3. 0%时才能改善环境质量。2018 年，中国环境污染治理投资增长 40. 3%，但生态环境治理投资总额只占 GDP 的 1. 7%。2020 年，全国环境污染治理投资总额为 10 638. 9 亿元，占国内生产总值（GDP）的 1. 0%，占全社会固定资产投资总额的 2. 0%。

20 世纪 70 年代，政策工具开始关注环境污染治理，那时污染治理投资都是国家财政预算，投入水平和效率低下。1973—1981 年，国家财政对生态环境治理投入资金仅有 5. 04 亿元。到 20 世纪 70 年代末，随着环境污染加剧，国家财政投入再也无法满足环境污染治理的需求。到 20 世纪 80 年代初，国家对环保投入政策进行了改革，出台“谁开发谁保护，谁污染谁治理，谁破坏谁恢复”的原则，环保资金投入有了一定的增长，2000 年以来，生态环境政策工具趋于严厉，生态环境治理投资开始迅猛增长（图 12 - 1），目前状况已达到“基本能够控制环境污染”的水平。

相比发达国家，中国环保资金投入明显不足。从可获得数据分析，美国、日本等国家以及欧盟从 20 世纪 90 年代开始，生态环境治理投入占 GDP 的比重就超过了 2% 以上，欧盟 28 个成员国 2013 年平均水平达到了 2. 21%，日本 1975 年就已经达到 2. 9%，德国 1990 年为 2. 79%，美国 2003 年为 2. 6%，英国 1990 年为 2. 41%。中国 2015 年也只有 1. 6%，2016 年还有下降

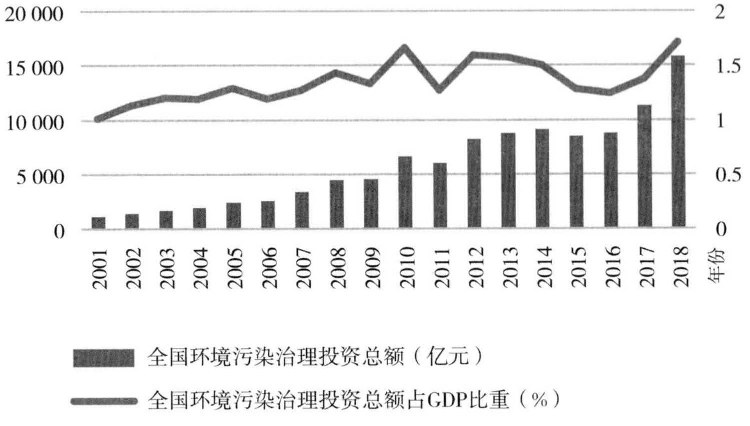

数据来源：历年《中国统计年鉴》。

图 12－1　中国环保资金投入占比（2000—2018 年）

趋势。中国与“实现环境质量改善”的生态环境治理投入水平还有很大差距，更需要进一步优化环保资金投入结构，生态环境政策工具需要在量化与细化生态环境治理投资方面加以创新（图 12－2）。

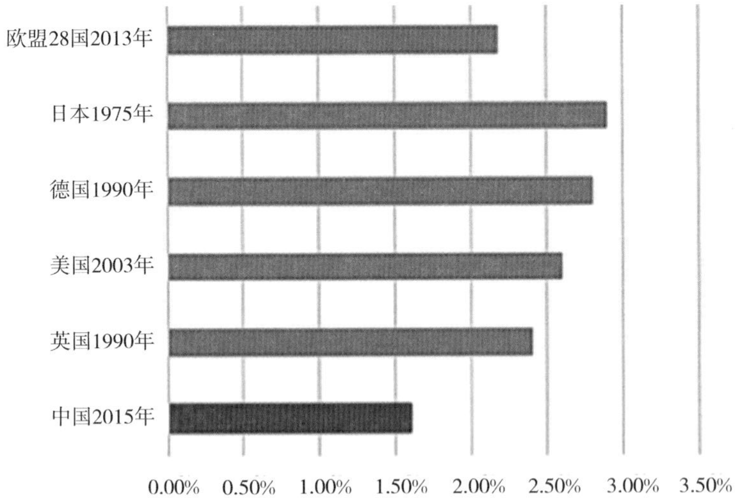

图 12－2　中国环保投入与发达国家比较

随着国家对生态环境保护的重视，政府环保投入有明显的增加趋势。2003 年，国家生态环境保护支出决算 89 亿元，占国家财政支出的 0.36%；

到 2012 年，国家生态环境保护支出决算达到 2 285 亿元，但之后一直维持在 2 500 亿元上下，2014 年以来占国家财政支出比例还呈下降趋势。同时，中央财政对生态环境投资占比也只与发达国家 20 世纪 70—80 年代相当，美国 1978 年生态环境保护费用占联邦政府预算支出的比重为 2.2%，此时日本为 2.51%。与发达国家相比，无论是从 GDP 比例还是中央财政支出比例，仍有不小的差距。提高生态环境保护支出占政府财政支出比重和 GDP 比重，是发达国家的经验，为中国生态环境治理实践所证明（图 12－3、图 12－4）。

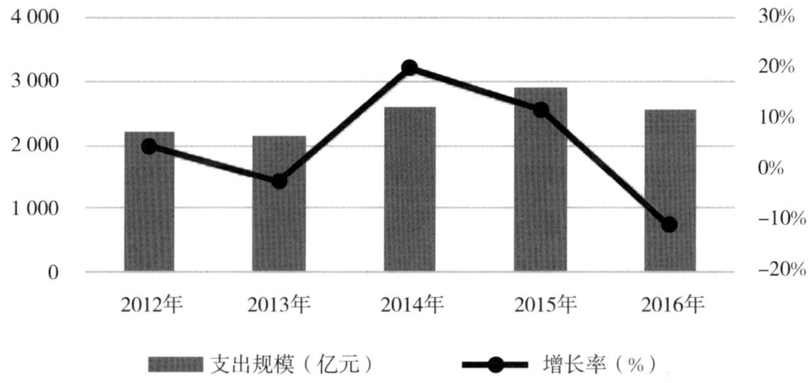

图 12－3　2012—2016 中央财政环境投资规模及增长率

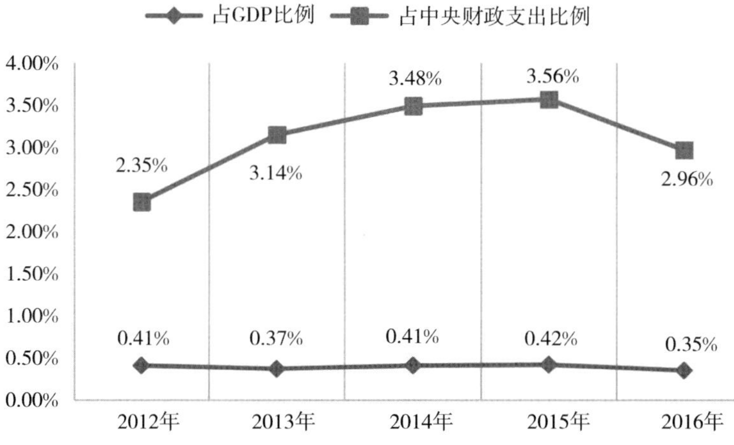

图 12－4　中央财政环保支出占 GDP 的比重和中央财政的比重

一直以来，中国环保投融资除了政府财政投入和银行信贷这两个渠道，其他渠道基本难以实现。2008 年，国家开始实施“绿色信贷”政策，2012 年，“绿色信贷”规模累计也只有 1.36 万亿元。之后在国家鼓励与倡导下，国有银行加大了“绿色信贷”规模与速度，2018 年全年六大国有银行“绿色信贷”规模达 4.4 万亿元（表 12－4）。总体上中国环保融资仍然是政府主导，没有充分发挥市场机制作用。现阶段中国生态环境政策工具对环保投融资渠道应该加以拓展，包括投融资主体、模式和绿色金融产品的多元化方面应加以立法保障。绿色金融是助力低碳转型之路的金融解决方案，也是助力企业发展的新型融资渠道。基于业务安排，企业应分阶段、分步骤地确定税收激励、减免和其他筹资机制，对符合条件的绿色项目给予资金支持，充分激发企业内部节能减排的积极性。探索尝试绿色贷款、绿色债券等筹资方式，抓住“碳中和”的时代机遇，拓宽企业发展空间。根据发达国家经验，对资源再回收利用、污染治理设备生产等可盈利的、以市场为导向的产业，尽可能通过财税、金融等手段吸引企业参与和集群发展，以方便推广应用环保产品或环保技术。鼓励推广公私合营 PPP 模式（包括 BOT、TT、TOT 等）和积极发展绿色基金，包括绿色证券、绿色保险、环保产业等。

表 12－4　六大国有银行绿色信贷情况（2018 年）

银行名称	绿色信贷总额（亿元）	比 2017 年增加额（亿元）	同比增幅（%）
中国工商银行	12 378	1 386	12.6
中国农业银行	10 504	3 028	28.8
中国建设银行	10 423	729	7.0
中国银行	6 327	939	17.4
中国交通银行	2 381	59	2.1
中国邮政储蓄银行	1 904	255	15.5

中国生态环境保护资金主要流向末端治理，对技术创新、循环经济和

低碳技术等支持力较弱（图 12－5）。近五年来，城镇环境基础设施建设（污染治理）投资在生态环境保护资金中的占比超 60%，“三同时”环保投资占 30%，技术开发投资不到 10%。历史经验和现实实践证明，以末端治理为主体的环保投入结构，可取得短期效果，长期效果很不理想。生态环境政策工具需引导环保资金投入结构的调整和优化，更多侧重于促进低碳和环保技术创新，借鉴国外经验促进低碳和循环经济等产业集群，更有力支持中国生态文明建设。

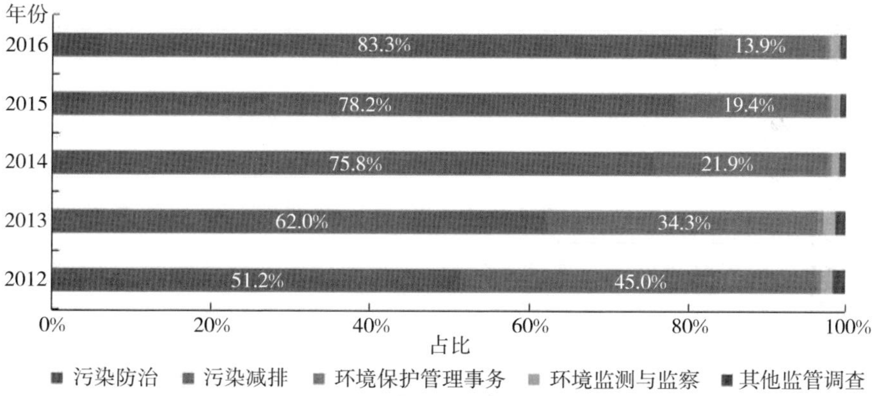

图 12－5　中国环境投资流向图（2012—2016 年）

中国生态环境保护依然任重道远。据生态环境部通报，2017 年京津冀及周边地区大气污染防治的第 10 轮次督查工作，共检查 41 928 家企业（单位），其中发现 22 832 家企业（单位）存在生态环境问题，占检查总数的 54. 5%，可见企业的环境违法行为仍然不在少数，有些企业还存在超标排放、直排和弄虚作假等严重问题（表 12－5）。这只是大气污染督查，如果还涉及到水、土壤和固体废弃物，那问题还会更多。

面临复杂的国内外形势，中国要保持战略定力，统筹国内与国际、近期和远期的发展节奏，明确不同阶段节能和减排的目标、政策和措施。对内促进产业转型升级和高质量发展，打造经济发展、能源安全、生态环境保护与应对气候变化协同治理和多方共赢的局面。对外巩固和扩展应对气候变化领域的外交优势，回应国际社会普遍关切，展现对全球共同事业负责任的大国形象。

表 12-5 京津冀大气污染环境督查问题（2017 年）

生态环境问题	涉及企业的数量
“散乱污”问题	7 180
超标排放	67
未安装污染治理设施	2 480
治污设施不正常运行	2 016
涉嫌自动监测弄虚作假	4
挥发性有机物（VOCs）治理问题	3 310

第四节 加强生态环境政策工具对低碳技术的催生力

发达国家十分重视污染防控技术创新、新能源开发、废弃物处理循环经济等产业领域对低碳技术的催生力，促使产业低碳化发展。1978 年，美国就开始对配置有资源回收系统的企业进行财政补贴和提供优惠政策，根据不同情况，财政补贴占所需费用的 10%～90%。2009 年，美国政府用于开发风能、太阳能等可再生能源的资金达 400 多亿美元。2005 年，德国政府投入 10 亿欧元应对气候变化，还制定了“未来投资计划”促进新能源的研发。日本政府在税收优惠、减免固定资产税、折旧税等方面加大投入。近年来，中国低碳技术取得显著成效，但政策工具在低碳技术方面的力度还远远不够。

一、 中国低碳技术状况与成绩

高碳技术主要是利用煤炭、石油等常规化石能源，且排放大量碳及其衍生污染物的传统产业技术，也是目前中国经济发展的主流技术。低碳技术能有效控制和减少温室气体排放，既包括各行各业的可再生能源及新能源的广泛应用，也包括二氧化碳捕集、利用等范畴的新技术，可分为三类（表 12-6）。低碳技术提升了碳生产力[①]，具有“三低三高”[②] 特征，其运

① 碳生产力是单位碳排放所产出的 GDP（国内生产总值），也就是单位碳排放所能产生的经济效益。

② 三低：低能耗、低污染、低排放；三高：高效能、高效率、高效益。

用涉及电力、制造业、交通和建筑等众多传统产业集群领域，是传统产业走向绿色发展和集群的有效路径。

表 12－6 低碳技术类型

类型	目标	典型技术
减碳技术	高能耗、高排放领域的节能减排，目的在于提高能源的使用效率	煤的清洁高效利用技术，油气资源和煤层气的利用与开发技术
无碳技术	不排放或者极少排放污染物	可再生能源技术，如太阳能、核能、风能以及生物质能等
去碳技术	将工业和某些能源产业所产生的二氧化碳分离出来，然后通过碳储存手段，将其封存到与大气隔绝的地方	二氧化碳捕集技术，二氧化碳收集和储存技术（Carbon Capture and Storage，CCS）

中国低碳技术起步较晚但发展迅速，也取得了显著成效。中国 CCS 技术走在全球前列，其技术水平、示范规模及运行效果已居世界前列，全球新建的 CCS 项目一半在中国。然而相关领域的法律工具却很少，目前更多的还是行政审批。国内已审批了 12 个大型一体化 CCS 项目，诸如神华集团旗下的鄂尔多斯 10 万吨/年的二氧化碳封存项目，是全球首个定位埋存在盐水层的全流程 CCS 工程。中国以煤为主体的能源结构在较长时期内还难以根本扭转，“富煤、缺油、少气”的能源结构特征，更应该以法律手段促进 CCS 技术、CCUS 技术的发展，不仅能有效减少碳排放，还可清洁、持久地利用煤炭资源，促进二氧化碳捕集、利用与封存技术（CCUS）产业集群发展。二氧化碳收集和储存技术（CSS）是降低碳排放最直接的办法，但 CCS 技术是高成本技术且没有效益产出，目前很难推广。CCUS 技术是 CSS 技术发展的新趋势，在生产过程中把排放出来的二氧化碳进行提纯，再投入到新的生产流程中，循环再利用，超越简单的封存。CCUS 把二氧化碳资源化，产生出经济效益，更具现实操作性。2012 年胜利油田启动 CCUS 示范项目，这是国内第一个燃煤电厂 CCUS 项目。中国人口基数大，生产规模大，且正处于快速发展时期，碳排放量巨大。国际研究机构 Carbon Brief 对中国最新面板数据进行推算，2018 年中国碳排放总量达 100 亿吨，相比

2017 年增长 2.3%，预计 2030 年以前达到顶峰。可见，CCUS 技术和 CCS 技术产业集群发展对中国的碳减排尤为重要，也是必然趋势，生态环境政策工具应该前瞻性地在这方面强化。

二氧化碳利用技术具有社会效益与经济效益“双赢”的属性，不仅有助于降低 CCUS 技术应用成本，而且未来可以积累向具有更大减排潜力的封存技术过渡的工程经验。生态环境政策工具在二氧化碳地质利用方面应该有保障措施，优先安排跨行业的百万吨规模二氧化碳捕集、驱油利用与封存一体化示范项目，尽快制定安全风险管控、储层精细描述、提高驱油效率、项目全生命周期经济评价等配套法规，包括研发铀矿地浸开采技术的绿色高效溶剂，支持强化煤层气开采过程中甲烷脱附与二氧化碳吸附的机理研究和相关助剂研发，开展二氧化碳-轻烃-岩石系统的组分传质、相关组分在固体介质表面的吸附与解析等基础研究，奠定强化天然气开采（CCS-EGR）和强化页岩气开采技术基础，部署高效换能、微量贵金属提纯等基础研究，引导强化地热开采和强化深部咸水开采技术进入中试门槛等法律保障。

二、 加强节能提效与降碳减排的低碳技术研发

坚持“五位一体”总体布局，走中国生态文明建设之路。生态环境政策工具应明确各层级碳中和目标定位、指标体系、管控措施，使中国生态环境政策工具更切合推进生态文明建设和绿色发展的路线图。目前，中国仍然没有完全摆脱传统的“三高三低”[①] 为特征的发展方式，产业集群转型和低碳化升级已成为中国产业调整、发展的难点和出路。传统发展理念的“增长至上”沿袭“以工业技术革命为依托的物质财富增长”的发展道路，与中国式现代化道路相悖。生态环境政策工具以习近平生态文明思想为指导实现绿色化转变，坚持绿色低碳之路，加快生态文明建设，真正实现“绿水青山就是金山银山”。

从优化途径来看，生态环境政策工具从技术、产业和体制等方面坚持低碳技术发展方向。人类社会发展史是劳动史，也是劳动技术的科技进步史，科技从根本上改变人类社会发展。早在 1932 年，英国经济学家约翰·

① 高投入、高消耗、高污染，低产出、低质量、低效益。

理查德·希克斯（John Richard Hicks）就提出政府政策能够导致企业进行技术创新活动。1995 年，Porter① 通过理论和实证提出通过设置恰当的政府政策可以起到激励企业技术创新的作用。如今，低碳技术和循环经济在发达国家掀起的绿色革命成为产业竞争力的“新引擎”。尽管各发达国家在低碳技术的侧重点有所不同，但均以生态环境政策工具为手段加强对低碳技术的引导。

加快节能减排技术研发。2019 年，中国的能源强度是世界平均水平的 1. 3 倍，比英国、德国、法国、日本这些国家要高出很多。如将能源强度降到世界平均水平，就意味着同样的 GDP 下中国将少用近 10 亿吨标准煤。在当前消费水平下，能耗每降低 1%，可减少 0. 5 亿吨标准煤，减排 1 亿多吨二氧化碳。节能提效包括结构节能、管理节能、技术节能和文化节能，可多管齐下努力推进。比如，目前煤电的度电煤耗（标准煤）全国平均水平是 307 克/千瓦·时，如果能降到 289 克/千瓦·时，就能节约超过 1 亿吨标准煤；燃煤工业锅炉如果采用高效低排放煤粉炉，热效率可以由 65% 上升到 90%；钢铁建材等产品的能耗如果达到国际先进水平、居民服务业燃煤炉灶如果采用热效率 70% 的新型炉灶，每一项都能节约超过 1 亿吨标准煤以上。大数据中心耗能也非常可观，也应努力节能。现在中国的高耗能产业已经饱和甚至超饱和，依靠其带动 GDP 是不符合中国现实的，不能再让其发展。现代化的美丽中国，必须是一个节能的国家、高能效的国家。

三、 推进低碳产业的集群化

综合中国目前的能源、产业和技术现状，生态环境政策工具促进煤炭清洁能源产业集群，更能清洁高效利用相关技术进行转让与开发。煤是碳排放系数最高的能源，由于中国能源消费结构以煤为主（2018 年约占 59%），清洁能源占比较低（2018 年占比只有 22. 1%）。对此，加快煤炭高效利用和开发清洁能源的产业集群势在必行，主要包括煤炭清洁开采与发电技术、煤基多联产与洁净转化技术、煤排放环境控制与煤系废弃物处理技术、煤层气开发利用技术等产业集群，优势互补，以产业集群降低该类

① PORTER M E，CLAAS V D L. Toward a new conception of the environment-competitiveness relationship [J]. Journal of economic perspectives，1995，9 (4)：97-118.

技术研发和转让成本。同时，结合国内自然条件，优先开发太阳能、生物质能、水能、风能以及核能技术。

生态环境政策工具加大重点低碳产业集群推进，以强化节能减排技术的研发和推广应用。“十一五”期间，重工业化（重工业/工业总量）由68.1%上升到70.9%，“十二五”期间上升到71.9%，之后稍微回落至71.3%，“十三五”期间一直保持在70%左右，高耗能、高排放产业增长快。当前中国经济发展速度虽然放缓，但仍处于工业化的加速发展期，对于能源的消耗需求依然处于快速上升阶段。中国单位GDP能耗为世界平均水平的2倍以上，尤其是钢铁、有色金属、电力、石化、建材等产业的产值单位能耗比世界平均水平高出很多。对此，重点产业的节能减排已经成为中国发展的“瓶颈”。未来很长一段时间内，国民经济仍将保持高增速，工业的不断扩张必然带来能源消耗和碳排放总量的增加。同时，城镇化水平不断提高，消费水平不断提升，能源结构对高碳能源的长期依赖，客观上决定了碳需求持续增长这一趋势。因此，生态环境政策工具在加速低碳产业集群以积极淘汰落后产能，促进低碳技术共享、加大节能减排技术的研发和推广，势在必行、刻不容缓。目前，通过产业结构调整和产品结构变化实现的结构性节能对GDP能源强度下降的贡献率约为2/3。

第五节　加强生态环境政策工具的能动性与对外合作

中国生态环境政策设置与推进有很鲜明的“自上而下”的政府主导模式，这种模式在计划经济期间发挥了其有效功能。如今，社会主义市场经济与改革开放步入深水区，借鉴国外政策工具经验并充分尊重地方政府的能动性，从而提升因地制宜制定生态环境政策的能力，更能加强生态环境政策的对外交流与合作，推进和引领生态环境政策的国际合作，加强在“双碳”目标方面的沟通交流与合作，鼓励和支持地方政府、企业、非政府组织等各类主体积极开展“双碳”目标领域的国际合作等。

一、加强地方政府创新生态环境政策工具的能动性

中国地区之间发展不平衡现象明显，无论是经济发展水平、区域社会发展状况，还是生态环境状况，都处于不同的发展阶段，诸如东西部地区

差距还比较大，生态环境政策不可能“一刀切”，要给予地方政府相关权限以促进其加强能动性。对本地经济发展水平、生态环境状况、社会发展能力等最了解的莫过于地方政府。在严格贯彻执行国家生态环境政策的基础上，地方政府应更积极主动地创新地方生态环境治理政策工具，吸收借鉴国内外成功实践经验，促进生态环境、经济社会、民主法治协同发展。

因地制宜选择合适的生态环境政策工具，才能更好地发挥生态环境政策工具的作用。东部沿海地区市场化程度高、经济相对发达、技术发展水平较高，工业污染问题较早凸显。因此，东部地区适宜更多地选择 MBI 生态环境政策工具，辅以 WT 生态环境政策工具，以提高生态环境政策工具的整体绩效。但中西部地区经济相对落后，污染治理起步较晚，市场化程度也不够完善，且是资源相对集中地区，生态环境政策工具如果过于严厉，势必打击区域经济。因此，中西部地区适宜以 CAC 生态环境政策工具为主，达到基本的国家标准，而不是市场的激励标准。

污染企业的利益获得牺牲了生态环境，必须让其偿还环境欠账。有些地方政府为应对环保督察，采用“一刀切”方式，而不因企施策。有些地方政府则将企业一律停产，而非通过整治、引导推动企业绿色创新，帮企业实现清洁生产、达标排放……诸如此类扩大化、“一刀切”的生态环境政策工具滥作为，不仅影响民生，也误导公众对生态环境政策工具的理解与接受。

二、 强化生态环境政策工具的国际交流

新型冠状病毒肺炎疫情严重冲击全球经济。在疫情后复杂多变的国际形势下，应对气候变化将成为大国之间的重要竞争领域。中国在气候变化领域的影响力和协调性日益增强，国际社会也对中国发挥碳中和的全球主导作用寄予厚望，中国积极参与和推进全球气候治理，加强对发展中国家的战略支持，坚持多边主义，反对单边主义，扩大国家外交利益，解决中国面临的挑战和压力。中国积极推动全球气候治理合作进程，推动建立公平、公正、互利共赢的全球气候治理体系。中国坚持落实《巴黎协定》，加强与处于不同发展阶段的国家交流与沟通，加强应对气候变化的国际合作。中国应对气候变化的努力正成为构建人类命运共同体的成功典范。

中国作为发展中国家，面临着发展经济、消除贫困和减少温室气体排放的多重压力，在进行技术研发和保护自主知识产权的前提和基础上，在法律层面应积极开展国际合作，利用多种国际机制推动发达国家向包括中国在内的发展中国家提供技术和资金，加强合作研发与技术转移，推动CCUS技术在中国的发展。进而成立CCUS国际合作多边机制，创立CCUS知识体系，推动CCUS技术进入碳排放权交易市场，支撑中国参与国际交易规则与技术标准的制定，提升技术融资能力，通过知识共享缩短研发周期，将中国优势技术推向国际市场，在全球范围内拓展应用空间。

当前，中国低碳技术发展存在两方面的“瓶颈”问题。一是核心低碳技术依赖进口。虽然早在2007年，中国就是全世界太阳能电池生产“老大”，占50%以上产销量，直到现在都稳居世界第一。但核心技术仍然被美国、德国等发达国家垄断，甚至某些关键零部件必须依靠进口。二是低碳技术引进和转让壁垒问题。发达国家在低碳技术研发及应用方面有成熟的成果和丰富的经验，但同时担心转让技术会丧失其垄断利益，进行技术封锁，或者想方设法设置低碳技术转让壁垒，拒绝向发展中国家转让低碳技术。面对这两大低碳技术发展“瓶颈”，生态环境政策工具应该从产业集群、支持研发、补贴进口、技术转让等方面加以完善。除了大力加强低碳技术的引进、消化和吸收外，更要加强低碳技术的自主创新，依赖引进技术是很冒险的，如今中美贸易摩擦就实证了这点。

还要强化优化管理体制和部门职责。只有充分调动各部门和地方推进“双碳”目标的积极性，发挥生态环境政策工具的规制和激励作用，才能形成合力，精准推进“双碳”目标的实现。

三、 推进生态产品与政策工具“双向开放”

部分发达国家环境产品关税已基本降为零或极低水平，美国贸易反其道而行之，大幅加征关税，中国不能因此而乱阵脚，需要准确识别，必须遵循产业准则加大环境产品关税的科学界定，而不是一味对等加征关税。在国内，多采用MBI和EIT生态环境政策工具，对核心环境产品征收零关税，国内环境产品关税下调至5%以内，并加大政府采购。另外，对美国等先进环境产品关税不宜因贸易战上调，促使大量国外先进的环境产品及企业涌入国内市场，倒逼中国企业改革，从长远来看，这是最好的应对贸易战的策略。

以中国制造业为例，过去主要靠引进外资和产品出口，形成如今“中国制造”的完整体系和完整产业链，是“引进来”的产业集群模式。随着中国制造业产业日益成熟和生产效率的提高，产能过剩成为今天的主要问题。生态环境政策工具引导从过去“引进来”的被动产业集群走向如今“走出去”的主动产业集群，以产业集群优势优化配置全球资源，促进国内经济结构的调整，成为如今产业集群水到渠成的选择。“走出去”强调对外投资以及产业集群的海外拓展，2014 年，中国投资“双向开放”实现拐点，实际对外投资超过利用外资的规模，在更高水平上将国内和国际产业集群联系起来，在国际产业分工中更好地把中国和世界结合起来，有利于形成各个国家互利共赢的产业集群新格局。

2007—2017 年，中国在环境产品贸易上呈现巨大的贸易逆差，表明中国对环境产品的巨大需求。近年来，中国环境产品贸易逆差在快速减小，有些产品已达到世界领先水平，这给环境产业起步早、环境产品市场优势明显的发达国家带来一定的挑战。当今世界，贸易自由化问题争论日益激烈，WTO 条文明确规定各成员国通过协商谈判降低或适当消除贸易壁垒，但不是每个成员国都恪守准则，美国霸凌主义就从技术、环保等方面对中国挑起单边贸易战。国际上对环境产品划分的标准尚未明确，尽管环境产品的贸易网络呈复杂化趋势，但各国进出口产品的固化程度依然明显，即便是在环境产品发展上优势明显的美国、日本等发达国家，也不可能占据全面的竞争优势。对此，中国应结合自身的优势技术，改进和完善国内环境产品的认证清单制度，形成差异化的产品优势，预防和打破国际贸易的技术性壁垒，同时应出台更严格的 CAC 标准，达到把国外低端的环境产业和环境产品阻挡在国外的目的。调整国内清洁产业和污染产业的比重，以促进我国环境产品的国际贸易。

在增强国家对环境产业的支持力度方面，需从扩大环境产品出口和加大环境产品的国内采购力度着手，提升现有环境产品的质量，增强打入国际市场的能力。要为中小企业进入全球环境行业创造良好的氛围，鼓励中小企业的环境产品创新发展，改变既往对中小企业“一把抓”“一刀切”的扶持模式，提升有限资源的高效利用，谨慎发展依赖固有资源获取短暂优势的环境产业。

四、 重视生态环境政策工具的“软硬兼施”

加速与发达国家和 APEC 成员在环境产品认证系统上的融合。环境产品经国际认证标志其为国际流通产品，环境产品经国际认证一般都会有较高的国际知名度，表明其是优质产品或优质服务。加强国内环境产品的制度建设，是达成环境产品国际认证的前提和基础。加强国内环境产品清单制度建设，为环境产品打入国际市场创造了良好的“软环境”，提升了中国在国际谈判中的发言权与话语权。

积极推动国家技术标准体系与国际标准体系接轨，为国家自主技术创新祛除瓶颈障碍。随着中国技术水平的不断提升，在进行技术引进时需更加重视对知识产权等“软技术”的引进，因为成套设备等“硬技术”的引进只能治标，虽在短期内或能产生明显的经济效益，但治本还需“软技术”的引进，这样才更有利于中国自主技术创新，适应全球经济形势的动态发展。新技术的诞生和应用除了充足的经费投入外，最关键还是人才，特别是技术型人才。技术型人才有更强的带动和繁殖功能，通过对技术型人才的引进大大增强了开发先进绿色环保技术的潜力。防止技术型人才流失需从两个方面下功夫，一是加强自主技术创新和知识产权保护；二是通过优惠政策留住人才。留住人才就是留住技术，全国各区域（省市）逐渐推出各种版本的“人才新政”就是最好的例证。2017 年在深圳举办的第十五届中国国际人才交流大会上，邀请了全球 70 多个国家和地区的科研机构、企业、院校进行人才交流合作，被称为“史上最宽人才政策”。2018 年以来，南京、杭州、武汉、西安、郑州、长沙等大城市，都相继推出人才政策，“抢人大战”在全国范围内铺开。目前，中国不仅要加强人才吸引政策的制定，在稳定人才特别是稳定技术型人才政策方面更要予以高度重视，遏制“人才内耗”。

第六节　发挥生态环境政策工具的引导功能与灵活性

促进技术创新以提升节能减排和减污降碳的效益，是生态环境政策工具发挥作用的主要途径，催生新技术也就成为生态环境政策工具优化的重要方面。生态环境政策工具对技术创新的促进，因外部因素的不同而发挥不同的作用，因此，结合外部环境、企业运行和不同区域等要素条件加以优势互补，灵活运用不同类型的生态环境政策工具对技术创新尤其是环保科技创新的促进作用，充分发挥生态环境政策工具对技术创新的正效应，是生态环境政策工具优化的根本动力。

一、 MBI 生态环境政策工具引导企业技术创新的方式更为灵活

对于不同类型生态环境政策工具对企业技术创新的效能及程度问题，一直是学术研究和政府部门关注的焦点。学者们根据不同的研究方法验证不同类型生态环境政策工具对企业技术创新的影响及作用程度。余伟等（2016 年）[①] 基于中国省级面板数据进行实证研究，论证不同生态环境政策工具对于企业技术创新的影响，发现在经济、技术发展处在同一阶段的地区，CAC 和 MBI 生态环境政策工具对于企业技术创新的正向激励作用不明显，而以生态环境信息披露为代表的 WT 生态环境政策工具对于企业技术创新有明显的促进作用。刘丹鹤（2017 年）[②] 认为在可交易许可证下，技术扩散引导一部分厂商通过技术创新降低企业排污量，那么市场对于许可证的总体需求就会下降，进而导致许可证均衡价格下降。如此以来，竞争市场内的厂商就会更倾向于用资金去购买可交易许可证，忽视研究与开发，相应的 R&D 投入便会减少[③]。

无论在理论还是实践上，总体认为 MBI 生态环境政策工具相对于 CAC 生态环境政策工具而言，对企业技术创新的激励程度要强。CAC 生态环境政策下，企业具有较小的选择权和灵活性。诸如迫于排污标准、特定技术标准等直接规制设定，企业对技术创新的未知风险是非确定性预测，对 CAC 生态环境政策的激励效应不易估测。对于那些排污量已经符合甚至低

① 余伟，陈强，陈华．不同生态环境政策工具对技术创新的影响分析：基于 2004—2011 年我国省级面板数据的实证研究［J］．管理评论，2016，28（1）：53-61.

② 刘丹鹤，汪晓辰．经济增长目标约束下环境规制政策研究综述［J］．经济与管理研究，2017（8）：86-93.

③ 张静，蒋洪强，周佳．基于排污许可的环境标准制度改革完善研究［J］．中国环境管理，2018（6）：30-33.

于国家或地方既定排污标准的企业而言，往往会选择放弃更新更先进技术，CAC生态环境政策失去了对该类企业技术创新的激励功能。在MBI生态环境政策作用下，企业具有更多的选择权和更大的灵活性。基于市场竞争效应，运用利益杠杆，吸引更多企业为追求更高利润而自愿进行技术创新。因为在MBI生态环境政策作用下，企业并非单纯为了节能减排和减污降碳，更关注的是技术创新带来的利润，能够在竞争激烈的市场中获得竞争优势，有利于企业的长足发展。MBI生态环境政策充分运用市场运作，激励企业通过技术创新获得更高的利益，同时减少企业运行过程中污染的产生，形成政策控制目标与企业利润目标“双赢”的效应。

二、 MBI生态环境政策工具催生企业低碳化发展

自然生态系统是一个有机系统，各组分各要素彼此相互作用、相互影响。随着中国工业化、城镇化的大力推进，各地既受本地区特定因素的影响，也难以避免外界污染的扩散和传导。环境影响因素是复杂多样的，多项因素交织、多污染源叠加，由此造成各区域环境污染的治理机制较难破解。现行行政机制和生态环境政策工具对跨区域、易扩散、多源性环境污染也是难以有效作为，纵使有所作为，其实施效果也不理想。

中华人民共和国成立以来，中国以CAC生态环境政策工具为主，政府习惯性倾向于采用CAC生态环境政策工具，因为在治理生态破坏与环境污染时，其实施的便利性、速效性、直接性等方面是其他生态环境政策工具难以比拟的。虽然CAC生态环境政策工具一直发挥着不可替代的作用，但解决生态环境问题靠单一工具是难以起到很好的效果的，多元化生态环境政策工具组合运用是生态环境问题得以较好解决的必然手段。基于生态环境政策工具的变迁规律和研究结论，适当扩大MBI和WT生态环境政策工具的运用，从污染排放标准、主体责任、环保信用评价与信息强制性披露等方面建立环境管控的长效机制，使生态环境政策工具更好引导企业低碳化发展，促进企业推进技术创新，是当今发展的大趋势，与中国碳中和目标的实现相适应。

MBI生态环境政策工具对于构建和完善碳税体系有较好的引导功能。对于分散的和多样的中小微企业的减排工作，对其征收碳税比碳交易更加简

单便利。碳税的课税对象分三类：一是资源税，对特定的化石能源征税，比如原煤税、原油税和焦炭税；二是生产税，对碳排放这一特定行为征税；三是消费税，对特定消耗资源或产生碳排放的商品征税，如乘用车燃料消费税等。工业是碳减排的重点产业，可先将工业企业纳为强制减排单位，有计划分门别类地逐步开征碳税。完善计税依据和计税方法，由“销售量”转向“资源储量”，由“从量计征”转向“从价计征”，适当调整计税税率，这样在化石能源上涨时能更好地发挥碳税的调节功能。合理的碳税税率要依据碳排放造成的环境污染成本、是否可再生或者再生周期以及可替代资源的研发成本等因素确定，同时考虑到地区差异等因素，实行差异税率。

发挥MBI生态环境政策工具“看不见的手”的作用，实现碳排放资源的合理配置。在碳交易市场的初期，政府应建立碳交易系统平台等信息化体系，培养技术人才以提供专业化的碳交易服务，以人才带动技术平台建设，为碳交易的进行提供操作层面的技术支撑与保障。重点完善国家层面的MBI生态环境政策工具，保障碳交易的合法合规，以法律的强制约束力保障碳交易机制顺利运行。推出促进低碳产业发展的MBI生态环境政策，鼓励企业通过产业转型、技术创新等方式降低单位能耗水平，加快更新减排技术、淘汰落后产能、提高清洁能源使用率。运用市场手段实现减排技术和产品的广泛应用，实现“经济低碳化”和“低碳经济化”。

三、建立健全WT生态环境政策工具体系

WT生态环境政策工具最主要的功能是促进公众参与生态环境保护。立法确认公民环境权是公众参与的法理基础，为公众参与环境决策提供了法律依据，也是公民提起有关环境诉讼和请求的权利依据。WT生态环境政策工具要充分保障民间组织的利益诉求，因为相对公民个人单独参与生态环境保护，民间环保组织更具优势，拥有更广泛的民众基础。西方发达国家在生态环境保护公众参与方面，民间环保组织是最重要力量。在瑞典，各种环保团体成员数超20万人，占全国人口的5%，美国Wildlife Foundation有400万成员。中国民间环保组织薄弱的现状要有根本性改观，必须立法规范个人和民间环保组织的活动，设立民间环保组织的服务机构，引导和帮

助民间环保组织提升自身能力的建设。

WT生态环境政策工具促进环境信息公开，加快出台《环境信息公开法》，以完善现行环境信息公开的法律体系。环境信息公开是向公众公开，目的是以向公众提供充分的信息，使公众在获得环境信息的基础上选择合适行为维护环境权益的一种制度安排。根据国际惯例，环境信息公开法律制度中，“主动公开”与各国经济发展水平、民主进程有紧密关联，环境信息公开的内容和程度等“被动公开”，与公众参与的要求有密切关系。目前，中国基本上以有限的政府定期公开形式进行“环境信息公开”，这种“主动公开”的有限形式，往往造成信息的不对称，或者公开不完整。对于环境信息公开方式和范围要进一步优化，不局限于行政层面，更要扩充企业的“主动公开”，还必须要有“被动公开”的补充途径。不应局限于现有的环境报告、经济社会发展报告等少数公开形式，还应积极更新、扩展网站、新闻发布会、报纸、广告等多种途径，并构建环境信息公开的保障和救济体制。当公众申请环境信息公开被拒绝时，生态环境政策工具应该提供相应的救济程序。比如美国，如公众申请被拒绝，可提起复议，复议被拒则可向法院提起司法审查，且有期限限制。目前，中国环境信息公开立法并没有规定“被动公开”，公众连申请获得信息的权利都没有，导致公众环境公开的要求基本上得不到回应。建立完善环境信息公开体系，必须立法先行，确定环境信息公开和回复公众申请为行政机构的法定义务，纳入司法审查的范围。

总之，公众参与在很大程度上决定了环境信息公开水平、内容以及形式。同时，公众参与本身也是环境信息公开的一个重要内容，只有在公众参与及监督充分的前提下，环境信息公开制度才得以完善。公众参与的范围和程度直接关系到环境信息公开制度的发展，其不断完善也依赖于公众的监督。

参考文献

期刊论文类

[1] 任亚运，余坚，张广来. 异质性气候政策的减碳效应：基于直接与长期对比视角的考察 [J]. 环境经济研究，2022，7（2）：11-30.

[2] 余泳泽，尹立平. 中国式环境规制政策演进及其经济效应：综述与展望 [J]. 改革，2022（3）：114-130.

[3] 赖小东，王程田，林秀丽. 空间溢出视角下的环境规制与绿色发展：困境还是协调？[J]. 中国环境管理，2022，14（4）：80-90.

[4] 周沂，郭琪，邹冬寒. 环境规制与企业产品结构优化策略：来自多产品出口企业的经验证据 [J]. 中国工业经济，2022（6）：117-135.

[5] 耿楠. APEC 贸易投资自由化：进程、挑战与展望 [J]. 国际贸易，2020（3）：63-72.

[6] 孙玉红，尚玉，姜宏玉. RTA 中环保条款的深化与环境产品出口研究：基于 APEC 成员的分析 [J]. 亚太经济，2021（2）：55-64.

[7] 郭克莎，彭继宗. 制造业在中国新发展阶段的战略地位和作用 [J]. 中国社会科学，2021（5）：128-149，207.

[8] 宋英杰. 基于成本收益分析的环境规制工具选择 [J]. 广东工业大学学报（社会科学版），2006，6（1）：29-31.

[9] 金艳鸣，雷明，黄涛. 环境税收对区域经济环境影响的差异性分析 [J]. 经济科学，2007（3）：104-112.

[10] 何欢浪，岳咬兴. 策略性生态环境政策：环境税和减排补贴的比较分析 [J]. 财经研究，2009，35（2）：136-143.

[11] 易志斌. 地方政府环境规制失灵的原因及解决途径：以跨界水污染为例 [J]. 城市问题，2010（1）：74-77.

[12] 黄万华，白永亮. 基于区域经济竞争优化生态环境治理绩效的府际环境合作机制研究：以跨区水污染治理为例 [J]. 当代经济管理，2011（4）：58-62.

[13] 朱永彬，刘晓，王铮. 碳税政策的减排效果及其对我国经济的影响分析 [J]. 中国软科学，2010（4）：1-9.

[14] 原毅军，刘柳. 环境规制与经济增长：基于经济型规制分类的研究［J］. 经济评论，2013（1）：27-33.
[15] 马本，郑新业，张莉. 经济竞争、受益外溢与地方政府环境监管失灵：基于地级市高阶空间计量模型的效应评估［J］. 世界经济文汇，2018（6）：27-48.
[16] 魏巍贤. 基于CGE模型的中国能源环境政策分析［J］. 统计研究，2009，26（7）：3-12.
[17] 王永钦，孟大文. 代理人有限承诺下的规制合约设计：以环境规制为例［J］. 财经问题研究，2006（1）：33-37.
[18] 李郁芳，李项峰. 地方政府环境规制的外部性分析：基于公共选择视角［J］. 财贸经济，2007（3）：54-59.
[19] 颉茂华，刘斯琴，塔娜. 交互性任务、绩效考核指标关联度和最优激励的选择：基于委托代理理论下模型的构建与推理［J］. 系统管理学报，2015（5）：690-699.
[20] 马志娟，梁思源. 基于公共政策过程的生态环境政策审计研究［J］. 审计与经济研究，2017（4）：8-15.
[21] 臧传琴，刘岩，王凌. 信息不对称条件下政府环境规制政策设计：基于博弈论的视角［J］. 财经科学，2010（5）：63-69.
[22] 张倩，曲世友. 环境规制下政府与企业环境行为的动态博弈与最优策略研究［J］. 预测，2013（4）：35-40.
[23] 范丹. 中国制造业差异化环境规制策略研究：基于创新力与经济增速均衡视角［J］. 宏观经济研究，2015（5）：83-90.
[24] 邱士雷，王子龙，刘帅，等. 非期望产出约束下环境规制对环境绩效的异质性效应研究［J］. 中国人口·资源与环境，2018（12）：40-51.
[25] 石淑华. 美国环境规制体制的创新及其对我国的启示［J］. 经济社会体制比较，2008（1）：166-171.
[26] 张亚伟. 发达国家环境规制改革的经验与启示［J］. 中州学刊，2010（2）：82-84.
[27] 高明. 法经济学视角下的环境规制问题研究［J］. 生态经济，2011（12）：46-50，57.
[28] 陈亮. 环境规制俘获的法律防范：基于美国经验的启示［J］. 环球法律评论，2015（1）：153-164.
[29] 陈文颖，吴宗鑫. 气候变化的历史责任与碳排放限额分配［J］. 中国环境科学，1998（6）：2-6.

[30] 潘家华，郑艳. 基于人际公平的碳排放概念及其理论含义 [J]. 世界经济与政治，2009，10（3）：6-16.
[31] 徐国泉，刘则渊，姜照华. 中国碳排放的因素分解模型及实证分析：1995—2004 [J]. 中国人口·资源与环境，2006，16（6）：158-161.
[32] 宋德勇，卢忠宝. 中国碳排放影响因素分解及其周期性波动研究 [J]. 中国人口·资源与环境，2009，19（3）：18-24.
[33] 朱勤，彭希哲，陆志明，等. 中国能源消费碳排放变化的因素分解及实证分析 [J]. 资源科学，2009，31（12）：2 072-2 079.
[34] 李艳梅，张雷，程晓凌. 中国碳排放变化的因素分解与减排途径分析 [J]. 资源科学，2010，32（2）：218-222.
[35] 郭朝先. 中国碳排放因素分解：基于 LMDI 分解技术 [J]. 中国人口·资源与环境，2010，20（12）：4-9.
[36] 晏永刚，任宏，况明玥. 区域碳排放变化的驱动因素、分解模型与实证研究 [J]. 重庆大学学报（社会科学版），2011，17（4）：19-24.
[37] 李卫兵，陈思. 我国东中西部二氧化碳排放的驱动因素研究 [J]. 华中科技大学学报（社会科学版），2011，25（3）：111-116.
[38] 石敏俊，王妍，张卓颖，等. 中国各省区碳足迹与碳排放空间转移 [J]. 地理学报，2012，67（10）：1 327-1 338.
[39] 杨涛. 环境规制对中国 FDI 影响的实证分析 [J]. 世界经济研究，2003（5）：65-68.
[40] 吴玉鸣. 外商直接投资对环境规制的影响 [J]. 国际贸易问题，2006（4）：111-116.
[41] 郭红燕，韩立岩. 环境规制与中国 FDI 区域分布 [J]. 经济问题，2009（11）：13-17.
[42] 傅帅雄，张可云，张文彬. 环境规制与中国工业区域布局的“污染天堂”效应 [J]. 山西财经大学学报，2011（7）：8-14.
[43] 史青. 外商直接投资、环境规制与环境污染：基于政府廉洁度的视角 [J]. 财贸经济，2013（1）：93-103.
[44] 李国平，杨佩刚，宋文飞，等. 环境规制、FDI 与“污染避难所”效应：中国工业行业异质性视角的经验分析 [J]. 科学学与科学技术管理，2013，34（10）：122-129.
[45] 刘朝，韩先锋，宋文飞. 环境规制强度与外商直接投资的互动机制 [J]. 统计研

究，2014（5）：32-40.
[46] 余菜花，崔维军，李廉水. 环境规制对中国制造业出口的影响：基于引力模型的“污染避难所”假说检验［J］. 经济体制改革，2015（2）：115-119.
[47] 廖显春，夏恩龙. 为什么中国会对FDI具有吸引力?：基于环境规制与腐败程度视角［J］. 世界经济研究，2015（1）：112-119，129.
[48] 张宇，蒋殿春. FDI、政府监管与中国水污染：基于产业结构与技术进步分解指标的实证检验［J］. 经济学（季刊），2014，13（2）：491-514.
[49] 柴麒敏，徐华清. 基于IAMC模型的中国碳排放峰值目标实现路径研究［J］. 中国人口·资源与环境，2015，25（6）：37-46.
[50] 张捷，赵秀娟. 碳减排目标下的广东省产业结构优化研究：基于投入产出模型和多目标规划模型的模拟分析［J］. 中国工业经济，2015（6）：68-80.
[51] 刘玉珂，金声甜. 中部六省能源消费碳排放时空演变特征及影响因素［J］. 经济地理，2019，39（1）：182-191.
[52] 孙耀华，李忠民. 中国各省区经济发展与碳排放脱钩关系研究［J］. 中国人口·资源与环境，2011（5）：87-92.
[53] 曹淑艳，霍婷婷，王璐，等. 农村家庭能源消费碳中和能力评价［J］. 中国人口·资源与环境，2014（S3）：301-303.
[54] 程路，邢璐. 2030年碳排放达到峰值对电力发展的要求及影响分析［J］. 中国电力，2016，49（1）：174-177.
[55] 崔盼盼，张艳平，张丽君，等. 中国省域隐含碳排放及其驱动机理时空演变分析［J］. 自然资源学报，2018，33（5）：879-892.
[56] 林伯强，蒋竺均. 中国二氧化碳的环境库兹涅茨曲线预测及影响因素分析［J］. 管理世界，2009（4）：27-36.
[57] 黄顺武. 环境规制对FDI影响的经验分析：基于中国的数据［J］. 当代财经，2007（6）：87-91.
[58] 曾贤刚. 环境规制、外商直接投资与“污染避难所”假说：基于中国30个省份面板数据的实证研究［J］. 经济理论与经济管理，2010（11）：65-71.
[59] 彭文斌，田银华. 中国环境规制与外商直接投资的实证分析［J］. 湖南科技大学学报（社会科学版），2010（5）：88-90.
[60] 彭可茂，席利卿，雷玉桃. 中国工业的污染避难所区域效应：基于2002—2012年工业总体与特定产业的测度与验证［J］. 中国工业经济，2013（10）：44-56.
[61] 李真，黄达，刘文波. 中国工业部门外商投资的环境制度约束度分析：基于

1995—2011 年数据分析 [J]. 南开经济研究，2013 (5)：21-32.
[62] 林基. 外商直接投资对我国碳排放的影响：基于联立方程的经验考察 [J]. 工业技术经济，2014 (11)：94-101.
[63] 张晓莹. 环境规制对直接投资影响机理研究：基于制度差异的视角 [J]. 经济问题，2014 (4)：29-34.
[64] 许冬兰，董博. 环境规制对技术效率和生产力损失的影响分析 [J]. 中国人口·资源与环境，2009 (6)：91-96.
[65] 雷明，虞晓雯. 地方财政支出、环境规制与我国低碳经济转型 [J]. 经济科学，2013 (5)：47-61.
[66] 代栓平，纪玉山. 中美贸易争端的警示：加快发挥综合竞争优势推动技术自主创新 [J]. 社会科学辑刊，2018 (6)：28-37.
[67] 李强，聂锐. 环境规制与中国大中型企业工业生产率 [J]. 中国地质大学学报（社会科学版），2010，10 (4)：55-59.
[68] 张成，于同申，郭路. 环境规制影响了中国工业的生产率吗：基于 DEA 与协整分析的实证检验 [J]. 经济理论与经济管理，2010 (3)：11-17.
[69] 姚昕，刘希颖. 基于增长视角的中国最优碳税研究 [J]. 经济研究，2010 (11)：48-58.
[70] 冯榆霞. 中国省域环境规制与全要素生产率的实证分析 [J]. 生态经济，2013 (5)：65-70.
[71] 韩晶，陈超凡，施发启. 中国制造业环境效率、行业异质性与最优规制强度 [J]. 统计研究，2014 (3)：61-67.
[72] 原毅军，谢荣辉. FDI、环境规制与中国工业绿色全要素生产率增长：基于 Luenberger 指数的实证研究 [J]. 国际贸易问题，2015 (8)：84-93.
[73] 朱智洺，张伟. 碳排放规制下中国主要工业行业全要素生产率研究：基于方向性距离函数与 GML 指数模型 [J]. 资源科学，2015 (12)：2 341-2 349.
[74] 屈小娥. 行业特征、环境管制与生产率增长：基于“波特假说”的检验 [J]. 软科学，2015 (2)：24-27.
[75] 杜运苏. 环境规制影响我国制造业竞争力的实证研究 [J]. 世界经济研究，2014 (12)：71-86.
[76] 黄德春，刘志彪. 环境规制与企业自主创新：基于波特假设的企业竞争优势构建 [J]. 中国工业经济，2006 (3)：100-106.
[77] 赵红. 环境规制对企业技术创新影响的实证研究：以中国 30 个省份大中型工业企

业为例［J］. 软科学，2008（6）：121-125.
［78］周小玲，王雪梅，田明华. 环境规制对我国造纸业技术创新影响的研究［J］. 北京林业大学学报（社会科学版），2009（12）：111-114.
［79］江珂. 环境规制对中国技术创新能力影响及区域差异分析：基于中国 1995—2007 年省际面板数据分析［J］. 中国科技论坛，2009（10）：28-33.
［80］刘加林，严立冬. 环境规制对我国区域技术创新差异性的影响：基于省级面板数据的分析［J］. 科技进步与对策，2011（1）：32-26.
［81］白嘉，韩先锋，宋文飞. FDI 溢出效应、环境规制与双环节 R&D 创新：基于工业分行业的经验研究［J］. 科学学与科学技术管理，2013（1）：56-66.
［82］郭妍，张立光. 环境规制对工业企业 R&D 投入影响的实证研究［J］. 中国人口·资源与环境，2014（11）：104-107.
［83］王峰正，姜涛. 环境规制对我国西部地区技术创新能力影响研究［J］. 科学管理研究，2014（4）：51-54.
［84］孙伟，江三良，韩裕光. 环境规制、政府投入和技术创新：基于演化博弈的分析视角［J］. 江淮论坛，2015（2）：34-38.
［85］蒋为. 环境规制是否影响了中国制造业企业研发创新?：基于微观数据的实证研究［J］. 财经研究，2015（2）：76-87.
［86］王峰正，郭晓春. 环境规制强度对资源型产业绿色技术创新的影响：基于 2003—2011 年面板数据的实证检验［J］. 中国人口·资源与环境，2015（5）：143-146.
［87］张倩. 市场激励型环境规制对不同类型技术创新的影响及区域异质性［J］. 产经评论，2015（2）：36-48.
［88］王鹏，郭永芹. 环境规制对我国中部地区技术创新能力影响的实证分析［J］. 经济问题探索，2013（1）：72-76.
［89］郭际，张扎根. 环境规制强度对技术创新影响的差异性研究：基于 2003—2012 年省级数据的实证分析［J］. 工业技术经济，2015（3）：85-90.
［90］陶长琪，琚泽霞. 金融发展、环境规制与技术创新关系的实证分析：基于面板门槛回归模型［J］. 江西师范大学学报（自然科学版），2015，39（1）：27-33.
［91］李学迁. 环境规制对我国制造业产业创新力影响的实证分析［J］. 现代管理科学，2015（1）：51-53.
［92］汪婷婷，韩先锋，宋文飞. 中国工业环境规制政策的技术创新效：基于面板协整和 PVECM 模型的实证分析［J］. 中国科技论坛，2013（12）：17-23.

[93] 蒋伏心，王竹君，白俊红. 环境规制对技术创新影响的双重作用：基于江苏制造业动态面板数据的实证研究［J］. 中国工业经济，2013（7）：44-55.

[94] 李平，慕绣如. 波特假说的滞后性和最优环境规制强度分析：基于系统 GMM 及门槛效果的检验［J］. 产业经济研究，2013（4）：21-29.

[95] 李平，慕绣如. 环境规制技术创新效应差异性分析［J］. 科技进步与对策，2013（3）：98-102.

[96] 董直庆，焦翠红. 环境规制能有效激励清洁技术创新吗?：源于非线性门槛面板模型的新解释［J］. 东南大学学报（哲学社会科学版），2015（3）：64-74.

[97] 刘伟，童健，薛景. 行业异质性、环境规制与工业技术创新［J］. 科研管理，2017（5）：1-11.

[98] 毛万磊. 生态环境治理的政策工具研究：分类、特性与选择［J］. 山东行政学院学报，2014（4）：23-28.

[99] 李翠英. 政策工具研究范式变迁下的中国生态环境政策工具重构［J］. 学术界，2018（1）：122-136，286-287.

[100] 陆菁. 国际环境规制与倒逼型产业技术升级［J］. 国际贸易问题，2007（7）：71-76.

[101] 高爽. 环境规制对无锡市制造业结构优化与绩效的影响［J］. 湖泊科学，2012，24（1）：17-26.

[102] 查建平，唐方方. 中国工业经济增长方式转变及其影响因素研究［J］. 当代经济科学，2014（5）：61-69，126.

[103] 李斌，彭星，欧阳铭珂. 环境规制、绿色全要素生产率与中国工业发展方式转变：基于 36 个工业行业数据的实证研究［J］. 中国工业经济，2013（4）：56-68.

[104] 查建平. 环境规制与工业经济增长模式：基于经济增长分解视角的实证研究［J］. 产业经济研究，2015（3）：92-101.

[105] 甘黎黎. 我国生态环境治理的政策工具及其优化［J］. 江西社会科学，2014，34（6）：199-204.

[106] 杨美勤，唐鸣. 治理行动体系：生态治理现代化的困境及应对［J］. 学术论坛，2016，39（10）：31-34.

[107] 甄霖，王继军，姜志德，等. 生态技术评价方法及全球生态治理技术研究［J］. 生态学报，2016，36（22）：7 152-7 157.

[108] 曲格平. 中国人口与生态环境问题的挑战及对策［J］. 中国人口·资源与环境，

1991 (1): 59-63.
[109] 本刊综合报道. 聚焦重点，精准施策：解读《打赢蓝天保卫战三年行动计划》[J]. 中国科技产业，2018，349 (7): 76-77.
[110] 王铭. 英国工业革命与世界工业霸权 [J]. 辽宁大学学报（哲学社会科学版），2006 (3): 65-69.
[111] 李峰. 试论英国的环境非政府组织 [J]. 学术论坛，2003 (6): 47-50.
[112] 付庆云. 我国能源消费构成与美国和英国的比较 [J]. 国土资源情报，2007 (7): 8-12.
[113] 张大岭，王鲁豫. 英国工业结构调整的主要作法和借鉴 [J]. 改革与理论，1999 (5): 55-58.
[114] 邢来顺. 德国第一次工业革命述略 [J]. 华中师范大学学报（人文社会科学版），1999 (11): 85-89.
[115] 邵青还. 联邦德国的森林污染 [J]. 世界农业，1986 (5): 25.
[116] 马亚华. 美国工业化阶段的历史评估 [J]. 世界地理研究，2010 (9): 85.
[117] 侯力，秦熠群. 日本工业化的特点及启示 [J]. 现代日本经济，2005 (4): 35-40.
[118] 赵丽芬. 日本工业化进程与能源消耗分析 [J]. 辽宁工程技术大学学报（社会科学版），1993 (3): 25-26.
[119] 王宪恩，王羽，夏菁，等. 日本工业化进程中经济社会与能源环境协调发展演进趋势分析 [J]. 现代日本经济，2014 (6): 70-79.
[120] 孙宇飞，严岩，段靖，等. 日本与德国生态环境政策的比较 [J]. 生态环境保护，2009 (2): 82-84.
[121] 张婧. 浅析德国生态环境政策演变的原因 [J]. 中共贵州省委党校学报，2009 (6): 111-114.
[122] 朱源. 近年来美国生态环境政策制定的趋势及对我国的启示 [J]. 生态环境保护科学，2013，39 (5): 46-50.
[123] 高云舒. 贸易自由化对中国企业核心产品出口的影响 [J]. 现代管理科学，2019 (2): 15-17.
[124] 沈百鑫，李志林. 从中德比较论我国环境许可制度的发展 [J]. 中国环境管理，2018 (4): 47-55.
[125] 赵雪雁，周健，王录仓. 黑河流域产业结构与生态环境耦合关系辨识 [J]. 中国人口·资源与环境，2005 (4): 69-73.

[126] 韩峰，王琢卓. 产业结构变迁对生态环境质量的影响研究：以湖南省为例 [J]. 科技与经济，2010 (4)：12-15.

[127] 李芳，龚新蜀，张磊. 生态脆弱区产业结构变迁的生态环境效应研究：以新疆为例 [J]. 统计与信息论坛，2011 (12)：63-69.

[128] 夏春婉，林勇. 我国工业化进程中实现经济、环境双赢的环境规制力度的测定 [J]. 生态经济，2011 (11)：78-81.

[129] 王青，赵景兰，包艳龙. 产业结构与环境污染关系的实证分析：基于 1995—2009 年的数据 [J]. 南京社会科学，2012 (3)：14-18.

[130] 徐福英. 城市产业结构调整与资源环境关系的实证研究：基于青岛市 2001—2010 年的数据分析 [J]. 城市可持续发展，2012 (12)：83-87.

[131] 张晓娣. 增长、就业及减排目标约束下的产业结构优化研究 [J]. 中国人口·资源与环境，2014 (5)：57-68.

[132] 张彦博，潘培尧，鲁伟，等. 中国工业企业环境技术创新的政策效应 [J]. 中国人口·资源与环境，2015，25 (9)：138-144.

[133] 李丽平，张彬. APEC 环境产品清单对中国的影响及其战略选择 [J]. 上海对外经贸大学学报，2014 (5)：5-15.

[134] 龚清华. 中国环境产品的国际竞争优势评估 [J]. 对外经贸实务，2014 (2)：37-39.

[135] 罗良文，雷鹏飞，孟科学. 企业环境寻求、污染密集型生产区际转移与环境监管 [J]. 中国人口·资源与环境，2016 (1)：113-120.

[136] 屠新泉，刘斌. 环境产品谈判现状与中国谈判策略 [J]. 国际经贸探索，2015 (3)：83-94.

[137] 温珺，尤宏兵. 环境产品贸易自由化：中国企业的竞争力与决策选择 [J]. 国际经济合作，2015 (2)：36-40.

[138] 周亚敏. 全球价值链中的绿色治理：南北国家的地位调整与关系重塑 [J]. 外交评论（外交学院学报），2019 (1)：49-80.

[139] 王晓红，柯建飞. 全球服务贸易形势分析及展望 [J]. 国际贸易，2018 (1)：52-59.

[140] 王国志，葛延昭. 中国—海合会自贸区建立的经贸基础及预期效应分析 [J]. 印度洋经济体研究，2017 (5)：90-122，140-141.

[141] 孙玉阳，宋有涛. 环境规制对产业区域转移正负交替影响研究：基于污染密集型产业 [J]. 经济问题探索，2018 (8)：36-41.

[142] 李勃昕，韩先锋，宋文飞. 环境规制影响清洁生产型产业技术的创新效率吗［J］. 中国科技论坛，2013（5）：68-75.
[143] 王菊思. 中国的水污染与水短缺问题［J］. 生态学报，1990（3）：71-80.
[144] 张红凤，周峰，杨慧，等. 生态环境保护与经济发展双赢的规制绩效实证分析［J］. 经济研究，2009（3）：14-26.
[145] 傅京燕，周浩. 贸易开放、要素禀赋与环境质量：基于我国省区面板数据的研究［J］. 国际贸易问题，2010（8）：84-92.
[146] 朱平芳，张征宇，姜国麟. FDI 与环境规制：基于地方分权视角的实证研究［J］. 经济研究，2011（6）：133-145.
[147] 张中元，赵国庆. 环境规制对 FDI 溢出效应的影响：来自中国市场的证据［J］. 经济理论与经济管理，2012（2）：28-36.
[148] 郑石明，罗凯方. 大气污染治理效率与环境政策工具选择：基于 29 个省市的经验证据［J］. 中国软科学，2017（9）：184-192.
[149] 尹显萍. 环境规制对贸易的影响：以中国与欧盟商品贸易为例［J］. 世界经济研究，2008（7）：42-46.
[150] 白雪洁，宋莹. 环境规制、技术创新与中国火电行业的效率提升［J］. 中国工业经济，2009（8）：68-77.
[151] 王国印，王栋. 波特假说、环境规制与企业技术创新：对中东部地区的比较分析［J］. 中国软科学，2011（1）：100-112.
[152] 沈能，刘凤朝. 高强度的环境规制真能促进技术创新吗?：基于“波特假说”的再检验［J］. 中国软科学，2012（4）：49-59.
[153] 赵红. 环境规制对中国产业技术创新的影响［J］. 经济管理，2007（21）：57-61.
[154] 李小平，卢现祥，陶小琴. 环境规制强度是否影响了中国工业行业的贸易比较优势［J］. 世界经济，2012（4）：62-78.
[155] 蒋伟杰，张少华. 中国工业二氧化碳影子价格的稳健估计与减排政策［J］. 管理世界，2018（7）：32-49，183-184.
[156] 张三峰，卜茂亮. 环境规制、环保投入与中国企业生产率：基于中国企业问卷数据的实证研究［J］. 南开经济研究，2011（2）：129-146.
[157] 江珂，滕玉华. 中国环境规制对行业技术创新的影响分析：基于中国 20 个污染密集型行业的面板数据分析［J］. 生态经济，2014（6）：90-93.
[158] 吕铁，贺俊. “十三五”中国工业发展的新形势与政策调整［J］. 学习与探索，2015（6）：78-83.

［159］余伟，陈强，陈华. 不同生态环境政策工具对技术创新的影响分析：基于2004—2011年我国省级面板数据的实证研究［J］. 管理评论，2016，28（1）：53-61.
［160］刘丹鹤，汪晓辰. 经济增长目标约束下环境规制政策研究综述［J］. 经济与管理研究，2017（8）：86-93.
［161］张静，蒋洪强，周佳. 基于排污许可的环境标准制度改革完善研究［J］. 中国环境管理，2018（6）：30-33.
［162］周华，郑雪姣，崔秋勇. 基于中小企业技术创新激励的环境工具设计［J］. 科研管理，2012，33（5）：8-18.
［163］蔡宁. 论经济环境协调发展及其模式［J］. 中国环境管理，1995（3）：10-13.
［164］谢海燕. 贸易壁垒对中国技术创新的影响探析［J］. 对外经贸实务，2015（7）：41-44.
［165］孙文远，杨琴. 环境规制强度的测量：方法与前沿进展［J］. 生态经济，2017，33（12）：132-138.
［166］全世文. 缴税还是捐赠?：生态环境政策效益评估中的支付工具选择［J］. 经济评论，2019（4）：127-147.
［167］肖建华. 两型社会建设中地方政府生态环境政策工具的选择［J］. 中共天津市委党校学报，2011，13（1）：74-79，96.
［168］刘重力，黄平川. 技术进口对我国企业技术创新能力的影响：基于中国省际数据的分位数回归［J］. 南开经济研究，2011（5）：132-141.
［169］刘治兰. 我国企业技术创新能力不足的制约因素与突破路径［J］. 新视野，2014（6）：52-55.
［170］郑雪梅. 环保投融资应由政府财政主导［J］. 地方财政研究，2008（1）：31.
［171］徐顺青，逯元堂，陈鹏，等. 2012—2016年中央财政生态环境保护支出分析［J］. 中国环境管理，2018（6）：55-56.

著作（译著）和工具书类

［1］中共中央马克思　恩格斯　列宁　斯大林著作编译局. 马克思恩格斯选集：第3卷［M］. 2版. 北京：人民出版社，1995.
［2］中国社会科学院语言研究所词典编辑室. 现代汉语词典［M］. 5版. 北京：商务印书馆，2006.
［3］中国大百科全书环境科学编辑委员会. 中国大百科全书：环境科学卷［M］. 北京：

中国大百科全书出版社，1983.
[4] 陈振明. 公共政策分析［M］. 北京：中国人民大学出版社，2002.
[5] 傅京燕. 环境规制与产业国际竞争力［M］. 北京：经济科学出版社，2006.
[6] 托马斯·思德纳. 环境与自然资源管理的政策工具［M］. 张蔚文，黄祖辉，译. 上海：上海人民出版社，2005.
[7] 经济合作与发展组织. 环境管理中的经济手段［M］. 张世秋，李彬，译. 北京：中国环境科学出版社，1996.
[8] 迈克尔·豪利特，M. 拉米什. 公共政策研究：政策循环与政策子系统［M］. 庞诗，译. 北京：生活·读书·新知三联书店，2006.
[9] 伯尔蒂尔·俄林. 地区间贸易和国际贸易［M］. 王继祖，译. 北京：商务印书馆，1986.
[10] 伯特尼 P R，史蒂文斯 R N. 环境保护的公共政策［M］. 穆贤清，方志伟，译. 上海：上海人民出版社，2004.
[11] 丁文广. 生态环境政策与分析［M］. 北京：北京大学出版社，2008.
[12] 张坤民. 可持续发展论［M］. 北京：中国环境科学出版社，1997.
[13] 李康. 生态环境政策学［M］. 北京：清华大学出版社，2000.
[14] 潘家华. 持续发展途径的经济学分析［M］. 北京：社会科学文献出版社，2007.
[15] 寿嘉华. 国土资源管理理论与实践［M］. 北京：经济管理出版社，1999.
[16] 曲福田. 可持续发展的理论与政策选择［M］. 北京：中国经济出版社，2000.
[17] 厉以宁，章铮. 环境经济学［M］. 北京：中国计划出版社，1995.
[18] 张帆. 自然资源与环境经济学［M］. 上海：上海人民出版社，1999.
[19] 张维迎. 博弈论与信息经济学［M］. 上海：上海人民出社，1996.
[20] 李尔特. 福利经济学评述［M］. 北京：商务印书馆，1965.
[21] 国家生态环境保护局. 中国生态环境保护 21 世纪议程［M］. 北京：中国环境科学出版社，1995.
[22] 马中. 环境与资源经济学概论［M］. 北京：高等教育出版社，1999.
[23] 卢洪友. 外国环境公共治理：理论、制度与模式［M］. 北京：中国社会科学出版社，2014.
[24]《空气和废气监测分析方法》编委会. 空气和废气监测分析方法［M］. 北京：中国环境科学出版社，2003.
[25] 樊亢. 主要资本主义国家经济简史［M］. 北京：人民出版社，2001.
[26] 张帆. 产业漂移：世界制造业和中心市场的地理大迁移［M］. 北京：北京大学出

版社，2014.

［27］吉尔伯特C 菲特，吉姆E 里斯. 美国经济史［M］. 司徒淳，方秉铸，译. 沈阳：辽宁人民出版社，1981.

［28］王旭. 美国城市史［M］. 北京：中国社会科学出版社，2000.

［29］《公害与农业》编译组. 公害与农业［M］. 北京：石油化学工业出版社，1976.

［30］薛敬孝，白雪洁. 当代日本产业结构研究［M］. 天津：天津人民出版社，2002.

［31］《循环经济知识读本》编委会. 循环经济知识读本［M］. 杭州：浙江人民出版社，2006.

［32］左玉辉. 环境经济学［M］. 北京：高等教育出版社，2004.

［33］熊彼特. 熊彼特：经济发展理论［M］. 邹建平，译. 北京：中国画报出版社，2012.

［34］赵细康. 生态环境保护与产业国际竞争力理论与实证分析［M］. 北京：中国社会科学出版社，2003.

［35］张建华. 美国复兴制造业对中国的影响［M］. 上海：上海人民出版社，2014.

［36］刘世锦. 中国经济增长十年展望［M］. 北京：中信出版社，2013.

［37］耿世刚. 大国策：通向大国之路的中国生态环境保护发展战略［M］. 北京：人民日报出版社，2009.

［38］全国生态环境保护科技长远规划组. 生态环境问题与科学技术［M］. 北京：海洋出版社，1984.

［39］薛进军，赵忠秀. 中国低碳经济发展报告（2014）［M］. 北京：社会科学文献出版社，2014.

［40］小罗伯特 E 卢卡斯. 经济周期理论研究［M］. 朱善利，雷明，王异虹，等译. 北京：商务印书馆，2012.

学位论文类

［1］匡志成. 日本产业结构的特点及其与经济增长的关系（1995—2010）［D］. 长春：东北师范大学，2013.

［2］王学谦. 日本构建低碳社会的方法和路径研究［D］. 杭州：浙江工业大学，2013.

［3］刘平养. 自然资本的替代性研究［D］. 上海：复旦大学，2003.

［4］杨洪刚. 中国生态环境政策工具的实施效果及其选择研究［D］. 上海：复旦大学，2009.

［5］韩越. 印度贸易保护主义研究［D］. 昆明：云南大学，2014.

[6] 居奕程. 经济增长中环境规制的时间效应与空间效应［D］. 杭州：浙江财经大学，2018.
[7] 张伟. 中国贸易隐含大气污染转移与环境不公平研究［D］. 南京：南京大学，2018.
[8] 张倩倩. 我国能源消费总量控制的经济及环境影响与优化研究［D］. 济南：山东大学，2018.

报纸（报告）和文件类

[1] 王晨. 开征碳税？财政部将牵头起草“双碳”财政支持政策［N］. 21世纪经济报道，2021-8-11.
[2] 国务院关于印发大气污染防治行动计划的通知（国发〔2013〕37号）.
[3] 国务院关于印发土壤污染防治行动计划的通知（国发〔2016〕31号）.
[4] 国务院关于印发水污染防治行动计划的通知（国发〔2015〕17号）.
[5] 王志远. 德国鲁尔区污染警报是如何解除的［N］. 经济日报，2012-2-10（12）.
[6] 姚金楠.“液体阳光”是实现低碳能源的主要途径［N］. 中国能源报，2019-10-28（2）.

外文类

[1] NIU S，LIU Y，DING Y，et al. China's energy systems transformation and emissions peak［J］. Renewable and sustainable energy reviews，2016，58：782-795.
[2] HOEGH-GULDBERG O，JACOB D，TAYLOR M，et al. Impacts of 1.5℃ global warming on natural and human systems［R］. Intergovernmental Panel on Climate Change. 2018.
[3] WEITZMAN，MARTIN L. Prices vs. quantities［J］. Review of economic studies，1974，41：477-491.
[4] ATKINSON S E，LEWIS D H. A cost-effectiveness analysis of alternative air quality control strategies［J］. Journal of environmental economics and management，1974（1）：237-250.
[5] MAGAT W A. Pollution control and technological advance：a dynamic model of the firm［J］. Journal of environmental economics and management，1978，（6）：112-121.
[6] MALUEG D A. Emission credit trading and the incentive to adopt new abatement technology［J］. Environ econ manag，1989，16（1）：52-57.
[7] MALUEG D A. Welfare consequences of emission credit trading programs［J］. Environ

econ manag, 1990, 18 (1): 66-77.

[8] BAUMOL W J. On taxation and the control of externalities [R]. American Economic Review Bulletins of Supreme Audit Office 2000—2003.

[9] DASGUPTA P, HAMMOND P, MASKIN E. on imperfect information and optimal pollution control [J]. Review of economic studies, 1980, 47: 857-860.

[10] MILLIMAN, SCOTT R, RAYMOND P. Firm incentives to promote technological change in pollution control [J]. Journal of environmental economic and management, 1989 (17): 247-265.

[11] WU Y. Novel phosphorylation sites in the S. cerevisiae Cdc13 protein reveal new targets for telomere length regulation [J]. Proteome res, 2013, 12 (1): 16-27.

[12] KATLIY D, LAURA H. The ethics of carbon neutrality: a critical examination of voluntary carbon offset providers [J]. Journal of business ethics, 2011, 100 (1): 119-149.

[13] BUMPUS A G. The matter of carbon: understanding the materiality of tCO_2e in carbon offsets [J]. Antipode, 2011, 43 (3): 612-638.

[14] LOVEL H C. Governing the carbon offset market [J]. Wiley interdisciplinary reviews-climate change, 2010, 1 (3): 353-362.

[15] FANKHAUSER SAMUEL, HEPBURN CAMERON. Designing carbon markets, part II: carbon markets in space [J]. Energy policy, 2010, 38 (8): 4 381-4 387.

[16] TOLLEFSON J. China's carbon emissions could peak sooner than forecast [J]. Nature, 2016, 531 (7595): 425-426.

[17] ELZEN M, FEKETE H, HÖHNE N, et al. Greenhouse gas emissions from current and enhanced policies of China until 2030: can emission speak before 2030? [J]. Energy policy, 2016, 89: 224-236.

[18] RICHARDS K R, STOKES C. A review of forest carbon sequestration cost studies: a dozen years of research [J]. Climatic change, 2004, 63 (12): 1-48.

[19] MENG B, XUE J J, FENG K S, et al. China's inter-regional spillover of carbon emissions and domestic supply chains [J]. Energy policy, 2013, 61: 1 305-1 321.

[20] XING Y, KOLSTAD C D. Do lax environmental regulations attract foreign investment [J]. Environmental and resource economics, 2002, 21 (1): 1-22.

[21] COLE M A, ELLIOTT R J R. FDI and the capital intensity of "dirty" sectors: a missing piece of the pollution haven puzzle [J]. Review of development economics, 2005, 9 (4): 530-549.

[22] WALDKIRCH A, GOPINATH M. Pollution control and foreign direct investment in Mexico: an industry-level analysis [J]. Environmental and resource economics, 2008, 41 (3): 289-313.

[23] DEAN J M, LOVELY M E, WANG H. Are foreign investors attracted to weak environmental regulations? evaluating the evidence from China [J]. Journal of development economics, 2009, 90 (1): 1-13.

[24] MANI M, WHEELER D. In search of pollution havens? dirty industry in the world economy, 1960—1995 [J]. Journal of environment and development, 1998, 7 (3): 215-247.

[25] LETCHUMANAN R, KODAMA F. Reconciling the conflict between the "pollution-haven" hypothesis and an emerging trajectory of international technology transfer [J]. Research policy, 2000, 29 (1): 59-79.

[26] ESKELAND G S, HARRISON A E. Moving to a greener pastures? multinationals and the pollution haven hypothesis [J]. Journal of development economics, 2003, 70 (1): 1-23.

[27] MERICAN Y, YUSOP Z, NOOR Z M, et al. Foreign direct investment and the pollution in five ASEAN Nations [J]. Journal of economics and management, 2003 (1): 245-261.

[28] EDERINGTON J E. Trade liberalization and pollution havens [J]. General information, 2004, 4 (2): 1 330-1 336.

[29] TEMURSHOEV U. Pollution haven hypothesis or factor endowment hypothesis: theory and empirical examination for the US and China [J]. SSRN electronic journal, 2006 (12): 292.

[30] PERKINS R, NEUMAYER E. Fostering environmental-efficiency through transnational linkages? trajectories of CO_2 and SO_2, 1980—2000 [J]. Environment and planning A, 2008, 40 (12): 2 970-2 989.

[31] CHRISTIANSEN G B, HAVEMAN R H. Contribution of environmental regulations to the slowdown in productivity growth [J]. Journal of environmental economics and management, 1981, 8 (4): 381-390.

[32] SIEGEL P B, JOHNSON T G. Measuring the economic impacts of reducing environmentally damaging production activities [J]. Review of regional studies, 1993, 23 (3): 237-253.

[33] DENNISON E F. Accounting for slower economic growth: the United States in the 1970s [J]. Southern economic journal, 1981, 47 (4): 1 191-1 193.

[34] GOLLOP F M, ROBERTS M J. Environmental regulations and productivity growth: the case of fossil-fueled electric power generation [J]. Journal of political economy, 1983, 91 (4): 654-657.

[35] BARBERA A J, MCCONNELL V D. The impact of environmental regulations on industry productivity: direct and indirect effects [J]. Journal of environmental economics and management, 1990, 18 (1): 50-65.

[36] JORGENSON D W, WILCOXEN P J. Environmental regulation and U. S. economic growth [J]. Rand journal of economics. 1990, 21 (2): 314-340.

[37] CONRAD K, WASTL D. The impact of environmental regulation on productivity in German industries [J]. Empirical economics, 1995 (20): 615-633.

[38] BECKER R A. Local environmental regulation and plant-level productivity [J]. Ecological economics, 2011, 70 (12): 2 516-2 522.

[39] BROMBERG T, MARKLUND P O, SAMAKOVLIS E, et al. Testing the porter hypothesis: the effects of environmental investments on efficiency in swedish industry [J]. Journal of productivity analysis, 2013, 40 (1): 43-56.

[40] BARKER T, BAYLIS S, MADSEN P. A UK carbon/energy tax: the macroeconomics effects [J]. Energy policy, 1993, 21 (3): 296-308.

[41] PORTER M E. America's green strategy [J]. Scientific American, 1991 (4): 168.

[42] PORTER M E, DE LINDE V C. Toward a new concept of the environment-competitive relationship [J]. Journal of economic perspectives, 1995, 9 (4): 97-118.

[43] BERMAN E, BUI L T M. Environmental regulation and productivity: evidence from oil refineries [J]. The review of economics and statistic, 2001, 88 (3): 498-510.

[44] DOMAZLICKY B R, WEBER W L. Does environmental protection lead to slower productivity growth in the chemical industry? [J]. Environmental and resource economics, 2004, 28 (3): 301-324.

[45] FLOROS N, VLACHOU A. Energy demand and energy-related CO_2 emissions in Greek manufacturing: assessing the impact of a carbon tax [J]. Energy economics, 2005, 27 (3): 387-413.

[46] BARANZINI A, GOLDEMBERG J, SPECK S. A future for carbon taxes [J]. Ecological economics, 2000 (3): 395-412.

[47] RENNINGS K, ZIEGLER A, ANKELE K, et al. The influence of different characteristics of the EU environmental management and auditing scheme on technical environmental innovation and environmental innovation and economic performance [J]. Ecological economics, 2005, 57 (1): 45-59.

[48] AMBEC S, COHEN M A, ELGIE S, et al. The porter hypothesis at 20: can environmental regulation enhance innovation and competitiveness? [R]. Resources for the future discussion paper, 2011.

[49] GREENSTONE M, LIST J, SYVERSON C. The effects of environmental regulation on the competitiveness of U. S. manufacturing [R]. NBER working paper, 2012.

[50] YANG C H, TSENG Y H, CHEN C P. Environmental regulations, induced R&D, and productivity: evidence from Taiwan's manufacturing industries [J]. Resource and energy economics, 2012, 34 (4): 514-532.

[51] SADEGHZADEH J. The impact of environmental policies on productivity and market competition [J]. Environment and development economics, 2014, 19 (5): 548-565.

[52] ZARATE-MARCO A, VALLES-GIMENEZ J. Environmental tax and productivity in a decentralized context: new findings on the porter hypothesis [J]. European journal of law and economics, 2015, 40 (2): 313-339.

[53] HARFORD J D. Firm behaviour under imperfectly enforceable pollution standards and taxes [J]. Journal of environmental economics and management, 1978 (5): 26-43.

[54] LAJEUNESSE, LANOIE R P, PATRY M. Environmental regulation and productivity: new findings on the Porter analysis [J]. Cahiers de recherche, 2001, 30 (2): 121-128.

[55] DOWNING P B, WHITE L J. Innovation in pollution control [J]. Journal of environmental economics and management, 1986, 13 (3): 18-29.

[56] MICHAEL PORTER. The competitive advantage of nations [M]. New York: Free Press, 1991.

[57] LANJOUW J O, MODY A. Innovation and the international diffusion of environmentally responsive technology [J]. Research policy, 1996, 25 (4): 549-571.

[58] PAPADIKIS K, GU S, BRIDGWATER A V. Environmental regulation and innovation: a panel data study [J]. Review of economics and statistics, 1997, 79 (4): 610-619.

[59] NORDBERG-BOHM V. Stimulating green technological innovation: an analysis of alternative policy mechanism [J]. Policy sciences, 1999, 32 (1), 13-38.

[60] BRUNNERMEIER S B, COHEN M A. Determinants of environmental innovation in US manufacturing industries [J]. Journal of environmental economics and management, 2003, 45 (2): 278-293.

[61] HAMAMOTO M. Environmental regulation and the productivity of Japanese manufacturing industries [J]. Resource and energy economics, 2006, 28 (4): 299-312.

[62] ARIMURA T H, SUGINO M. Does stringent environmental regulation stimulate environment related technological innovation? [J]. Sophia economic review, 2007 (52): 1-14.

[63] MAZZANTI M, MARIN G, MANCINELLI S, et al. Carbon dioxide reducing environmental innovations, sector upstream/downstream integration and policy: evidence from the EU [J]. Empirica, 2014, 42 (4): 1-27.

[64] WALLEY N, WHITEHEAD B. It is not easy being green [J]. Harvard business review, 1994 (72): 1-3.

[65] CONRAD K, WANG J. The effect of emission taxes and abatement subsidies on market structure [J]. International journal of industrial organization, 1993, 11 (4): 499-518.

[66] LARSEN B M, NESBAKKEN R. Norweigian emissions of CO_2 1987—1994: a study of some effects of the CO_2 tax [J]. Environmental and resource economics, 1997, 9 (3): 275-290.

[67] Hoel M. Should a carbon tax be differentiated across sectors? [J]. Journal of public economics, 1996 (59): 17-32.

[68] WISSEMA W, DELLINK R. AGE analysis of the impact of a carbon energy tax on the Irish economy [J]. Ecological economics, 2007, 61 (4): 671-683.

[69] KARL E WEICK. The social psychology of organizing, second edition [M]. McGraw-Hill, 1979: 65-68.

[70] JITENDRA V, DAVID J, ROBERT J. Organizational legitimacy and the liability of newness [J]. Administrative science quarterly, 1986, 31 (2): 171-193.

[71] MARCH J G. Exploitation and exploration in organizational learning [J]. Organization science, 1991, 33 (3): 403-421.

[72] LEVINTHAL D. Organizational adaptation and enviornmental selection-interrelated processes of change [J]. Organizational science, 1991, 2: 140-145.

[73] ROBERT A, Burgelman. Intraorganizational ecology of strategy making and

organizational adaptation: theory and field research [J]. Organization science, 1991, 2 (3): 239-262.

[74] HANNAN M T, CARROLL G R, DUNDON E A, et al. Organizational evolution in multinational context: automobile manufacturers in Belgium, Britain, France, Germany and Italy [J]. American sociological review, 1995, 6 (3): 392-401.

[75] FREEMAN J C, HARMAN G R. The liability of newness: age dependence in organizational death rates [J]. American sociological review, 1984, 49 (2): 149-164.

[76] JITENDRA SINGH. Organizational evolution [M]. New Directions, 1990: 36.

[77] MICAH D, LOWENTHAL. Industrial ecology and energy systems: a First step [J]. Resources, conservation and recycling, 1998 (24): 51- 63.

[78] COASE R. The nature of the firm [J]. Economica, 1937 (4): 368-405.

[79] LESTER M S. The tools of government: an introduction to the new governance [M]. New York: Oxford University Press, 2002: 207.

[80] Hardin G. The tragedy of the commons [J]. Science, 1968, 162 (1): 244.

[81] NIKOLETA JONES, COSTAS M SOPHOULIS, THEODOROS IOSIFIDES, et al. The influence of social capital on environmental policy instruments [J]. Environmental politics, 2009, 18 (4): 602.

[82] GROSSMAN G M, KRUEGER A B. Economic growth and the environment [J]. The quarterly journal of economics, 1995, 110 (2): 353-377.

[83] VICTOR B, ROBERT W M, FENG Xiao. Searching for an environmental Kuznets Curve in China's air pollution [J]. China economic review, 2011, 22 (3): 383-397.

[84] KILIAN T, HENNIGS N. Corporate social responsibility and environmental reporting in controversial industries [J]. European business review, 2014, 26 (1): 79-101.

[85] GüNSTER A, VAN DIJK M. The impact of European antitrust policy: evidence from the stock market [J]. International review of law and economics, 2016, 46: 20-23.

[86] PORTER M E, CLAAS V D L. Toward a new conception of the environment-competitiveness relationship [J]. Journal of economic perspectives, 1995, 9 (4): 97-118.

[87] WEITZMAN M L. Price vs quantities [J]. Review of economic studies. 1974, 41 (4): 477-491.

[88] MENDELSOHN R. Regulating heterogeneous emissions [J]. Journal of environmental economics and management. 1986, 23: 301-312.

[89] COPELAND, TAYLOR. North-South trade and the environment [J]. Quarterly journal

of economics, 1994, 10 (9): 755-787.

[90] MELOSI M V. Pullution and refrom in American cities 1870—1930 [M]. Austin: Texas University Press, 1980: 87.

[91] WANG J, FENG L, PALMER P I, et al. Publisher correction: large Chinese land carbon sink estimated from atmospheric carbon dioxide data [J]. Nature, 2020, 588 (7837): 720-723.

[92] GRAY W B, DELIY M E. Compliance and enforcement: air pollution regulation in the U. S. steel industry [J]. Journal of environmental economics and management, 1996, 31 (1): 96-111.

[93] AGHION P, BLOOM N, BLUNDELL R, et al. Competition and innovation: an inverted-U relationship [J]. Quarterly journal of economics, 2005, 120 (2): 701-728.

[94] HEMMEL S J, LEONE F, RENNINGS K. Innovation-orientend environmental regulation: theoretical approaches and empirical analysis Heidelberg [J]. Physica verlag, 2002 (5): 331-347.

后　记

本著作由傅晓华（中南林业科技大学生态文明与碳中和研究所）提出著作的整体构思、写作大纲、主要观点并提供最初稿，由刘军武（湖南凯迪工程科技有限公司）、王赫（中南林业科技大学生态环境管理与评估中心）和傅泽鼎（长沙理工大学水利与环境工程学院）补充、修改并撰写部分内容，硕士研究生梁颖琪和王佳成（中南林业科技大学环境科学与工程学院）协助查找资料和整理第九章、第十章的部分内容。本著作共十二章，全部由傅晓华修改、统稿和定稿，刘军武提出修改建议并提供部分素材，傅泽鼎协助统稿、王赫核对数据和协助部分章节的校对。各章撰稿人具体如下：

序　由中国工程院院士、中南林业科技大学校长吴义强撰写；

第一章　“双碳”目标的大国担当与历史任务，由傅晓华、王赫撰写；

第二章　节能减排状况与“双碳”目标推进现状，由王赫撰写；

第三章　绿色低碳技术与“双碳”目标路径，由王赫撰写；

第四章　“双碳”目标与生态环境政策工具关联性探索，由王赫、傅晓华撰写；

第五章　生态环境政策工具推进“双碳”目标的理论维度，由傅晓华、傅泽鼎撰写；

第六章　生态环境政策工具对减排效应的观点辨析，由傅晓华、刘军武撰写；

第七章　生态环境政策工具的“双碳”目标效率机制，由刘军武撰写；

第八章　生态环境政策工具对产业低碳转型的计量分析，由刘军武撰写；

第九章　生态环境政策工具的类型与比较，由刘军武，傅泽鼎撰写；

第十章　中国生态环境政策工具的演变历程，由傅泽鼎、傅晓华撰写；

第十一章　发达国家生态环境政策工具低碳化历程与借鉴，由傅泽鼎、刘军武、傅晓华撰写；

第十二章　迈向“双碳”目标的生态环境政策工具优化，由傅泽鼎、傅晓华、刘军武撰写。

本著作的撰写和出版得到了中南林业科技大学、长沙市社会科学联合会、湖南凯迪工程科技有限公司的大力支持；2022 年度湖南省哲学社会科学基金项目“农村环境治理与碳减排协同发展机制与路径研究”和 2021 年度长沙市自然科学基金项目“长沙市碳减排多情景模拟比较及路径选择研究”的研究成果为本著作的理论研究提供了支撑；2022 年度“强省会”战略课题“长沙加强‘双碳’示范城市研究”与“学习贯彻党的二十大精神”专项课题“坚持‘绿水青山就是金山银山’的长沙发展模式研究”丰富了本著作在调研和实践方面的内容，对本著作在生态环境建设方面提供了有益的启示。

落笔后记，感触良多。本想对帮助我的专家学者和朋友们都一一真诚地感谢一番，想想还是罢了，篇幅所限，就铭记在心里吧。但发自内心的感谢是要有的：感谢中国工程院院士、中南林业科技大学校长吴义强教授的指导与推荐；感谢中南林业科技大学环境科学与工程学院的同事们，你们的友好与付出，给了我奋力前行的动力；感谢妻子廖琳娟和她带领下的孩子们，在任何时候，尤其是在我困苦、迷茫的时候，你们都是我的“大救星”和精神支柱；感谢湖南出版投资控股集团有限公司纪检监察部黄永红副部长的耐心指点与帮助、湖南科学技术出版社缪峥嵘先生的细心指导与关心；感谢长沙市社会科学联合会赵景利副主席和邓旺处长的支持与关心、关照；感谢湖南凯迪工程科技有限公司方迎春总裁，还有袁浩凌和甘蕾两位小伙伴的鼓励与支持；感谢亲人与朋友们，偶尔节假日叫上我“薄酒三杯”，让我紧绷的神经解压……

在本著作的撰写过程中，著者参考了大量相关著作、学术论文和研究报告等研究成果，以及政府部门发布的“双碳”政策、法规和相关数据资料。在此，一并表示衷心的感谢！如没有在注释或参考文献中标明，一定是著者疏忽与才疏学浅，也敬请包容与原谅！

傅晓华

2023 年 8 月 15 日于长沙格澜郡

图书在版编目（CIP）数据

迈向“双碳”目标的生态环境政策工具研究 / 傅晓华等著. — 长沙 : 湖南科学技术出版社，2023.9
ISBN 978-7-5710-2249-5

Ⅰ. ①迈… Ⅱ. ①傅… Ⅲ. ①生态环境－环境保护政策－研究－中国 Ⅳ. ①X-012

中国国家版本馆 CIP 数据核字(2023)第 094544 号

迈向“双碳”目标的生态环境政策工具研究

著　　者：傅晓华　刘军武　王　赫　傅泽鼎
出 版 人：潘晓山
责任编辑：缪峥嵘
出版发行：湖南科学技术出版社
社　　址：长沙市芙蓉中路一段 416 号泊富国际金融中心
网　　址：http://www.hnstp.com
邮购联系：0731-84375808
印　　刷：湖南省汇昌印务有限公司
（印装质量问题请直接与本厂联系）
厂　　址：长沙市望城区丁字湾街道兴城社区
邮　　编：410299
版　　次：2023 年 9 月第 1 版
印　　次：2023 年 9 月第 1 次印刷
开　　本：710mm×1000mm　1/16
印　　张：20.25
字　　数：305 千字
书　　号：ISBN 978-7-5710-2249-5
定　　价：98.00 元